现代职业院校
非遗教育导论

——重庆荣昌夏布织造技艺产育的
"小镇"模式

周明星 殷朝华 谭家德 / 著

湖南师范大学出版社
·长沙·

图书在版编目（CIP）数据

现代职业院校非遗教育导论：重庆荣昌夏布织造技艺产育的"小镇"模式／周明星，殷朝华，谭家德著. —长沙：湖南师范大学出版社，2021.6
ISBN 978-7-5648-4198-0

Ⅰ.①现…　Ⅱ.①周…　②殷…　③谭…　Ⅲ.①布料—手工艺品—制作—职业教育—教学研究—重庆　Ⅳ.①TS973.51

中国版本图书馆 CIP 数据核字（2021）第 100664 号

现代职业院校非遗教育导论
——重庆荣昌夏布织造技艺产育的"小镇"模式

Xiandai Zhiye Yuanxiao Feiyi Jiaoyu Daolun
——Chongqing Rongchang Xiabu Zhizao Jiyi Chanyu de "Xiaozhen" Moshi

周明星　殷朝华　谭家德　著

◇责任编辑：孙雪姣
◇责任校对：张晓芳
◇出版发行：湖南师范大学出版社
　　　　　　地址／长沙市岳麓区　邮编／410081
　　　　　　电话／0731-88873071　88873070　传真／0731-88872636
　　　　　　网址／http：//press. hunnu. edu. cn
◇经销：新华书店
◇印刷：长沙印通印刷有限公司
◇开本：710 mm×1000 mm　1/16
◇印张：15.25
◇字数：262 千字
◇版次：2021 年 6 月第 1 版
◇印次：2021 年 6 月第 1 次印刷
◇书号：ISBN 978-7-5648-4198-0
◇定价：68.00 元

前 言

　　教育人类学对学校有一个经典定义——学校是文化的熔炉。这一定义的另一层含义，即学校是多元文化共存的场所。正是基于这样一种理论语境，技艺文化进校园的主张提出了，进而提出"技艺文化育人"这一命题。在中国有一个庞大的职业学校（包括职业学校）的学校体系，其主要定位于技术技能型人才的培养，而技艺文化将对这类人才的培养产生微妙的影响。以下在对技艺和技艺文化进行解释的基础上，结合职业学校的人才培养实践着重探讨两个相关联的问题：一是技艺文化育人的意义，二是技艺文化育人的途径。

一

　　从字面上看，技艺是技术和艺术的合成。技术的一个典型定义是：技术是人类为了满足社会需要，依靠自然规律和自然界的物质、能量和信息来创作、控制、应用和改进人工自然系统的手段与方法。通过技术人类可以把自身的意志赋予某个物质对象，因而技术是人的创作能力的重要表征。技术不仅仅是一种物质性的活动，同时也是一种高级的精神活动。在农业社会，技术主要表现为手工技术，尽管手工技术今天依然普遍存在。在现代社会，技术主要表现为机械技术和信息技术，在这种技术中，人的作用逐渐消失，技术的本质也发生蜕变，技术与政治和伦理等问题纠缠在一起，因而成了广大学者批判反思的对象。今天，人们普遍认为技术异化已经形成。

　　艺术是人类把握世界的一种方式，通过艺术，人类社会的物质生活和精神世界能够得到反映和理解。艺术本身有极其丰富的内容和形式，而民间则是艺术萌发和生长的沃土，所以也就有了民间艺术这一特殊的艺术世界。艺术突出的特征是审美性。从事艺术活动的人被称为艺术家。所谓艺术家就是以直接的途径来展开新形式和新象征，以创作力反叛死亡的人。希腊神话中的盗火者普罗米修斯常常被用来形容和比喻艺术家。

　　技艺可以简单地理解为技术的艺术化，它使得技术与制作活动具有审美价值。在本书中，技艺主要是指基于传统技术和生活美学而形成的民间技艺。民间技艺一般是通过器物或作品来承载和传达的，这类器物或作品的精髓是"用之美"。"用之美"意味着器物不只是一个单纯的消费性的东西，还可以通过器物的使用来获得审美体验、感受心理与精神慰藉，从而提高生存的境界，看到生活的光辉。常见的民间技艺作品有刺绣、剪纸、陶瓷、彩画、雕刻、彩灯、竹编、印染、戏曲、漆器、皮影、乐器等，这些民间技艺作品经常出现在各类博物馆和各种展览之中，甚至也会进入普通家庭，成为现代生活中的一种特殊元素。

　　从文化的视角来看技艺，技艺就是一种文化。民间技艺更是以独特的魅力和顽强的生命力而成为文化中的一朵奇葩。在谈到文化这一概念时，人们常常会援引英国人类学家泰勒关于文化的经典定义，"文化，或文明就其广泛的民族学意义来说，是包括全部的知识、信仰、艺术、道德、法律、习俗以及作为社会成员的人所掌握和接受的任何其他才能和习惯的复合体"。这一定义告诉人们，文化是人类活动的结果，是不断习得的和积累的，且文化具有群体性，即被群体所遵循和认同的。后来的学者改造了文化这一概念，把文化看作一个共享并相互协调的意义系统。① 这意味着，文化不是"人的创作物"，而是隐含在创作物背后的含义，所以文化研究的核心是意义的阐释。中华民族拥有博大的技艺文化资源，由于这类技艺文化具有独特的不可替代的文化价值，所以常常被认定为非物质文化遗产，并试图通过某些特殊的手段来加以保护和传承。

二

　　什么知识最有价值是一个经典的课程论命题，英国社会学家斯宾塞在

---

① Middelton, Ziderman and Adams, A. V. Skills for Productivity: Vocational Education and Training in developing Countries [M]. New York: Oxford University Press, 1993: 103.

19世纪60年代提出这一命题并做了回答——科学知识最有价值。今天如果站在职业教育的立场来回答这一问题，人们也许可以说，技艺知识最有价值。即便人们不太认同这一回答，但不能否定技艺文化具有浓郁的职业教育意义。

首先，技艺文化育人作为职业教育的一种深层结构。职业教育是一种具有特殊功能的教育实践形态。加快发展现代职业教育是当前一个重要的政策主题，与此同时，各职业学校开始对人才培养进行新一轮的探索。2019年发布的《国家职业教育改革实施方案》特别提出，职业教育要"健全德技并修、工学结合的育人机制"。技艺文化育人为职业学校育人机制的创新提供了某种线索和启示。这是技艺文化育人的现实意义。这里还想进一步阐明，技艺文化育人同时也是职业教育的一种深层结构。

深层结构本来是一个文学的概念，归指故事中各要素与故事之外的社会文化之间的关系。这种关系在故事的解读中往往起着决定性的作用。职业教育的深层结构可以理解为职业教育与社会文化的关系，正是这种关系在很大程度上决定了职业教育的性质和特征。技艺文化育人反映了职业教育与技艺文化的特殊关系，所以它在某种程度上已经抵达了职业教育的深层结构。如果把职业教育孤立起来，割裂其与社会文化的复杂关联，人们将无法正确认识职业教育，职业教育的内涵也将变得十分贫乏。

正如故事的深层结构会影响故事的解读一样，职业教育的深层结构也会影响人们对职业教育的认识。当职业教育走向技艺文化育人时，职业教育的视野就变得豁然开朗，职业教育也戏剧性地回归了素质教育。现代职业教育要求全面实施素质教育。2014年颁发的《国务院关于加快发展现代职业教育的决定》特别指出职业的落实立德树人的根本任务，全面实施素质教育，要开展优秀文化传统和人文素养教育。技艺文化本质上是一种优秀的人文文化，而技艺文化育人本质上是一种高层次的素质教育。从这种意义上说，技艺将深度参与学生素质结构的建构，技艺本身也就成了职业教育的一个重要支点。

其次，技艺文化育人作为技艺传承的一种当代范式。技艺一般要经历漫长的研习才能掌握和提升，所以技艺文化是一种小众文化，那些绝技绝活更是如此。技艺在现代社会显得十分孤独。于是技艺如何传承，这是一个时代性的课题。2017年文化部、工业和信息化部、财政部联合制定了

《中国传统工艺振兴计划》，在这一政策文本中对中国传统工艺振兴的意义进行强调，"振兴传统工艺，有助于传承与发展中华优秀传统文化，涵养文化生态，丰富文化资源，增强文化自信；有助于更好地发挥手工劳动的创作力，发现手工劳动的创作性价值，在全社会培育和弘扬精益求精的工匠精神；有助于促进就业，实现精准扶贫，提高城乡居民收入，增强传统街区和村落活力"①。随着技术的发展，数字博物馆等一些基于新技术的技艺传播与保存方式开始出现，但是技艺传承的关键仍然在于传承人的培养。职业教育与技艺传承有着天然的联系，通过职业教育来传承各类传统工艺是必要的，也是可行的。正是从这种意义上说，技艺文化育人是技艺传承的一种当代范式。这种范式也可称为传统技艺的学校传承。

在中国传统技艺的学校传承方面有许多较为成功的个案，其中重庆科技职业学院具有一定的代表性。这所学校积极承担技艺传承的当代使命，提出了"技艺产育"的人才培养理念，也是中国夏布文化传承基地。近年来，学校引进多位国家级、省级、市级工艺美术大师进校园，建立了中国夏布文化大师工作室。大师工作室可以看作一种人才培养模式，实践证明，这一模式在技艺传承及技能型工匠的培养方面是十分有效的。

传统技艺的学校传承通常有两条具体的途径：一是技艺类专业的设置及技艺专业人才的培养。2010 年教育部发布《中等职业学校专业目录》时，特别指出中等职业学校要加强服务区域特色产业，尤其是民族文化艺术、民间工艺等领域的专业建设。这意味着民族民间的技艺与工艺类专业是受到政策鼓励和保护的。二是技艺的普及与技艺精神的传播。学校是传统技艺传播的重要阵地，并且还可能是高效的。技艺展览、技艺选修、技艺讲座等则是一些常见的普及与传播方式。通过这些方式可以有效培养和提升大众的技艺素养。

三

人类创作了文化，文化反过来塑造人，这是文化哲学的一个基本命题。如何利用技艺文化来塑造人，这是职业学校所面临的一个现实问题，这一

---

① 中国传统工艺振兴计划［EB/OL］．（2017 - 03 - 24）　［2019 - 07 - 13］．http：//www.gov.cn/zhengce/content/2017 - 03/24/content_ 5180388. htm.

问题可以简化为技艺文化育人的路径选择的问题。当然这里的路径选择在某种程度上也包括了路径的创新。

一是技艺精英充实教师队伍。精英是一个社会学概念，意指各个领域居于顶端的少数人物。精英的形成主要是基于能力与成就上的差异。在传统工艺和技艺领域自然也有自己的精英，可以称之为技艺精英。技艺精英是技艺文化的传承者、创新者与传播者。技艺文化实质上就是技艺精英的生存方式。从人力资源的视角来看，技艺精英是一种稀缺的人力资源，从教育学的视角来看，技艺精英则是一种蛰居在社会的教育资源。引进技艺精英以充实和改善教师队伍是技艺文化育人的一条现实的路径。

技艺精英进校园成为兼职或专职的教师有着可靠的政策依据。2019 年颁布的《国家职业教育改革实施方案》特别强调要深入开展"大国工匠进校园""劳模进校园""优秀职校生校园分享"等活动，宣传展示大国工匠、能工巧匠和高素质劳动者的事迹和形象，培育和传承好工匠精神。① 事实上，通过聘请兼职教师的方式来组建"双师型"专业教学团队，一直以来都是职业学校师资队伍建设的基本思路。前面提到的重庆科技职业学院的夏布文化大师工作室既是一种人才培养模式，同时也是技艺精英的一种工作模式，还是一种有明确组织地位的制度性机构。这为技艺精英进校园提供了某种保障。

技艺精英进校园以开拓技艺传承的路径，这也是一种国际经验。有研究者在考察日本漆艺教育的发展时发现，在大学教育盛行以前，日本漆艺主要是以师徒教育的方式来传承的。后来，漆艺领域的人间国宝不但在其作坊招收学徒，而且经常与学校合作，甚至受聘为学校教员持续在学校传授技艺。最后得出了这样一个结论，尽管与日本隔海相望的中国同样有着深厚的漆文化底蕴，但伴随着日本在 20 世纪初率先开启传统漆艺进入高等教育领域以来，日本的漆艺教育规模及水准已然成为这个领域的翘楚。② 这对中国的传统技艺的传承具有借鉴意义。

技艺精英进校园还有可能产生另外一种效应，就是培养和指导年轻教

① 国家职业教育改革实施方案［EB/OL］.（2019 - 02 - 13）［2019 - 07 - 13］. http：//www. gov. cn/zhengce/content/2019 - 02/13/content_ 5365341. htm.

② 何振纪. 从技艺到学科——日本漆艺教育发展的近状［J］. 中国生漆，2017（6）：31 - 34.

师。在年轻教师培养方面，目前一些地方正在探索青年教师教学指导和实践指导相结合的"双导师"培养模式。技艺精英是有资格指导和培养年轻教师的，特别是在实践指导方面能够为年轻教师提供十分专业的指导和示范。这是一种特殊的师徒关系，既能够促进职业学校的师资队伍建设，又能够促进年轻教师的专业成长。年轻教师在技艺精英的指导下，也有可能成为未来的技艺精英。事实上，在这一方面已经有了不少成功的个案。

二是技艺研修成为课程设置。技艺文化育人必须落实为具体的课程与教学活动。技艺研修就是把技艺类课程纳入学校的课程体系之中，并让学生自主选择。选修制是技艺研修的制度保障，而前文所述的技艺精英进校园则提供了师资上的保障。

在职业学校，学生的学习领域主要是由课程来界定的。现代职业教育提倡学习领域的开放性，从而让学生能够更好地适应不断变化的职业世界。这要求对课程体系进行动态调整。把技艺研修课程融入学校的课程体系，一方面极大地丰富了学校课程，另一方面还有可能成为学校的人才培养特色。当然技艺研修课程的开设对教材、师资和实训条件等有着特殊要求。不同学校可以结合自身的资源条件进行多样化的探索。重庆科技职业学院充分利用了夏布文化产业的资源，为全校学生开放了多门传统工艺类课程，并邀请了多位国家级、省级工艺美术大师主讲此类课程，学生可以根据自己的兴趣和需求进行选修。目前针对在校生的各类技艺研修班有 10 余个。在这一过程中，工艺美术大师还有可能发现具有技艺潜质和发展前景的学生，再通过针对性的培养和引导，这类学生有可能成为新一代的技艺精英和传承人。这一过程类似于伯乐发现千里马，于是，技艺课程的公共选修与技艺拔尖人才的培养就实现了某种统一。

技艺研修可以依托选修制与学分制来进行。选修制度体现了学习自由的精神，而学分制则意味学习的内容和效果是可以量化的。在职业学校推行技艺学分制度是一种人才培养机制的创新。这种创新能够开阔职业教育的视野，丰富职业教育的内涵，同时也能够有效提升人才培养质量。值得一提的是，技艺研修课程的还涉及如何评价学习成绩的问题。技艺知识主要属于难以言说的缄默知识，所以传统的考试方式不再适合，而操作考核和作品评价将成为主要的考核方式。另外，工艺美术作品与元素是具有某种市场价值的，于是，如何把人才培养与市场开发结合起来也是一个现实问题。重庆科技职业学院正在这一方面进行尝试。

三是技艺作品融入人文景观。学校在漫长的人才培养实践中会创作和积淀自己的文化，这就是学校文化。人文景观是学校文化的重要组成部分。所谓人文景观就是渗透人文精神的物质景观，如雕塑、文化墙、展览馆、建筑等。学校的人文景观是一种公共艺术，优秀的人文景观能够提升学校的文化品格。通常人们认为，学校的人文景观具有陶冶功能。技艺作品本身可以成为人文景观，另外，还可以作为一种元素融入人文景观。这种方式可以优化和提升学校的人文景观，也能够让学生直观地感受到技艺文化的独特魅力。

有研究者指出，当代美学现象的一个根本转向是生活的审美化和审美的生活化。这不是某种生活态度和审美态度的变化，而是一种历史性的生成。也就是生活变成美的，而美变成了生活的。这样我们所处的时代可以称为一个走向美的时代。① 基于这样的观点，学校应当按照美的规律来营造学校文化空间，以实现学校生活的审美化，同时也让审美成为学校生活的基本特征。当技艺作品融入人文景观之后，人文景观就成了学校成员日常生活中的一个审美对象，这是对生活审美化的特殊贡献。于是，技艺作品融入学校人文景观的合理性可以从当代美学原理中得到某种解释。

关于技艺作品融入学校人文景观的意义还可以从潜在课程理论的视角来做一个补充解释。所谓潜在课程是指各种以内隐和间接的方式存在于学校情境中的教育影响。潜在课程对学生有着持久而深刻的影响，因而一直以来都是课程研究的重要领域。学校的文化情境正是一种潜在课程。从这种意义上说，技艺作品出现在校园中，是在营造一种特殊的育人氛围，有意无意地参与了学校隐性课程的建构。

四是技艺精神提升学生境界。现代职业教育具有鲜明的职业针对性，试图把学生引向一个工作体系，所以在课程与教学上往往有独特的设计，例如通过行动导向的教学来帮助学生获取工作过程知识，在课程开发上则把典型工作任务转化为具有理实一体化性质的教学项目和教学情境。在这

---

① 彭富春. 哲学美学导论 [M]. 北京：人民出版社，2005：2.

一过程中，教育呈现出明显的规训特征，精神教化相对被忽视了。近年来，工匠精神开始备受关注，人们在呼唤工匠精神回归职业教育。这里所说的技艺精神是对工匠精神的一种肯定性的拓展，是把艺术家的创新精神、浪漫情怀和审美天赋等与工匠精神融合之后的一种新的精神形态。技艺精神体现在技艺精英身上，并渗透在他们的作品之中。

今天的时代是一个技术时代，这个时代的其中一个隐患就是技术异化。所谓技术异化就是技术走向了人的对立面，即人创作了技术，技术反过来控制人，人们生活在技术带来的巨大风险之中。在这样的背景下，职业教育本身也面临着异化的危险。有研究者指出："只有在同技术历史与逻辑的对话中，祛除技术异化，将技术从'工具'的牢笼中挣脱出来，开启技术本身富含的精神资源，职业教育才有可能担负起未来的国家使命，真正回归其'教育'的本位。"[①] 这一研究者把此过程称为职业教育的"复魅"之旅，而"复魅"之旅的关键就是要开启技术本身富含的精神资源。很显然，这项工作仍然没有完成。

如果技艺精神的培养是极其重要的，那么技艺精神又该如何培养。对这一问题的回答是，通过各种技艺实践活动来培养技艺精神。离开技艺实践活动，技艺精神将变得缥缈而神秘。技艺精神的培养及学生精神境界的提升是一个漫长的领悟与内化、践行与升华的过程。

四

夏布，中国老祖宗的遮羞布。一块看似寻常的夏布，有着上千年的悠久历史，既粗犷淳朴，又细腻如丝，虽由人造，却返璞归真。《诗经》中有"东门之池，可以沤麻；东门之池，可以沤苎；东门之池，可以沤菅"的描写。2008 年，荣昌夏布织造技艺被纳入国家级非物质文化遗产名录。当地有民歌："幺妹要勤快，勤快要绩麻。"本书瞄准了夏布织造技艺传承，在乡村振兴中，一所职业院校培养出来的乡村工匠，往往能用一技之长兴一个家庭，富一方百姓，旺一群产业，美一方乡村。随着我国改革开放不断推进，农村"打工经济"日趋活跃，农村大量男性劳动力外出务工，使得

---

① 陈向阳. 职业教育的"复魅"之旅——基于技术的历史与哲学考察 [J]. 职教论坛，2015(25)：5–11.

留守妇女（以下称幺妹）成了乡村建设的主力军。重庆荣昌区的"中国夏布小镇"成年人口 736 人，长期稳定在家 477 人，其中幺妹占 67%。产教协同推动夏布织造文化与学校服装专业文化融合，将幺妹培育为夏布工匠，这是实施脱贫攻坚与乡村振兴衔接、巩固脱贫致富成果的重要途径。2010 年以来，重庆科技职业学院秉持"技艺产育"的办学理念，以弘扬夏布文化为己任，开展了夏布工匠培养培训创新实践。坚持"办学在乡间、教学在车间、创学在坊间、训学在民间"办学特色，对接区域经济发展和文化特色，重点建设品牌专业群和传统手工艺制造特色专业，开展"学校＋企业＋小镇、创业＋学习＋电商、田园＋家庭＋课堂"的"小镇"新模式。十多年来，重庆科技职业学院培养出一批具有"工匠精神、织造志趣、创新能力、劳动观念、专业技艺、电商素养"的夏布工匠人才，形成产教融合培养技术技能人才的特色教学成果，被媒体称为"千年夏布：一棵中国草的新生"。

　　总之，技艺文化育人作为一个当代职业教育命题，并不是对前现代职业教育的一种简单的回归，而是试图赋予科技发达时代的职业教育一种新的内涵。事实上，现代职业教育正是因为忽视了传统的技艺文化及其育人价值而产生了某种断裂感。立德树人是中国教育的根本任务。鉴于技艺文化是一种优秀的民族民间文化，技艺文化育人是符合立德树人的基本精神的。立德树人是总的原则，这一原则必须落实为具体的教育教学行为。本书初步建构了一个技艺文化育人的实施路径体系，但这仍然不够。这是一个敞开的实践领域，期待各职业学校对此进行多样化的探索。

周明星

2021 年 5 月 1 日

目　录

绪　论

一、研究背景与意义

（一）研究背景

自从 2001 年民间文艺家冯骥才提出"中国民间文化遗产抢救工程"，我国非物质文化遗产保护的大门开启。2003 年此项工程正式启动，到 2005 年非物质文化遗产全国普查工作全面展开，至今非物质文化遗产保护运动开展得如火如荼。其中传统手工技艺类非物质文化遗产的保护取得了显著成效，但是也遇到了诸多困境，本书试图探索传统夏布织造非物质文化遗产的院校传承方式，具体基于以下考虑：

保护传统夏布织造非物质文化遗产的诉求。传统夏布织造非物质文化遗产是非物质文化遗产中的重中之重，国务院公布的国家级非物质文化遗产名录已有 4 批，共计 1517 项，其中传统手工技艺类非物质文化遗产数量最多，达 166 项，约占总数的 1/10，可见传统手工技艺类非物质文化遗产的重要地位。党的十八届五中全会明确提出，要"构建中华优秀传统文化传承体系，加强文化遗产保护，振兴传统工艺"。国家对优秀传统文化体系建设高度重视，把振兴传统工艺上升为国家战略，这是对非物质文化遗产保护工作的新要求，也是全面提升传统夏布织造非物质文化遗产保护水平的新契机。同时，伴随着世界经济、科技一体化和机械化、现代化的快速发展，传统夏布织造非物质文化遗产受到了巨大的挑战，大量传统夏布织造非物质文化遗产出现了传承人后继乏人、传承环境变化等问题。因此，对传统夏布织造非物质文化遗产进行研究、传承和保护紧迫而又重要。

深化教育领域综合改革的要求。中共十八届三中全会在《中共中央关于全面深化改革若干重大问题的决定》中提出深化教育领域综合改革的要求，即加强社会主义核心价值体系教育，完善中华优秀传统文化教育。其中"完善中华优秀传统文化教育"被列入改革领域，传统手工技艺类非物质文化遗产是传统文化的精华，对传统手工技艺类非物质文化学校传承研究，既有利于弘扬中华优秀传统文化，又能促进教育领域深化改革。

发展现代职业教育的需求。2014年，《国务院关于加快发展现代职业教育的决定》中提出："推动职业学校与行业企业共建技术工艺和产品开发中心、实验实训平台、技能大师工作室等。"同时，《现代职业教育体系建设规划（2014—2020年）》中提出："将民族特色产品、工艺文化纳入现代职业教育体系，将民族文化融入学校教育全过程，着力推动民间传统夏布织造传承模式改革，逐步形成民族工艺职业院校传承创新的现代机制。"因此，将传统夏布织造非物质文化遗产传承融入职业院校教育是对国家政策的积极落实，也是现代职业教育体系建设的现实需要。

（二）研究意义

1. 理论意义

目前，有关传统手工技艺类非物质文化遗产传承方面的学术研究，主要涉及传统手工技艺传承人研究、个案研究、传统传承模式研究等方面，虽然有将传统手工技艺类非物质文化遗产融入学校教育的研究，但是局限于中小学简单的活动课，较少涉及职业院校系统传承传统手工技艺类非物质文化遗产方面的研究。本研究通过对非物质文化遗产、传统夏布织造非物质文化遗产、传统夏布织造非物质文化遗产院校传承等核心的概念梳理，开展传统夏布织造非物质文化遗产院校传承困境现状调查，进而提出传统夏布织造非物质文化遗产院校传承推进建议。因此，本研究不仅能够在传统夏布织造非物质文化遗产院校传承研究和非物质文化遗产保护研究加深理论探讨，而且还能够丰富教育学、民俗学和人才学的研究成果。

2. 实践意义

在当代全球化大背景下，伴随着现代科技的迅猛发展，产业不断升级，产业技术日新月异，传统夏布织造非物质文化遗产受到严重冲击，许多传统夏布织造非物质文化遗产在这种冲击下迅速衰落甚至灭绝。因此，在丰富理论研究的同时，开展传统夏布织造非物质文化遗产学校传承研究，搭建传统夏布织造非物质文化遗产与院校教育之间的桥梁，有利于传统夏布织造非物质文化遗产传承机制的优化，并为非物质文化遗产保护及职业教育的改革发展提供有效路径和方法。

3. 决策意义

《中华人民共和国非物质文化遗产法》于 2011 年 6 月 1 日开始实行。法律规定："对体现中华民族优秀传统文化，具有历史、文学、艺术、科学价值的非物质文化遗产采取传承、传播等措施予以保护。"对传统夏布织造类非物质文化遗产学校传承研究，有助于弄清我国目前传统夏布织造非物质文化遗产融入院校教育的整体情况，这也是对遵守《中华人民共和国非物质文化遗产法》、推进技术强国政策和深化教育领域综合改革政策的积极响应，也是继承发扬中华民族优秀传统文化的具体举措。对非物质文化遗产、夏布织造非物质文化遗产、夏布织造非物质文化遗产院校传承等概念的梳理和院校传承现状及路径的探索，有助于为建立高效的院校传承模式提出建设性的政策建议，以及为文化主管部门、教育主管部门在进行非物质文化遗产保护和人才培养抉择时提供参考。

二、文献综述

（一）非物质文化遗产研究

从国外来看，非物质文化遗产保护的时间虽短于物质遗产保护，但是远早于我国，可以为我国非物质文化遗产研究提供宝贵的借鉴经验。国外学者们研究非物质文化遗产主要集中在四个方面。

1. 概念研究

一个新事物的出现总是引起学者们对其概念的探讨，当然这种研究也大都集中在新事物出现初期。非物质文化遗产概念研究也是如此，《为非物质文化遗产建立新术语》一文认为："联合国教科文组织在 2003 年颁布的《保护非物质文化遗产公约》中对非物质文化遗产概念的界定过于笼统，有必要对非物质文化遗产重新定义。"① 卢尔德·阿里斯佩（Lourdes Arizpe）在《非物质文化遗产：多样性与一致性》一文中分析了非物质文化遗产概念演变的过程。②

---

① Wend Wendland, Intangible Heritage and Intellectual Property ［J］. Museum International, 2004, 156（1 - 2）：97 - 107.

② Lourdes Arizpe, Intangible Cultural Heritage, Diversity and Coherence ［J］. Museum International, 2004（56）：130 - 136.

2. 分类研究

非物质文化遗产的分类研究是伴随概念研究一起开始的，由于学者们对非物质文化遗产概念的界定不同，非物质文化遗产的分类研究也呈现出多样化。日本的《文化遗产保护法》将非物质文化遗产分为八类，"有形文化遗产；无形文化遗产；民俗文化遗产；纪念物；文化景观；传统建筑物群；文化遗产的保存技术；地下文物和遗迹。"① 联合国教科文组织在《保护非物质文化遗产公约》中对非物质文化遗产进行分类，给各国提供了一个为多数国家所认同的分类标准，即"①口头传说和表现形式，包括作为非物质文化遗产媒介的语言；②表演艺术；③社会风俗、礼仪、节庆活动；④有关自然界和宇宙的知识和实践；⑤传统手工艺。"②

3. 传承人认定研究

日本从 1950 年实行"人间国宝"的认定制度以来共产生了 300 多名"人间国宝"。③ 日本在《文化财保护法》中将传承人的认定方式分为："个别认定、保护团体认定、综合认定"。④ 日韩的认定制度相似，不同的是韩国将"人间国宝"的认定从个人扩展到团体，国家"人间国宝"每月每人发放万韩元的补助⑤。

4. 保护研究

鲁迪·德莫特伊（Rudy Demotteyi）和苏珊·奥·凯图梅茨（Susan O. Keitumetse）从社区的视阈探讨了非物质文化遗产保护的思路。雷克斯·内特尔福德（Rex Nettleford）的《非物质遗产的迁移、传承和维持保护》⑥，哈蒂·迪肯（Hartiet Deacon）的《非物质遗产的保护管理》⑦，吉田健一

---

① 王晓蔡. 日本非物质文化遗产保护法规的演变及相关问题［J］. 文化遗产, 2008（2）：135－139.

② 文化部对外文化联络局. 联合国教科文组织基础文件汇编［M］. 北京：外文出版社, 2012：4.

③ 文化厅. 新しい文化立国の創造をぬさして［M］. 東京：株式会社ぎよろせい；1999.

④ 中村賢二郎. わかりやすい文化財保護制度の解説［M］. 東京：株式会社ぎよろせい, 2007.

⑤ 任敦姬. 人类活的珍品和韩国非物质文化遗产的保护经验和挑战［J］. 2006；12－16.

⑥ Rex Nettleford. Migration, Transmission and Maintenance of the Intangible Heritage［J］. Museum International, 2004, 40（5）：178－190.

⑦ Harriet Deacon. Intangible Heritage in Conservation Management Planning［J］. International Journal of Heritage Studies, 2004（5）：68－70.

(Kenji Yoshida) 的《博物馆和非物质文化遗产》① 等文章分别提出了非物质文化遗产保护措施和建议，如非物质文化遗产迁移保护、非物质文化遗产保护管理规划的制定、利用博物馆保护非物质文化遗产等。

从国内来看，我国非物质文化遗产保护运动的先驱、中国民间文艺家学会主席冯骥才老先生，2001 年提出"中国民间文化遗产抢救工程"，开启了我国非物质文化遗产保护的大门，倡导国人汲取国外非物质文化遗产保护经验，并致力于我国非物质文化遗产保护事业。随着非物质文化遗产保护运动如火如荼地进行，关于非物质文化遗产的研究也逐渐增多，成立了大批的研究机构，涌现了大量论文、著作等研究成果。

在研究趋向方面，学者们对非物质文化遗产的研究从国家、省、市宏观层面的保护研究向个案研究转变。总体上来说，个案研究偏少，宏观层面的保护研究较多。

在研究内容方面，包括非物质文化遗产分类研究、传承人研究、保护和传承研究等多方面。

在研究成果方面，非物质文化遗产研究成果呈现百花齐放的盛况。就书籍成果来说，比如王文章主编的《非物质文化遗产概论》②，第一次以专著的形式对非物质文化遗产的概念、价值、分类、保护意义、国内外保护历史与现状、保护原则、理念、措施等方面进行了阐述，为以后的学者研究非物质文化遗产做了理论铺垫。冯骥才负责编纂的《中国非物质文化遗产百科全书·史诗卷》③《中国非物质文化遗产百科全书·传承人卷》④《中国非物质文化遗产百科全书·代表性项目卷》（上卷、下卷）⑤ 对目前国内外有关非物质文化遗产研究方面的学术成果进行了全面系统的综合性盘点、梳理，是关于非物质文化遗产的百科全书，是非物质文化遗产研究的宝贵资源，值得我们吸收和借鉴。此外，还有中国艺术人类学会和内蒙古大学

① Kenji Yoshida. The Museum and the Intangible Cultural Heritage [J]. Museum International, 2004, 56（5）: 8-10.
② 王文章. 非物质文化遗产概论 [M]. 北京: 教育科学出版社, 2008: 10.
③ 冯骥才. 中国非物质文化遗产百科全书·史诗卷 [M]. 北京: 中国文联出版社, 2015: 5.
④ 冯骥才. 中国非物质文化遗产百科全书·传承人卷 [M]. 北京: 中国文联出版社, 2015: 5.
⑤ 冯骥才. 中国非物质文化遗产百科全书·代表性项目卷（上卷、下卷）[M]. 北京: 中国文联出版社, 2015: 5.

艺术学校编写的《非物质文化遗产传承与艺术人类学研究》①、文化部非物质文化遗产司主编的《非物质文化遗产保护法律法规资料汇编》② 等。就论文成果来说，以"非物质文化遗产"为关键词，在中国知网上搜索到266971 条结果。例如谭启术在《政府该如何保护非物质文化遗产》一文中指出："政府应当通过提供'文化低保'福利，坚守原生态保护等措施保护非物质文化遗产。"③ 尹凌、余风在《从传承人到继承人：非物质文化遗产保护的创新思维》一文中认为："目前非物质文化遗产传承人自身以及保护机制都存在很多问题，而采取加强继承人培养的方式不失为一种创新尝试。"④ 黄永林、谈国新在《中国非物质文化遗产数字化保护与开发研究》一文中强调："数字化技术在非物质文化遗产保护与传承中的重要作用，并且建议在非物质文化遗产保护与串串给你中进行数字化技术的深度开发与运用。"⑤

（二）传统夏布织造非物质文化遗产研究

利用万方数据库搜索，以传统夏布织造为搜索关键词，查询到相关文献从 1979—2016 年共有 12949 篇。2001 年非物质文化遗产保护运动开始之前，相关研究文献每年都在 22 篇以下；从 2001 年开始至今，相关研究逐年增加；2001—2005 年增幅不大，均 100 篇以下；2006—2008 年研究数量增幅较大，达到年均几百篇；2009 至今则增长更快，每年都有上千篇，特别是近三年，研究数量接近年均 2000 篇。可见，我国关于传统夏布织造研究取得了丰硕成果。从众多学者对传统夏布织造非物质文化遗产的研究来看，主要集中在以下三个方面：

从保护意义和价值的角度，大多数学者都高度肯定了传统夏布织造非物质文化遗产的价值和保护意义。费孝通编著的《人性和机器——中国手工业的前途》，分析了传统夏布织造的价值与机器价值，充分肯定了手工艺

① 中国艺术人类学会，内蒙古大学艺术学校. 非物质文化遗产传承与艺术人类学研究 [M]. 北京：学苑出版社，2013：9.
② 文化部非物质文化遗产司. 非物质文化遗产保护法律法规资料汇编 [M]. 文学艺术出版社，2013：6.
③ 谭启术. 政府该如何保护非物质文化遗产 [J]. 学习月刊，2007，13：27 - 28.
④ 尹凌，余风. 从传承人到继承人：非物质文化遗产保护的创新思维 [J]. 江西社会科学，2008，12：185 - 190.
⑤ 黄永林，谈国新. 中国非物质文化遗产数字化保护与开发研究 [J]. 华中师范大学学报（人文社会科学版），2012（2）：49 - 55.

价值的存在。① 郭艺认为："发掘民间手工艺历史的人文价值，完善民间夏布织造保护的社会性，提升民间手工艺人的个体价值是保护民间传统夏布织造的意义。"② 杨福泉认为："保护民族民间中的传统夏布织造可以很好地彰显传统夏布织造中所包含的科学价值、人文价值、历史价值与经济价值。"③ 肖玮认为："研究体验传统夏布织造和工艺美术文化遗产的'真实性的丰富程度'，继而了解他们所展现的深厚文化、宗教、科学、生态等背景知识，就是传承的价值。"④

从传统手工技艺类非物质文化遗产现状的角度，大多数学者认为传统夏布织造非物质文化遗产面临着多重困境。王利群在《略谈传统手工技艺的传承方式与困境》中认为传统夏布织造的传承面临着前所未有的困境，主要表现在："一是年轻人不愿意学，二是关于传统夏布织造的定位一直含混不清，三是教育方面的改张易弦，四是缺少教材，五是作坊式生产的利与弊，六是关于一些带有某个时段劳动政策的反思。"⑤ 张明生在《山西民俗博物馆与民间手工艺》一文中认为："民间手工艺存在着艺人'老年化'、传人'稀有化'、技艺'衰退化'、发展'迟钝化'的现状。民间手工艺正经历着一种逐渐消失的趋势。"⑥ 韦贻春在《对民族传统工艺现状、价值及其发展的思考》一文中认为："传统工艺正面临着历史淘汰及地方传统工艺日渐衰微这两种现状。"⑦

从保护和传承措施的角度，学者们从政府支持、传承人保护、生产性保护、产业化保护、教育传承保护等多方面对传统手工技艺类非物质文化遗产提出保护措施。华觉明在《传统手工技艺保护、传承和振兴的探讨》

---

① 费孝通. 人性和机器——中国手工业的前途 [M]. 上海：生活书店，1946.

② 郭艺. 追寻逝去或即将逝去的手艺：关于浙江民间传统手工艺资源保护的思考 [J]. 群众文化，2003 (4)：21 - 28.

③ 杨福泉. 正在消失的手上的文化 [J]. 人与生物圈，2005 (1)：71.

④ 肖玮. 论"真实性的丰富程度"——关于传统工艺美术、手工技艺非物质文化遗产传承的价值 [J]. 河南工业大学学报 (社会科学版)，2015 (4)：100.

⑤ 王利群. 略谈传统手工技艺的传承方式与困境 [M] // 北京市社会科学界联合会，北京中华文化学校 (北京社会主义学校)，北京市文化局，中国民主同盟北京市委员会，九三学社北京市委员会，北京联合大学，北京改革和发展研究会. 2012 北京文化论坛——首都非物质文化遗产保护文集. 2012：6.

⑥ 张明生. 山西民俗博物馆与民间手工艺 [J]. 文物世界，2004 (6)：62.

⑦ 韦贻春. 对民族传统工艺现状、价值及其发展的思考 [J]. 吉首大学学报，2002 (3)：42 - 43.

一文中提出五种保护形式，即"资料性保护、记忆性保护、政策性保护、扶持性保护和维护性保护"①。陆琼在《西南少数民族传统工艺文化资源的保护》一文中提倡利用博物馆来保护民族传统夏布织造。② 学者们对保护传统夏布织造非物质文化遗产存在共性认识，但更多的是差异性认识。比如，目前对是否应该对传统夏布织造非物质文化遗产进行商业化和产业化开发保护引起了学者们的争议。一部分学者极力支持，认为只有对传统夏布织造非物质文化遗产进行开发才能适应现代社会，才能发挥其价值；另一部分人则极力反对，认为对传统夏布织造非物质文化遗产进行商业化和产业化开发，只是为了追求经济利益的最大化，在这个过程中会出现许多质量低劣的产品，破坏了传统夏布织造非物质文化遗产本身的意义所在。杨福泉在《正在消失的手上的文化》一文中认为："人类千百年来所创作和积累的手上文化，是不能一概用市场效益来衡量的，它的存在本身不能以金钱为衡量的标准。"③ 还有一部分学者则认为需要客观地看待这种保护方式，提倡在产业化传承和原生态保护上寻求平衡点。

（三）传统夏布织造非物质文化遗产学校教育传承研究

随着非物质文化遗产保护运动的推进，关于非物质文化遗产学校传承的相关研究也越来越多。在非物质文化遗产传承道路上，人们的视角从2006年起逐渐转向学校教育研究，但是研究成果仍然比较少。从非物质文化遗产融入学校教育的类别来讲主要集中在表演类非物质文化遗产、体育、民间美术。从研究内容来讲主要集中在学校传承意义、困境和路径方面。比如柳倩月在《非物质文化遗产的校园传承意义》一文中，从非物质文化遗产的传承角度和发展教育事业角度两方面讨论了非物质文化遗产校园传承的意义。④ 聂冰心在《从南丰傩舞进校园看非物质文化遗产的学校传承》一文中，深刻分析了南丰傩舞进校园的工作，力图探寻非物质文化遗产传承新路径。⑤ 姚静在《新媒体时代的非物质文化遗产教育教学研究》一文中

① 华觉明. 传统手工技艺保护、传承和振兴的探讨［J］. 广西民族大学学报（自然科学版），2007（1）：6-10.

② 张建世，杨正文. 西南少数民族传统工艺文化资源的保护［J］. 西南民族大学学报（人文社科版），2004（3）：20-28.

③ 杨福泉. 正在消失的手上的文化［J］. 人与生物圈，2005（1）：71.

④ 柳倩月. 非物质文化遗产的校园传承意义［J］. 文学教育（上），2009（11）：122-124.

⑤ 聂冰心. 从南丰傩舞进校园看非物质文化遗产的学校传承［D］. 上海：上海师范大学，2013.

阐述了非物质文化遗产教育的重要性，指出新媒体时代非物质文化遗产教学的要求，并提出了针对性的教学策略。① 李卫英在《非物质文化遗产的学校教育传承路径探析——以贵州省民族民间文化进校园活动为例》一文中，通过探讨贵州省民族中小内容和学传承非物质文化遗产的内容和类型，论述非物质文化遗产在学校教育中传承的主要问题，并提出传承路径。②

以"传统夏布织造非物质文化遗产学校传承"为关键词搜索，在文献标题中涉及相近内容的文章只有 1 篇，以"传统夏布织造产学校传承"为关键词搜索，在文献标题中涉及相近内容的文章只有 6 篇。从文献检索可以了解到学界对传统夏布织造非物质文化遗产学校传承的研究是极少的。学者们对传统夏布织造非物质文化遗产学校传承的意义和措施提出了自己的思考。高爱民在《不要让优秀传统手工技艺成为"古董"艺术——关于中职学校传承传统夏布织造教学的几点思考》一文中强调传统夏布织造非物质文化遗产教育传承势在必行，论述了中职学校在这一教育传承中的重要作用，并提出了中职学校传承传统夏布织造非物质文化遗产具体做法。③ 杨卫华在《传统手工技艺传承教育的思考——以雕漆技艺为例》一文中，认为建立传统手工技艺类非物质文化遗产专业教育体系具有重要意义，政府需要大力支持，有些项目可以实施计划培养，同时学校要选择适合的学员。④ 高小青在《景德镇传统制瓷工艺传承方式的教育学思考》一文中，论述了景德镇传统制瓷工艺学校传承方式变迁、要素分析及对学校传承方式的思考。⑤

（四）研究评价及问题

综上，国内外学者的研究成果为本研究提供了丰硕的理论借鉴，但是不容否认的是，研究还存在着不足之处：第一，理论研究不足，目前大部分研究局限于传统手工技艺类非物质文化遗产的现状描述，或仅是从政策

---

① 姚静. 新媒体时代的非物质文化遗产教育教学研究 [J]. 亚太教育，2016（3）：124 - 123.

② 李卫英. 非物质文化遗产的学校教育传承路径探析——以贵州省民族民间文化进校园活动为例 [J]. 湖南师范大学教育科学学报，2014（4）：44 - 48.

③ 高爱民. 不要让优秀传统手工技艺成为"古董"艺术——关于中职学校传承传统手工技艺教学的几点思考 [J]. 职业教育研究，2014（9）：148 - 150.

④ 杨卫华. 传统手工技艺传承教育的思考——以雕漆技艺为例 [J]. 非物质文化遗产研究集刊，2014：26 - 33.

⑤ 高小青. 景德镇传统制瓷工艺传承方式的教育学思考 [D]. 西南大学，2010.

层面呼吁立法和保护，局限于感性认识层面，侧重于经验总结。第二，系统研究不够。目前关于非物质文化遗产和传统手工技艺类非物质文化遗产融入学校教育的研究主要涉及案例分析和实证研究，并没有对传统手工技艺类非物质文化遗产融入学校教育进行系统研究。第三，研究方法不全面。现有研究多以定性分析为主，归纳分析研究多，定量分析少。因此，本研究拟在借鉴国内外研究成果的基础上，从宏观角度来分析传统手工技艺类非物质文化遗产融入学校教育现象，系统地探讨传统手工技艺类非物质文化遗产学校传承策略。

三、研究目的及内容

（一）研究目的

我国从 2004 年加入《保护非物质文化遗产公约》以来，就从国家的角度确立了对非物质文化遗产的保护政策，各项非物质文化遗产项目的普查与申报工作有序地展开，非物质文化遗产的传承越来越受到人们的关注。在成功申报非物质文化遗产项目后，各项非物质文化遗产的传承发展方式也必然发生变化，作为非物质文化遗产的一个重要部分，传统夏布织造非物质文化遗产的传承发展方式也自然会发生变化。在教育领域，院校教育也逐渐地把传统夏布织造非物质文化遗产列入教学内容中，试图通过院校教育的手段来传承传统夏布织造非物质文化遗产，但是受传统夏布织造类非物质文化遗产自身特性及学校性质不同的影响，不是所有传统夏布织造非物质文化遗产都可以通过院校传承。同时，在现有的传统夏布织造非物质文化遗产进院校的实践中我们发现了一些问题。由此，本研究在借鉴家族传承和师徒传承的经验的基础上，分析传统夏布织造非物质文化遗产学校传承存在的问题，进而提出相应的院校传承策略，以求发挥院校教育传承文化的作用并为传统手工技艺类非物质文化遗产保护做出一点贡献。

（二）研究内容

第一部分，传统夏布织造非物质文化遗产院校传承理论。

首先是对本研究的核心概念进行界定，回答什么是非物质文化遗产、什么是传统夏布织造非物质文化遗产、什么是传统夏布织造非物质文化遗产院校传承，然后再梳理相关理论，寻求研究基础。

第二部分，传统夏布织造非物质文化遗产传承经验。

借鉴传统夏布织造非物质文化遗产传承的两种主要方式，即家族传承和师徒传承，探讨家族传承和师徒传承出现的背景、其传承的具体方式以及对院校传承模式的启示，在此基础上结合调研实际，探讨院校传承的方式及其利弊。

第三部分，传统夏布织造非物质文化遗产院校传承问题。

在传统夏布织造非物质文化遗产院校传承现状调研的基础上，对目前传统夏布织造非物质文化遗产院校传承在传承观念、传承内容、传承师资、传承环境与传承机制等问题进行分析，归纳与总结出问题的表征及其成因。

第四部分，传统夏布织造非物质文化遗产学校传承策略。

为了解决传统夏布织造非物质文化遗产院校传承问题，本研究提出了转变传承观念、构建传承课程、加强传承师资、营造传承环境、创新传承机制的策略。

四、研究思路及方法

（一）研究方法

本研究拟采用定性分析和定量分析，同时结合理论指导与实地调研。具体研究方法有：

1. 文献研究法

搜集整理国内外关于非物质文化遗产、传统夏布织造非物质文化遗产、院校传承等研究资料，厘清核心概念，寻求研究基础，发现问题。

2. 访谈法

对开展传统夏布织造非物质文化遗产院校传承的多所学校的部分领导、技艺大师及学生进行访谈，了解传统夏布织造非物质文化遗产学校传承在传承观念、传承内容、传承师资、传承环境和传承机制等方面的现状及所处的困境。

3. 问卷调查法

编制《传统夏布织造非物质文化遗产院校传承研究学生问卷调查》，了解学校传承传统夏布织造非物质文化遗产相关情况。

4. 实地考察法

设计调研方案，对多所学校的关于传统夏布织造非物质文化遗产教学实况及校园环境进行实地考察，了解传统夏布织造非物质文化遗产学校传承的具体做法,实地观摩夏布大师展示夏布技艺,了解多种传统夏布织造非物质文化遗产的技艺操作实况,参观多个大师工作室,欣赏多种传统夏布织造非物质文化遗产手工艺品等方式,实地观察获取研究所需材料。

(二) 技术路线

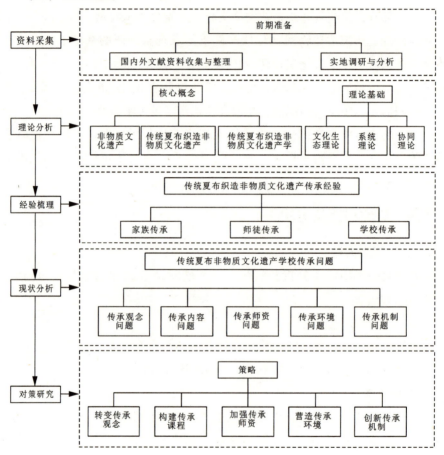

第一章
现代职业院校传承夏布织造的历史逻辑与时代背景

　　夏布织造的现代职业院校传承是新时代传统手工技艺教育传承的有效方式，也是深入贯彻落实国家非物质文化遗产保护政策的有力举措。这一方式的建立不是理论研究者和实践执行者凭空设计得来的"无序"之物，而是在深厚的历史逻辑和现代职业教育高质量发展的时代背景下共同催生和提炼而来的"有序"设计。本章节将简要回顾我国职业院校传承夏布织造的历史逻辑与阐述现代职业教育传承夏布织造的"新时代"背景。

第一节　我国职业院校传承夏布织造的历史逻辑

一、古代职业教育传承夏布织造

　　我国非物质文化遗产保护运动起步较晚，但是我国传统夏布织造的传承则历史悠久。夏布织造的出现就伴随着技艺的传承，先后出现了家族和师徒传承方式，这两种传承方式是我国传统夏布织造非物质文化遗产得以保存并发扬的最主要的方式，一直沿用至今。为了更好地推行传统夏布织造非物质文化遗产院校传承，本书有必要对家族传承和师徒传承的相关背景和具体传承方式进行梳理，总结经验，加以借鉴。

（一）家族传承

　　家族传承是一种以家庭为依托、以亲属血缘关系为纽带的夏布织造传承方式，有着深远的历史渊源。它既是流传最久的夏布织造传承方式，也是夏布织造传承的主要方式。从石器时代开始，人类制作石器工具，用树皮制作衣服，手工建造洞穴等，便有了手工技艺，而家族传承方式也应运而生。石器时代各部落为了生存，制作石器工具等手工技艺会在部落内部传承，家族传承手工技艺从原始社会的父权家长制就已拉开帷幕。伴随着第一次社会大分工的出现，农业和畜牧业相分离，农业迅速发展，社会的基本组织单位由原来的一个个部落转变为一个个家庭，家庭从此成为社会的基本组成单位，为家族传承方式提供了社会基础。家族传承的政治基础则要追溯到我国历史上第一个王朝——夏朝的建立，"公天下"转变为"家天下"，社会的家族制度从此延续几千年。根深蒂固的家族制度使得技艺拥有者为了维护家族的地位、声望和利益，往往将技艺只传给自己家人，从一开始是只传给直系亲属，有的地方甚至传男不传女，到后来扩展到血缘亲属。而从家族传承的经济基础来讲，我国几千年的农耕社会，自给自足的小农经济给家族传承方式提供了生长的土壤，自给自足的男耕女织生活状态使得各种劳动产品无需过多的市场交换，技艺的传承也就更多地停留在家族内部。家族传承夏布织造的方式正是在这种政治、经济、社会环境的影响下流传。

传统夏布织造的家族传承方式主要涉及传承人的选定和技艺传授两个方面。在传承人的选定方面，20世纪50年代以前，我国尚未对手工业进行社会主义改制，夏布织造传承人的选定沿用封建社会传统的方式，即"传男不传女"，一个家族中如果长子具备掌握技艺的条件，技艺精湛的手工艺人则会将技艺优先传给长子，如果长子不具备继承技艺的条件，则会传给次子，若无儿子则会传给入赘的女婿。但是这种方式，如果遇到家庭没有子嗣的话，技艺就会失传，于是渐渐出现男女都传的现象。随着生产力的发展，第二次社会大分工的出现，手工业从农业中脱离出来，以传统夏布织造谋生的专业户越来越多，市场对夏布织造的需求不断扩大，于是家族传承在传承人的选定上，从直系亲属逐渐扩展到血缘亲属，夏布织造传承从一个小家庭内部扩展到整个大家族。20世纪50年代以后，我国进入社会主义建设初期，对农业和手工业进行了改制，实行集体化生产，以往的家庭夏布织造作坊都合并到一起，各地都建立了夏布织造厂，传统的家族传承方式在短时间内被打破了，那些传统夏布织造艺人为了技艺仍然能够在家族内部传承，于是在集体劳动之余私下进行着保密的家族传承方式，为了家族传承的保密性，在传承人的选定上又缩小了范围。20世纪90年代以后，夏布织造厂的集体制度被取消，手工业又回到了个体作坊的形式，家族传承方式也随即重新兴盛，传承人的选定范围则又扩大到整个家族当中。总的来说，家族传承方式在传承人的选定方面，往往是遵循祖辈—父辈—子辈—孙辈的规律，其中也存在隔代相传的现象，同时遵从直系亲属到旁系亲属的扩展顺序。在技艺传授方面，传统夏布织造的家族传承方式主要是口传身授，传艺于生活之中。家族中的技艺拥有者在创作、生产、销售、授艺整个过程中都会带着家族的学徒，学徒在长辈创作的过程中主要是观摩，当技艺练就到一定程度还可以参与创作。传统夏布织造流传至今的灵魂就是生产环节，长辈在生产夏布的过程中，往往是边劳作边传艺，初学者首先是观摩，一段时间后会开始动手练习，长辈会手把手地传授。长辈在销售夏布的过程中会带着学徒一起销售，让学徒体验过程，慢慢地会让学徒参与销售活动。长辈在整个夏布织造传授过程中不仅仅会教授单纯的织造技艺，也包括与织造相关的文化，还有生活中的礼仪等各方面，将夏布织造精神融入文化熏陶、生活熏陶过程中。

（二）师徒传承

1. 师徒传承背景

师徒传承是一种以契约关系为依托，存在于非血亲之间的师傅带徒弟传承夏布织造的方式。它是传统夏布织造主要传承方式之一，起步晚于家族传承方式，但是依然历史悠久。师徒传承的出现主要是源于第二次社会分工，手工业从农业中分离出来，手工业迅速发展，成为农业的补给行业。随着生产力的发展，手工业也迅猛发展，人们对夏布织造的需求增加，家族传承方式已经不能单独胜任市场需求，于是出现了师徒传承方式。

从第二次社会分工之后一直到 17 世纪 50 年代之前，师徒传承方式一直是和家族传承方式相互依存的夏布织造传承方式。随着市场对夏布及其织造艺人的需求量增加，师徒传承方式的发展愈发兴盛。但是到 17 世纪 50 年代之后，第一、二次工业革命的浪潮迎来了机器时代，标准化、机械化的生产给传统夏布织造带来了极大的冲击，一些小的夏布织造作坊衰败没落，师徒传承的规模也就缩小了许多。到 20 世纪 50 年代，国家对夏布织造进行社会主义改制，将以前的个体经营改成了集体生产，各地建立夏布织造厂，夏布织造家族传承方式被削弱，转变为师徒传承方式，所以此时的师徒传承方式规模得到一定程度的扩大。到后来集体制度取消，夏布织造转变为个体行业，加上改革开放后，很多夏布织造劳动者自主创业，建立各种小作坊，师徒传承规模扩大。但随着市场经济的发展和第三、四次工业革命的兴起，传统夏布织造受到很大冲击，很多技艺失传或者濒临消失，加上随着时代的发展，职业选择的范围越来越多，传统夏布织造的学习耗时耗力，很多人不愿去拜师学艺了，于是师徒传承方式也就受到前所未有的削弱。拜师学艺主要有两种情况：一种是家里比较穷的小孩，我国古代社会实行的重农抑商政策，夏布织造艺人的社会地位比较低下，但是很多穷苦百姓农田极少甚至没有农田，为了生计就让小孩去拜师学艺；另一种是夏布织造艺人技艺高超，名声在外，想从事夏布织造技艺劳动的爱好者前去拜师学艺。

2. 师徒传承方式

我国古代学艺年限一般是三年或四年。师傅带徒弟从传授主体结构来说，一般分为"一传一"和"一传多"两种形式。"一传一"形式，是以师傅为中心一次只教授一个徒弟；"一传多"形式，是以师傅为中心一次教授2个及以上徒弟，但是一般不会很多，没有达到院校传承的规模。以徒弟继承技艺为线索来看传统夏布织造的师徒传承方式，主要包括拜师阶段、磨合阶段、劳作阶段、出师阶段。拜师阶段，师傅会依据自己的选徒标准，考察徒弟的天资和品性来确定是否收徒，确定徒弟后一般会举行拜师仪式，在仪式上徒弟要对师傅敬茶叩拜，司仪宣读门规，并且达成口头契约或者是书面契约。门规或契约一般会规定徒弟受业年限；徒弟给师傅缴纳的奉金；师傅给徒弟学艺期间的补助；徒弟学艺期间须听从师命违背师命者必罚，犯重大错误者则逐出师门；徒弟学艺期间不得擅自中断学艺，擅自离开师门出现人身事故者后果自负；等等。拜师之后就进入磨合阶段，入门阶段主要是指学艺的第一年，刚刚进入师门，师傅不会马上就教徒弟技艺，师傅会通过一年的时间来考察徒弟的耐力、诚心、品性、能力等方面，这个阶段主要是师徒的熟悉和磨合阶段，其间，徒弟住在师傅家里，要侍奉师傅的生活，同时要照顾师傅家里的一些生活杂事，"朝学洒扫，应对进退，及供号内的杂役，夕学书计，及本业内伎艺"，熟悉师傅的工作环境，做一些工具打理和学习使用工具的工作，对夏布进行粗加工，锻炼一些基本功等，在一年的朝夕相处中，徒弟熟知师傅的脾性，师傅也了解了徒弟，师徒的默契度得到提高，为之后的传承夏布织造技艺打下坚实基础。经过磨合阶段，如果师徒的默契度达到一定程度，徒弟的品性和能力得到师傅认可，就可以进入劳作阶段。师傅就会开始教授比较完整的夏布织造工艺，徒弟和师傅一起工作，在实践中师傅会将自己的经验讲解，边做边讲解，但是很多时候徒弟需要自己观摩积极思考，在观摩、模仿和反复操练以及师傅点评的过程中学习和提升自己的技艺。师傅教徒弟会按工艺流程来教授，徒弟只有掌握了基础的工艺才能进入下一个工艺的学习，这样一步一步地练习，直到掌握所有流程。而技艺的熟练程度取决于徒弟的日常练习，技艺的高低则取决于核心技术的掌握和天资悟性。师傅在劳作阶段教授徒弟比较完整的工艺流程，但是由于市场的竞争，教会徒弟饿死师傅的现象常有，对于核心技艺是否传授就取决于师徒的关系以及徒弟的禀赋。如果师徒关系亲密，徒弟天资聪颖，对技艺的领悟力强，师傅就会选择倾力教授，如果师徒关系一般或者徒弟资质不够，师傅则会保留核心技艺。学艺期满则进入出师阶段，师傅会对徒弟进行考核，考核通过者则可以出师，考核不合格者则需要根据学艺程度延长学艺时间，"差欠一日，不准出师"。

3. 师徒传承对院校传承的启示

传统夏布织造技艺的师徒传承方式和家族传承方式一样，是一种历史悠久的传统夏布织造技艺传承方式。师徒传承方式在传承人培养上较家族传承方式而言，范围扩大了很多，传承人的选定不再局限于血缘亲属，而是扩展到非血缘亲属，这有利于传统夏布织造的社会传播，社会传播范围增大则扩充了市场需求，为了保持供求关系的平衡，拜师学艺的门徒也就逐渐增加，如此一来，进入一个良性循环。师徒传承方式在传授技艺上较家族传承方式而言，很大程度上打破了家族传承的保守性和封闭性。虽然传统夏布织造技艺师徒传承方式有其卓越的优势，但是它也存在一定的不足之处，值得新兴的院校传承方式加以借鉴。首先，师徒传承方式下，由于大部分徒弟学习夏布织造技艺的目的是为了学一门生存手艺，没有家族传承那种传承家族夏布织造技艺和文化的责任与义务，同时夏布织造技艺学习年限较短，导致徒弟只要求学习夏布织造技艺只要能够养家糊口就可以了，在夏布织造技艺上的突破要求则不高。其次，夏布织造核心技艺的传授方面，大部分师傅都会保留不外传，因为市场竞争激烈，学习夏布织造技艺的人随着市场需求的扩大而扩大，师傅只有保留核心夏布织造技艺才能在市场竞争中占领一席之地，不然很容易就会被淘汰，同时也是因为夏布织造技艺的学习需要花费大量的时间，在有限的时间里师傅一般只教授徒弟基本夏布织造技艺，让徒弟将有限的时间用在刀刃上，这样会事半功倍。基于传统夏布织造技艺师徒传承方式的优缺点，院校传承方式应当在核心夏布织造技艺传承的开放性方面做出努力。

二、近现代职业教育传承夏布织造

（一）院校传承

1. 院校传承背景

传统夏布织造的院校传承方式出现于我国近代时期。我国职业教育初创于鸦片战争后的洋务运动，历经民族存亡的艰难岁月，伴随着近代工业发展而延续，并为民族独立和人民解放做出了积极贡献。抗日战争时期，兵工署建立了一批技工学校，这是我国第一批以"技工学校"命名的学校，培养了一大批机械制造和维修的熟练技工。洋务运动主张"师夷长技以制夷"打开了国人的视角，认识到自己国家的不足。1876 年，新兴资产阶级兴起的戊戌变法运动虽然如昙花一现，但是废科举、兴办学堂等呼声深入人心，有识之士认识到传统夏布织造要与外国的技艺相竞争，就必须培养出一大批的能工巧匠。当时传统夏布织造已零散地出现在一些学堂中，但是单独将传统夏布织造办成专门学堂的要属我国江西景德镇陶瓷学堂。景德镇陶瓷学堂于 1945 年由省政府批准，定址江西景德镇，并与浮梁县立初级陶瓷职业院校合并，校名改为"省立陶瓷科职业学校"。像景德镇陶瓷学堂这类专门的传统夏布织造学堂在近现代仍然比较少。随着 2004 年加入联合国教科文组织《保护非物质文化遗产公约》，我国全面启动了非物质文化遗产普查、抢救、保护和传承工作。2005 年 3 月，国务院办公厅下发了《关于加强我国非物质文化遗产保护工作的意见》，确立了我国非物质文化遗产保护工作的方针和目标。非物质文化遗产保护运动如火如荼地开展，传统夏布织造非物质文化遗产的院校传承方式在这一浪潮中受益匪浅。各地将传统夏布织造非物质文化遗产引进院校的现象开始逐渐增多。

2. 院校传承方式

院校传承是以院校为载体传承夏布织造的一种方式。目前传统夏布织造非物质文化遗产的院校传承方式主要是以专业课和选修课两种形式开展。

　　专业课的形式是职业院校开设传统夏布织造非物质文化遗产相关专业，招收学生，学习三到五年。借鉴已有的传统手工艺类非物质文化遗产院校传承方式，比如云南省玉溪技师学校开设的陶瓷工艺专业，学习的是云南省第三批非物质文化遗产中的"青花瓷器烧制技艺"；湖南工艺美术职业学校开设的湘绣设计与工艺专业，学习的是第一批国家级非物质文化遗产中的"湘绣"；海南省民族技工学校开设的黎族织锦专业，学习的是我国首批非物质文化遗产中的"海南黎族织锦工艺"；等等。由此设立传统夏布织造非物质文化遗产传承的相关性专业定是可取之道。以云南省玉溪技师学校的陶瓷工艺专业为例，此专业是三年学制：第一学年上学期主要是学习理论知识和练习工艺相关的基本功；第一学年下学期到第二学年的上学期末，主要学习制坯、上釉、烧制、开窑工艺的整个流程；第二学年末到毕业，主要是属于实习阶段。学校聘请传统手工技艺类非物质文化遗产代表性传承人作为外聘教师，代表性传承人一般是指导学生，而学生的专业课并非由代表性传承人教授，专业课教师学校会聘请学校派的专业教师或者是实干派的手工艺人。比如云南省玉溪技师学校聘请青花陶瓷烧制技艺代表性传承人吴白雨先生作为专业的外聘教师，他主要负责指导专业课任教的教师、评点学生制作的成品以及吴白雨工作室中的系列工作，一般一个星期去学校一到两次，陶瓷工艺专业的专业课教师则是从景德镇陶瓷学校聘请的专职教师。湖南工艺美术职业学校开设湘绣设计与工艺专业，聘请湘绣代表性传承人刘爱云大师作为外聘教师，她主要负责指导学生实操，根据学生实训课程安排。刘爱云大师到学校的时间是固定的，一个星期两次，一次是半天。湘绣设计与工艺的专业课教师则是从湖南湘绣研究所聘请的湘绣艺人作为专业专职教师。院校传承传统文化的专业课形式既具有现代职业教育的学制、内容和形式，也具有传统手工技艺类非物质文化遗产的特性。

　　就传统夏布织造非物质文化遗产而言，职业院校开设传统夏布织造选修课可以培养学生的动手能力，满足学生的兴趣爱好并且传播我国优秀传统文化。目前，职业院校开设传统夏布织造选修课主要采取学分制，学生一方面为了拓展自己的兴趣爱好，一方面为了修满学分。重庆科技职业学院在传统夏布织造选修课方面做得很优秀。重庆科技职业学院培养服装设计与工艺专业知识和动手操作能力，面向服装设计、服装制版、服装工艺、服装生产管理等职业岗位群，能够从事服装产品设计、工业制版、工艺制作、品牌策划、市场营销、陈列展示、裁剪与跟单等岗位的高素质技术技能型人才，开设"时装画技法""服装款式设计""CorelDRAW 服装款式辅助设计""服装结构设计""服装 CAD 制版""服饰图案设计""服装款式设计""服装结构设计""服装立体裁剪""服装立体裁剪""服装制作工艺""服装陈列设计"等夏布织造特色课程，并纳入每周教学计划。传承班全部采用精英班教学，由夏布大师言传身教，教授夏布织造技艺。传承班学生将经历四个阶段：第一阶段是体验阶段，时间为一个月。学生入学之初可以去大师工作室中实地观察体验，选择自己感兴趣的技艺尝试学习一个月，如果经过实地体验依然感兴趣就可以进入正式学习技艺课程的阶段，如果体验后不感兴趣则可以开学第一个月内另外选择感兴趣的技艺进行学习。第二阶段是入门阶段，学习时间为一学期。学生在选定自己感兴趣的技艺后，大师开始技艺理论知识和专业知识、技能。这一阶段的主要内容是教授技艺入门知识、技巧以及基本技艺流程，让学生对技艺学习有一个整体感知，重点培养和激发学生学艺兴趣。第三阶段是临摹阶段，学习时间为一年半。这一阶段大师在学生知晓基本技艺流程的基础上，分阶段、分技艺流程，选取特定的临摹样品，在教授学生临摹的过程中讲解技艺，让学生熟悉技法，能够独立完成一个作品。第四阶段是创作与练习阶段，学习时间为一年。这一阶段大师会有目的地培养学生的创作能力，在创作的过程中加强对之前所学技艺的练习。

无论是专业课形式还是选修课形式，与家族传承和师徒传承方式一个很大的不同之处便是，教师不再是一个人，而是一个群体。学校传承方式是通过一个教师群体向多个学生个体教授知识，传习技艺，陶冶情操，从而培养传统手工技艺类非物质文化遗产人才的活动过程。

3. 院校传承利弊

传统夏布织造非物质文化遗产进校园的实践越来越多，与传统夏布织造非物质文化遗产的家族传承方式和师徒传承方式相比，院校传承方式也有利有弊。

从其利端来说，一是传承人数最多。家族传承方式在传承人数上是最少的，因为家族传承面向的是血缘亲属，家族人数本身有限，其中愿意学且有天赋的人则少之又少。师徒传承方式在传承人数上居第二，因为一个师傅一次做多也只能带几个徒弟。院校传承方式面向全国招收学生，以班级形式来组织，以重庆科技职业学院的传统夏布织造专业为例，4个年级，每个年级1~3个班，每个班级有20~40人，这样每年的毕业生就有100人左右，这种传承人数是家族传承方式和师徒传承方式无法匹敌的。二是教学效率最高。传统夏布织造院校传承方式采取的是班级授课制度，教师和学生是一对多的形式，这大大提高了传统夏布织造传授的效率。同时，学校会聘请专业的老师对学生进行系统化的理论知识讲解以及实操练习，这比家族传承方式和师徒传承方式全凭经验教学效率高得多。另外，学校得到国家政府资助，可以利用现代媒体教学，集合高素质教师的智慧，这些都让传统手工技艺传承效率提高。三是开放程度最大。传统夏布织造的家族传承方式对内具有开放性，对外具有绝对的保守型和封闭性；师徒传承方式对内具有半开放性，对外具有一定程度的保守性和封闭性；院校传承方式对内和对外都具有较大程度的开放性，开放程度较前两种传承方式都提升很多。

从其弊端来说，一是学习时间短。传统夏布织造的学校传承方式是在职业院校传承，职业院校引入传统夏布织造只停留在职业教育的某个阶段，而并没有贯穿上下整套的教育体制，这导致学生在学校学习传统夏布织造一般是3~5年，而传统夏布织造非物质文化遗产，历史悠久，博大精深，并且学生在学校学习传统夏布织造非物质文化遗产的同时仍需要学习一些基础文化课，这样一来学习时间就太短。例如学习夏布织造的，一般情况下，一个优秀的织造者须经过5~10年的培养才能达到一定水平。二是学艺不精。正是由于学习时间短，并且学校招收学生的门槛低，并没有像家族传承方式和师徒传承方式那样对学艺之人是否具有学艺条件进行较为严格的考核，多种原因使得学生学艺不精。三是生产环境缺失。传统夏布织造非物质文化遗产具有生产特性，以往的家族传承方式和师徒传承方式都是在真实的生产过程中言传身教，在实际的劳作中教授技艺，而院校传承方式将传统夏布织造搬入课堂则打破了传统夏布织造所依存的生产环境，使得传统夏布织造的生产特性逐渐缺失，这是对传统夏布织造非物质文化遗产保护非常不利的。我们在分析院校传承方式的利弊问题的同时，我们也将思考，任何事物都有其两面性，院校传承方式目前所具有的弊端是院校传承方式本身所具有的不足还只是由于院校传承方式刚刚起步、院校传承模式尚未完善所导致，这值得我们深思并考证。

三、现代职业教育传承夏布织造的逻辑

党的十八大以来，在习近平新时代中国特色社会主义思想的指引下，职业教育坚持"高端引领、校企合作、多元办学、内涵发展"的办学理念，秉持特色发展，办学实力进一步增强，培养质量进一步提升，为中国经济转型升级和全面建成小康社会做出了积极贡献。

一个科学的思想理论体系必须具有逻辑，即中国现代职业教育理论的逻辑体系是在其理论与实践互动过程中生成的概念、判断、推理等严密思维形式反映系统或体系。因而，依据历史与逻辑相统一的方法和现代职业教育特性，建构出中国现代职业教育理论的"四维结构"逻辑体系。

一是历史发展逻辑。中国现代职业教育理论发展的历史脉络。它在不同阶段形成依次递进的"发展"理念和思想。第一阶段，中央第一代领导集体"适切发展"的职业教育思想，体现"半工半读"和"两条腿走路"办学特色；第二阶段，中央第二代领导集体"优化发展"的职业教育思想，进一步转变教育观念，优化职业教育结构，坚持为经济建设服务；第三阶段，中央第三代领导集体"大力发展"的职业教育思想，坚定不移地把教育事业摆在优先发展的战略地位，加大投入，校企合作，不断扩大办学规模；第四阶段，中央第四代领导集体提出了"科学发展"的职业教育思想，坚持以就业为导向，以服务为宗旨，以质量为重点；第五阶段，中央第五代领导集体为确保如期实现全面建成小康社会的战略目标，基于经济发展新常态的实际，形成了"加快发展"现代职业教育思想，重塑大国工匠精神，构建现代职业教育体系，坚持为"中国制造2025"战略服务。

二是实践发展逻辑。中国现代职业教育理论体系是在中国传统文化和现代文化相融合的场域中萌芽、产生的一种逻辑思维形式，不可避免地烙上中国教育实践逻辑的印记。这种印记，充分凸显了现代职业教育与社会经济发展有内在关联的"目的本位"发展特色，亦即中国现代职业教育"事实"关联目的的升华和总结。在此基础上，形成了四种具有中国特色的

现代职业实践发展逻辑，即解放初期至改革开放前以促进就业发展为主的职业教育逻辑；改革开放初期以促进经济发展为主的职业教育逻辑；改革开放中期以促进社会发展为主的职业教育逻辑；全面深化改革以来以促进人的发展为主的职业教育逻辑。这四种"实践特色"逻辑又形成各自的科学决策、典型实验、规范操作、信息反馈和主体直觉等生态系统发展逻辑。

　　三是理论发展逻辑，即在认识和修正理论过程中形成的逻辑思维形式。根据理论发展逻辑的推理关系，中国现代职业教育具有三个层次互相关联的逻辑推演关系，即中国现代职业教育一般理论、特殊理论和个别理论。所谓中国现代职业教育一般理论即具有共性或相同性质的理论，如面向人人的技术技能人才培养理论，它是指导现代职业教育办学的最高宗旨，是现代职业教育赖以存在的理论基石；所谓中国现代职业教育特殊理论是指不同于一般的理论，如产教融合理论、校企合作理论和工学结合理论等，这是现代职业教育基本办学形式；所谓中国现代职业教育个别理论是指单个、独有的理论，如现代学徒制理论、大师工作室理论和项目教学法理论等。从以上理论逻辑的表征可以看出，如果是演绎思维，中国现代职业教育理论发展是由一般理论→特殊理论→个别理论；如果是归纳思维，中国现代职业教育理论发展是由个别理论→特殊理论→一般理论。

　　四是职业发展逻辑，即职业人才在职业生活中由低级向高级不断成长所表现出的一种逻辑思维。按照德雷福斯"新手—高级新手—精通者—胜任者—专家"模型理论，中国现代职业教育人才培养分为"新手→熟手→能手→高手→旗手"等五个层次。"新手"如初级工，只要求掌握入门的概念性知识，如"该职业的本质是什么"，这是职业发展逻辑的开端；"熟手"如中级工，除了掌握基本的概念性知识，还必须掌握关联性的知识，如"为什么是这样而不是那样的"，具有比较逻辑思维意识；"能手"如高级工，不但要具有比较反思的逻辑意识，还要有具体和功能性的知识，如"关于工作细节和设备功能知识"，既能发现问题又能解决问题；"高手"如技师，必须具有经验基础上的学科系统化知识，如"如何科学地解释并解决实际问题"；"旗手"也可称为"专家"或"大师"或"领军人物"，融发现问题、诊断问题、分析问题、解决问题于一体，具有鲜明的个性风格，技术高超，精益求精，能引领行业潮流。这种由新手成长为大师的过程是职业人才成为大国工匠的职业发展逻辑，遵循哲学逻辑中由量变到质变的发展规律，是职业教育理论认识、反思和批判的逻辑归宿。

由上可知（见图1-1），中国现代职业教育逻辑体系主要由相互联系、相互作用的四个维度逻辑构成。其中，历史发展逻辑是主线，实践发展逻辑和理论发展逻辑是经纬，职业发展逻辑是目标，以此形成一套完整的逻辑体系。

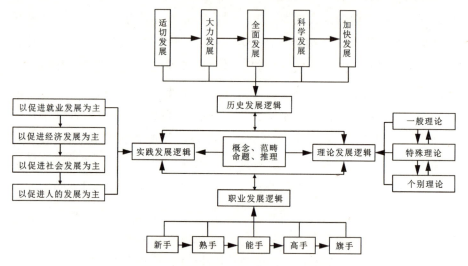

图1-1 中国现代职业教育理论逻辑体系"四维结构"图

第二节 现代职业教育传承夏布织造的"新时代"背景

一、互联网时代

（一）互联网时代的内涵

随着现代科技的发展，以互联网和信息高速公路为标志的网络社会在人类进入21世纪之后逐步形成。在全球展开的信息和信息技术革命，正以前所未有的方式对社会变革的方向起着决定作用。网络时代是指在电子计算机和现代通信技术相互结合基础上构建的宽带、高速、综合、广域型数字化电信网络的时代。目前，随着3G、4G以及5G时代的到来各种应用软件和程序的推出，在产业链各方的推动下，互联网已经从电脑桌面走向手机及其他移动设备终端,从书房、办公室走向口袋,移动互联网和有线互联网融合的速度逐渐加快。在网络时代,在广泛的生产活动范围中,信息处理技术的引入使这些部门的自动化达到一个新的水平,企业生产的智能化、个性化程度不断提升。网络社会里,电讯与计算机系统合二为一,可以在几秒钟内将信息传递到全世界的任何地方,从而使人类活动各方面表现出信息活动的特征。信息和信息机器成了一切活动的积极参与者,甚至参与了人类的知觉活动、概念活动和原动性活动。在此进程中,信息知识正在以系统的方式被应用于变革物质资源,正在替代劳动成为国民生产中"附加值"的源泉。这种革命性不仅会改变生产过程,更重要的是它将通过改变社会的通信和传播结构而催生出一个新时代、新社会。随着信息技术的普及,信息的获取将进一步实现民主化、平等化,这反映在社会政治关系和经济竞争上也许会有新的形式和内容,而胜负则取决于谁享有信息源优势。信息和信息技术的本质特点,在社会和经济发展方面也必将带来全新的格局。

(二) 互联网时代的基本特征

随着互联网的快速发展,整个社会将发生根本性的改变,其主要表现在以下几个方面。

第一,个人主体性的张扬与迷失。一方面,随着信息技术手段的发展,以个性表达为主要特征的主体性得到彰显,人们之间的依附关系将随着去中心化和权威化的发展而逐步瓦解,个人的个性得到张扬;另一方面,人在软件化的机器系统中,很可能逐步沦为这一系统微不足道的软件,成为软件控制系统的延伸,对数字技术的推崇和痴迷又使人的主体性又面临着迷失的巨大风险。"人是信息的唯一源泉或归宿,也是机器运转的意义所在"①,但在这个被称为信息爆炸的时代,其主要原则是隐藏所有信息的价值,普通人仅仅是原始"大数据"的提供者,他们分享部门信息,而技术精英则通过他们创作巨额财富。普通人的价值将被这种新经济淹没,而掌握中央计算机的人的价值将被无限放大。"经济发展越是依赖信息,我们大

---

① 杰伦·拉尼尔. 互联网冲击:互联网思维与我们的未来 [M]. 李龙泉,祝朝伟,译. 北京:中信出版社,2014:5.

多数人就越无价值。"① 很多信息和网络服务是免费的，但这种免费是以普通人提供的信息为基础的。

第二，未来的不确定增加。摩尔定律是硅谷的指导性原则。这一定律的主要内容是，计算机芯片将以加速度不断改进：芯片技术每隔2年就会提升1倍。这就意味着，微处理器经过40年的改进之后会比现在先进数百万倍。没有人知道这一进程会持续多久以及这一定律存在的确切原因——这是我们人类的驱使，还是技术固有的特性现在我们不得而知，关于人工智能发展的警告不绝于耳。人类在这一过程中对技术的价值判断决定了我们不同的未来命运。从长远来看，技术的进步对生产效率的提升可能导致失业人口急剧膨胀，甚至可能引发社会动荡，这是一种作茧自缚的迷局。但另一方面，技术越来越发达，人类能乐享自由，各得其所，这是人类应该需求的未来。② 可以说，信息技术让我们的未来充满了更多的不确定性。

第三，劳动性质的改变。以网络技术为核心的现代信息科技正在使复杂的工作对普通人来变得越来越容易，它改变了多数从业者的劳动内容和工作性质，与现代生活息息相关的医药、新能源、法律以及金融等从业者的数目不断增加。肖莎娜·祖博夫（Shoshana Zuboff）描述了各种传统工作是如何转变为知识密集型工种的：纸浆作坊操作工的工作地点从把木片制成纸张的蒸汽房间转移到空调房里，他们在这里可以阅读电脑屏幕上的各种数据以掌握工作的进展。工作已经从体力劳动变为脑力劳动；许多公司的秘书工作已经从为上级打印文件变成了公司内外的人员互动；农民的工作也变成了购买和操作机械、进行财经分析并出售自己种植的各种农产品。③ 新的工具正在重塑着工作的性质，许多传统依靠体力劳动从事的工作越来越依赖于普通人与复杂的符号系统交互的智力能力。未来，要获得一份体面的工作，学习能力和信息技术能力是个体劳动者必须具备的专业技能。

第四，虚拟社区的形成。互联网技术的兴起和移动终端的普及打破了

---

① 阿兰·柯林斯，查理德·哈尔佛森. 技术时代重新思考教育：数字革命与美国的学校教育 [M]. 陈家刚，程佳铭，译. 上海：华东师范大学出版社，2013：12.

② 杰伦·拉尼尔. 互联网冲击：互联网思维与我们的未来 [M]. 李龙泉，祝朝伟，译. 北京：中信出版社，2014：5.

③ Shoshana Zuboff. In the Age of the Smart Machine：the Future of Work and Power [M]. New York：Basic Books，1988.

人们日常交往中的时空阻隔和束缚，人类社会开始了从地方社区向兴趣社
区的转移和过渡。所谓地方社区，是指传统意义上我们所居住城市的不同
区域单位，它是一个地理和方位概念。在传统的地方社区里，在技术条件
相对落后时期，人的一生都可能与那些跟自己有着共同经验、价值观和信
仰的人共同度过。随着现代科技的发展，人类的活动范围逐渐扩大，人与
人之间沟通交流的手段和途径也越来越多样化，传统地方社区的边界开始
模糊。在互联网迅猛发展的背景下，人与人之间面对面的沟通越来越少，
取而代之是个人在网络世界里与世界各地的人按照自己的兴趣进入各种不
同的虚拟社区，这种社区为个人提供工作、生活、学习以及娱乐休闲所需
要各种资源，它已经跨越了时空，使人足不出户或者随时根据需要与他人
进行互动以获取信息或共享免费资源。

二、学习型社会

（一）学习型社会的内涵

所谓学习型社会，是一个通过相应机制和手段促进和保障全民学习和
终身学习的社会。其核心内涵是全民学习、终身学习。有研究者认为，从
形式上看，学习型社会是要创作一个全民学习和终身学习的社会。学习型
社会的本质是一个"以学习求发展的社会"。学习型社会的内涵包括：以个
体学习追求个体发展；以组织学习追求组织发展；以国家学习促进国家发
展；以终身学习促进终身发展；以灵活学习追求多样发展；以自主学习促
进内在发展。[①]

二十世纪六七十年代，西方社会发展进入到一个危机与繁荣共存的时
期。一方面，突飞猛进的科技发展对人们的生活、生产及精神世界产生了
巨大影响，社会财富急剧增加；而另一方面，社会矛盾重重，环境问题、
精神危机问题、知识与信息短缺以及就业问题等日益严重。二十世纪六十
年代由美国学者哈钦斯（Hutchins）首先提出了学习型社会的概念，这一概
念起初是与西方社会的发展问题联系一起的，它作为应对危机的一个选项，
同时也包含着新的发展的思想。学习型社会将个体的和谐发展作为社会总
体发展的目标，将个体的和谐发展作为推动经济社会新发展模式实现的重

---

① 顾明远，石中英．学习型社会：以学习求发展［J］．北京师范大学学报（社会科学版），
2006（1）．

要条件。联合国教科文组织 1972 年发布的《学会生存——教育世界的今天和明天》指出，教育已经不是"精英们"的特权，也不能只是面向处在学龄阶段的青少年，教育应该是普遍的、面向大众的和终身的。1996 年发布的《学习：财富蕴藏其中》指出，全民终身学习是社会发展的动力，并深入阐述了终身学习的四大支柱：学会认知、学会做事、学会生存和学会共处。联合国教科文组织的这两份报告已经成为学习型社会的理论基础和纲领性文件，许多国家相继开展了学习型社会创建活动。

学习型社会是时代发展和社会进步的产物。当今世界处在前所未有的深刻变化与调整之中，科学技术发展日新月异，任何国家要在未来世界取得经济的持续繁荣、社会的和平安定以及生态环境的改善，都必须依靠科技创新、依靠人力资源开发来不断适应这种快速的变化。在"后金融危机"时代，面对持续的就业压力和生存竞争、快速变化的现代生活以及持续更新的工作内容，民众福祉的提高也越来越依靠个人积极的学习与自我提高。近年来，许多方面的发展都重新强调学习型社会建设的重要性。这些新情况包括全球化程度越来越高并不断加速发展、移动互联网技术的广泛应用、呈指数性质增长的信息、人口的流动、社会的转型、全球气候的变化与可持续发展等。为了应对这些新情况，联合国教科文组织于 2013 年重申终身学习是 21 世纪的教育哲学、概念框架和组织原则，并把通过学习来增进个人能力的理念放在中心位置。可以看出，21 世纪的今天，我们对学习的要求比以往任何时候都更强烈、更持久、更全面，只有不断地学习，才能应对新的挑战。学习型社会不是自然而然地形成的，而是需要人们根据实践发展的要求，努力建设学习型家庭、学习型组织、学习型企业、学习型社区和学习型城市等。终身学习则强调公民个人是学习的主体，人的主体性在学习里得到了前所未有的发展，而这正是人之所以为人的根本特性。学习不仅是一种人权，而且是人的一种责任和义务，终身学习强调人的主体性、自主性、能动性、责任性，人的态度和动机，人的潜能的开发和人的完善。终身学习将成为我国和世界教育发展的必然趋势和本质特征。全民终身学习基本形成之时，也就是学习型社会实现之日。全民终身学习全面有效开展之时，即是人人皆学之邦的学习化社会实现之日。

（二）学习型社会的特征

整体而言，学习型社会具有以下明显特征：

第一，学习成为全民参与的社会活动，成为经济社会发展的主要动力。在学习型社会中，社会地位、家庭背景以及健康状况等个体差异都不足以成为制约个人学习的障碍因素，学习机会不再为特定年龄阶段或特定阶层的人群所独享。不管在生命的任何阶段，不管其原有学习基础如何，都可以从社会中获得相应的教育和学习机会。一个全民参与的终身学习的模式将取代有选择的、占主导地位并集中在较为有限的时间段的学校学习模式。学习型社会是在知识经济背景下诞生的，知识学习和运用的主体是人，学习将成为人力资源开发最基础和最重要的活动，成为最主要的经济发展动力。同时，学习活动还是维系社会成员联系、促进社会阶层流动和完成社会统和的主要途径。

第二，学习资源得到最大限度的共享。学习型社会的形成与发展与信息化时代的到来相伴而生，随着现代信息技术的发展，学校作为学习场所的权威地位将受到不断的挑战，学习型社会中的学习将在各种具有教育培训功能的机构、场所发生，尽管他们各自独立，其性质、功能、任务、方法也不尽相同，但通过创新的管理体制和现代信息技术手段，形成相互联系、各具特色又密切配合的社会学习资源网络，学习资源得到最大限度的整合和分享。任何人可以在任何地方、任何时间，使用手边可以取得的科技工具进行学习活动的 4A（Anyone，Anytime，Anywhere，Any device）泛在学习将逐步变为现实。

第三，学习成为个人生存与发展的根本需要。学习型社会中，学习作为社会发展和个人谋生与实现自我的手段，将延续个体的一生，成为个体终身的持续活动。诚如哈钦斯所言，"变化的加速"是学习型社会的一个必然前提，它不仅表现为从事职业活动所需要的知识不断增加，技术技能不断提升，同时也表现为社会及个人家庭生活呈现出"流动性形态"的变化。[①]这种变化的结果必然是要求个人知识与能力的不断提升和观念的不断更新和变化。在学习型社会中学习的欲望、态度以及持续学习的能力将成为一个人在社会中立足、生存以及发展和实现自我的最有价值的资产。学习型社会中，作为学习者的个体不再是传统意义上作为"客体"的教育对象，而是自主的学习主体。

---

① 吴遵民. 现代国际终身教育论［M］. 上海：上海教育出版社，1999：118.

三、第三次工业革命

（一）第三次工业革命的意蕴

工业革命这一概念最早在 18 世纪中期开始使用，用以描述在经济和社会环境、劳动和生活状况上发生的深刻而持久的变革。那个时候，第一次工业革命使人类从农业社会进入工业社会。第二次工业革命始于 20 世纪初，它是基于劳动分工的、以电为动力的大规模生产。20 世纪 70 年代中期，可编程逻辑控制器的使用促使产品和生产自动化巨大进步，人类从此进入第三次工业革命。①

第三次工业革命以原子能、电子计算机、空间技术和生物工程的发明和应用为主要标志，涉及信息技术、新能源技术、新材料技术、生物技术、空间技术和海洋技术等诸多领域的一场信息控制技术革命。有研究者认为，互联网和可再生能源是第三次工业革命的核心技术，第二次工业革命造成的工业污染对人类的生存环境产生了巨大的威胁。第三次工业革命将指引人类进入"后碳时代"的可持续发展之中。第三次工业革命的五大支柱包括：第一，向可再生能源转型；第二，将每一大洲的建筑转化为微型发电厂，以便就地收集可再生能源；第三，在每一栋建筑物及基础设施中使用氢和其他存贮技术，以存贮间歇式能源；第四，利用能源互联网技术将每一大洲的电力网转化为能源共享网；第五，将运输工具转向插电式以及燃料电池动力车。②

（二）第三次工业革命的特点

第一，科学技术转化为直接生产力的速度加快，科学技术成为第一生产力，在推动生产力的发展方面，科学技术起着越来越重要的作用。科学的目的在于发现和探索未知领域，而技术在于创作。在科技高速发展的今

---

① 当第三次工业革命方兴未艾之际，德国联邦教研部与联邦经济技术部在 2013 年的汉诺威工业博览会上提出了"工业 4.0"的概念。它描绘了制造业未来的前景，提出继蒸汽机应用、规模化生产和电子信息技术等三次工业革命之后，人类将迎来以信息物理融合系统（CPS）为基础，以生产高度数字化、网络化、机器自组织为标志的第四次工业革命。"工业 4.0"的概念目前引起了全球关注。见：乌尔里希·森德勒. 工业 4.0：即将来临的第四次工业革命 [M]. 邓敏，李现民，译. 北京：机械工业出版社，2014.

② 杰里米·里夫金. 第三次工业革命：新经济模式如何改变世界 [M]. 张体伟，孙豫宁，译. 北京：中信出版社，2012：32.

天，科学和技术关系相辅相成，互相助力。技术成果主要表现和凝结在实物之中。从企业技术和产业技术的活动过程看，样品、样机的产生是智能技术向物化技术过渡的关节点，但从样品、样机到量产，离开完整的生产技术则根本无法实现。科学的发展，先进技术工业的不断成熟、升级，为生产力快速进步提供了"催化剂"。过去，从发明到大规模地运用，照相机用了122年，电话机用了56年，而现代的电视只用了5年，激光用了2年，从原子能的发现到世界上第一座核电站投入使用，仅用了15年。

第二，科学和技术密切结合，相互促进。随着科学实验手段不断进步，科研探索领域也不断开阔。以往的技术革命，科学和技术是相对分离的，这就造成研究成果要经历相当长的时间才能导致生产过程的深刻变化，或者是在技术革新后的相当一段时间才能有科学理论的概括。第三次科技革命中，科学与技术之间的相互关系发生了巨大变化，科学与技术相互渗透，科学、技术、生产形成了统一的革命过程。

第三，第三次工业革命将从根本上改变人们的生活和工作方式。以化石燃料为基础的第二次工业革命给社会经济和政治体制塑造了自上而下的结构，如今第三次工业革命所带来的绿色科技正逐渐打破这一传统，使社会向合作和分散关系发展。我们所处的社会正在经历深刻的转型，可持续发展将逐步成为全社会的核心价值理念，所有纵向的权力等级结构正向扁平化方向发展。同时，也应该看到，现代信息技术的发展存在着加剧区域间发展不平衡的风险，城乡之间、发达地区与落后地区间差距可能进一步拉大。传统工业在很大程度上依靠丰富的资源，但高技术的发展，把经济发达地区的经济更多地与国际市场捆绑起来，发达和落后地区的经济社会都在第三次工业革命的浪潮中面临全面转型。①

四、面向 2035 职业教育新政

（一）职教 20 条

2019 年 1 月 24 日，国务院印发《国家职业教育改革实施方案》（以下简称《方案》）。

《方案》指出，要以习近平新时代中国特色社会主义思想为指导，把职

---

① 刘玉照，等．社会转型与结构变迁［M］．上海：上海人民出版社，格致出版社，2007：57 – 58.

业教育摆在教育改革创新和经济社会发展中更加突出位置。牢固树立新发展理念，服务建设现代化经济体系和实现更高质量更充分就业需要，对接科技发展趋势和市场需求，完善职业教育和培训体系，优化学校、专业布局，深化办学体制改革和育人机制改革，以促进就业和适应产业发展需求为导向，鼓励和支持社会各界特别是企业积极支持职业教育，着力培养高素质劳动者和技术技能人才。

《方案》提出，从 2019 年开始，在职业学校、应用型本科高校启动"学历证书＋若干职业技能等级证书"制度试点工作。到 2022 年，职业学校教学条件基本达标，一大批普通本科高等学校向应用型转变。经过 5～10 年左右时间，职业教育基本完成由政府举办为主向政府统筹管理、社会多元办学的格局转变，由追求规模扩张向提高质量转变，由参照普通教育办学模式向企业社会参与、专业特色鲜明的类型教育转变，大幅提升新时代职业教育现代化水平，为促进经济社会发展和提高国家竞争力提供优质人才资源支撑。

《方案》提出了进一步办好新时代职业教育的具体措施。一是完善国家职业教育制度体系。健全国家职业教育制度框架，提高中等职业教育发展水平；推进高等职业教育高质量发展，完善学历教育与培训并重的现代职业教育体系。二是构建职业教育国家标准。完善教育教学相关标准，狠抓教学、教材、教师，培育和传承好工匠精神；深化复合型技术技能人才培养培训模式改革，面向在校学生和全体社会成员开展职业培训。三是促进产教融合。总结现代学徒制和企业新型学徒制经验，坚持工学结合；推动校企全面加强深度合作，打造一批高水平实训基地。四是建设多元办学格局。发挥企业重要办学主体作用，鼓励有条件的企业特别是大企业举办高质量职业教育；与国际先进标准接轨，做优职业教育培训评价组织。

《方案》要求，要加强党对职业教育工作的全面领导，做好职业教育改革组织实施和相关保障工作。全面贯彻党的教育方针，将党建工作与学校事业发展同部署、同落实、同考评。提高技术技能人才待遇水平，健全经费投入机制，加强职业教育办学质量督导评价。

《方案》内容总共20条，从7个层面给出了职业教育的新政方向及发展动态。

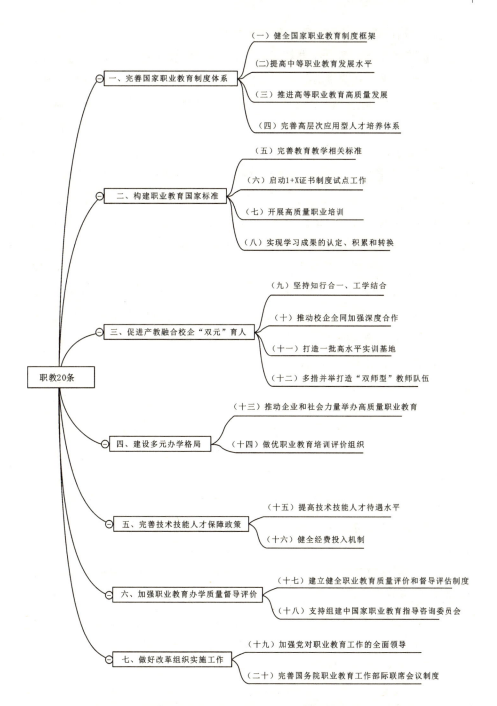

图 1-2 《国家职业教育改革实施方案》7 层面 20 条内容示意图

（二）构建现代职业教育体系政策背景

产业转型升级，简单地讲就是产业结构的高级化过程，是从低附加值向高附加值升级，从高能耗高污染向低能耗低污染升级，从粗放型向集约型升级，从生产制造向研发设计升级。产业转型升级是产业向更有利于经济、社会发展方向发展。产业转型升级的关键是技术进步，在引进先进技术的基础上消化吸收，并加以研究、改进和创新，建立属于自己的技术体系。产业转型升级必须依赖于政府行政法规的指导以及资金、政策支持，需要把产业转型升级与职业教育、企业职工培训、再就业结合起来。

当前，我国经济发展的最大特征可以概括为"新常态"①，"新常态"表面上是经济增长从高速下降到中速，其实质是经济结构的变化，是我国经济发展进入高效率、低成本、可持续的中高速增长阶段。国家统计局网站显示，从 2013 年开始，我国第三产业增加值占 GDP 比重达 46.1%，首次超过第二产业的 43.9%；而新近公布的上半年经济数据也显示，第三产业占 GDP 比重已升至 46.6%。可以看出，这种"新常态"下，我国产业结构开始出现所谓"软化"现象，即在产业结构的演化进程中，第三产业比重不断上升，出现"经济服务化"趋势；而在整个产业结构演进过程中，对信息、服务、技术和知识等"软"要素的依赖程度逐步加深。

可以说，"新常态"背景下，我国正处在推动产业转型升级的关键时期。"刘易斯拐点"的到来使我国人口红利正逐渐消失，区域经济发展需要大量技术型、技能型人才。在过去 30 多年中，中国产业工人的主体实现了从城市工人到农民工的转变，但中国社会的职业技能养成体系却没有相应地实现转型，从而导致了中国产业工人技能养成严重不足的局面。加快发展现代职业教育，建立适应现代产业发展的职业教育体系是培养大批高素质技术技能型人才的需要，也是改善我国高校"同质化"严重现象、深入推进高校结构调整的一场深刻变革。2010 年，《国家中长期教育改革和发展规划纲要（2010—2020 年）》提出："到 2020 年，形成适应发展方式转变和经济结构调整要求、体现终身教育理念、中等和高等职业教育协调发展的

---

① 习近平总书记 2014 年 5 月在河南考察时指出，我国发展仍处于重要战略机遇期，我们要增强信心，从当前我国经济发展的阶段性特征出发，适应新常态，保持战略上的平常心态。这是第一次关于新常态经济的表述。7 月 29 日，习近平总书记在和党外人士的座谈会上又一次提出，要正确认识中国经济发展的阶段性特征，进一步增强信心，适应新常态。

现代职业教育体系，满足人民群众接受职业教育的需求，满足经济社会对高素质劳动者和技能型人才的需要。"2014 年 6 月，在全国职业教育大会召开前夕，中国政府网发布的《国务院关于加快发展现代职业教育的决定》明确提出将采取试点推动、示范引领等方式，引导一批普通本科高等学校向应用技术类型高等学校转型，重点举办本科职业教育。发展高职本科被认为是"建立现代职业教育体系，提高职业教育吸引力""推动高等教育转型发展，优化高等教育结构"的"一箭双雕"之举。

教育部副部长鲁昕指出："中国解决就业结构型矛盾的核心是教育改革。教育改革的突破口是现代职业教育……现代职业教育培养的人是技术技能型人才。"这段话进一步明确了现代职业教育体系建设的战略意义：对于国民教育体系建设而言，现代职业教育体系建设是一个突破口；对于我国经济社会发展而言，现代职业教育体系建设是解决就业问题的关键途径。通过服务新型城镇化和产业升级转型，职业教育以大批高素质技术技能型人才为培养目标，这是对我国经济社会发展和教育综合改革的双重贡献。可以说，建设现代职业教育体系与服务经济社会发展是我国职业教育发展的两大相辅相成的主线。①

（三）现代职业教育体系的意涵与基本特征

该如何认识"现代职业教育体系"呢？职业教育，一旦在层次上得到了延伸，形成了"体系"，其自然突破了狭义概念。关键是如何理解"现代"二字。字面上看，"现代"是相对于过去、传统而言的，但不同社会科学研究领域，其指代的具体时间又各异。② 从世界范围看，职业教育发展大致经历了工业革命以前的学徒制、工业革命至 20 世纪中期学校职业教育的形成与普及、20 世纪中叶至 20 世纪末叶以立法形式确定职业教育体系以及 20 世纪末至今的全球化、终身教育思潮及知识经济影响下的职业教育等不同发展阶段。在相关研究中，我们曾经把"现代职业教育"指称工业革命以后学校本位为主体的职业教育。③ 随着时代的发展，我们所要构建的"现代"职业教育体系自然要与 21 世纪之后的全球形势相匹配。④ 正因为如此，

① 石伟平. 经济转型期中国职业教育的历史使命 [J]. 中国职业技术教育，2014 (21).

② 谢立中. "现代性"及其相关概念词义辨析 [J]. 北京大学学报（哲学社会科学版），2001 (5).

③ 石伟平. 比较职业技术教育 [M]. 上海：华东师范大学出版社，2001：3.

④ 关晶，李进. 现代职业教育体系研究的边界与维度 [J]. 中国高教研究，2014 (1).

国际上，"现代职业教育教育"的核心特征往往被认为是促进人的可持续发展，现代职业教育体系建设即要从终身教育角度构建学生职业生涯发展的教育系统。我国"现代职业教育体系"的提出具有很强的政治色彩，政策制定者意在强调构建为现代产业（相对于传统产业）发展服务的职业教育教育体系，更多赋予了它经济发展功能。① 不难看出，"现代职业教育体系"在理念上存在着工具理性与价值理性的根本性冲突，存在着桑巴特所谓技术时代"为了手段而忘记目的"② 的风险。现代职业教育的人才培养应该服务产业发展，还要促进学生职业生涯的可持续发展。作为技术主体的人，是存在，是手段，也是目的。

据此，我们认为，现代职业教育是相对于传统职业教育而言的，是与当下我们生活时代的经济社会相适应的，其最大的特点是"可持续发展性"：一方面要促进学生的可持续发展和多次就业能力的提升；另一方面是要促进社会的和谐和可持续发展。在此理念基础上构建的现代职业教育体系应当具有开放性、系统性和适应性三个方面的基本特征。所谓开放性，是指现代职业教育体系与产业系统和普通教育系统等外部环境的沟通和交流。所谓系统性，是指现代职业教育体系的完整性，这是提升职业教育吸引力的需要，也是产业转型升级的内在要求。所谓适应性，是指现代职业教育体系的建立要考虑区域经济社会发展的不均衡状况、职业教育各专业的差异以及学生自身发展的需要，适合而不浪费，动态、逐步、灵活地构建现代职业教育体系。

（四）我国职业教育教学改革面临的新挑战

1. "加快发展现代职业教育" 对职业教育人才培养目标提出新要求

改革开放之后，我国经济发展取得了举世瞩目的成就，社会物质财富和精神财富逐步积累起来，人民生活水平得到了持续改善和提高。然而，还应该看到我国经济发展同时面临着资源短缺、成本上升、环境污染、产能过剩、出口受阻以及人口红利逐步消失等诸多不利因素，传统"粗放型"的经济发展方式已经越来越不能适应我国经济社会发展的现实需求，实现经济转型和产业升级已经势在必行。世界各国发展的历史都表明，一个国

---

① 聂伟. 关于将新建本科学校纳入现代职业教育体系构建的探讨 [J]. 中国高教研究，2012 (11).

② 仓桥重史. 技术社会学 [M]. 王秋菊，陈凡，译. 沈阳：辽宁人民出版社，2008：4－5.

家经济社会的发展、产业机构的升级和优化都需要合理的人力资源结构进行支撑，而合理的人力资源结构的建立离不开合理的教育结构。工业化与信息化的深度融合不断地提高着生产、经营以及流动等领域的机械化、电气化、自动化和精密化的程度，要求广大生产、服务和管理人员成为多种技能复合型或知识技能型的新型劳动者。为适应运用现代种业技术和规模化、集约化经营的现代农业的发展需求，亟须普遍提高农业劳动生产力的受教育程度和专业技术能力，而新型城镇化过程中大批农村富余劳动力的转移也对职业教育发展提出新的要求。"新四化"亟须培养数以亿计的高素质劳动者和技术技能型人才，这在客观上要求不断加快职业教育发展。全面建成小康社会迫切需要具有中国特色和具有现代化水准的职业教育的有力支撑，党的十八大报告根据目前我国经济发展的形式和要实现的任务，适时提出了"加快发展现代职业教育"的历史使命和要求。在"加快发展现代职业教育"的历史新阶段，如何解决我国"传统职业教育"与现代经济社会发展在人才培养数量和质量的需求矛盾，克服职业教育管理体制存在的弊端，激发职业教育发展活力将成为新的研究课题。

2. 就业导向课程理念不能适应未来社会发展需要

院校职业教育的基本矛盾是它既要满足区域经济社会发展对技术技能型人才的基本需要，同时还要兼顾学生综合素质的提升；在满足学生一次就业能力的同时，又要满足学生再就业能力的提升。长期以来，尤其是20世纪90年代以来，效率优先和工具主义课程理念一直指导着职业教育课程开发工作，为区域经济发展培养大批量高素质技术型、技能型人才是职业教育的基本任务，就业导向已经成为职业教育发展的基本理念。"产教融合"、"企业文化进校园"、与企业岗位"无缝对接"、订单培养等成为我国职业学校内涵发展的"亮点"和最大看点。在高技术迅猛发展的学习型社会背景下，这种工具主义取向的课程理念在传统生源逐渐减少和生源多样化的双重压力下，越来越暴露出其不足和弊端，彰显学习者主体地位，满足学习者的多元需求，突破"岗位化""培训化"的课程目标，凸显职业教育的本体价值，不断提升学生可持续发展能力已经成为现代教育课程开发的基本理念。

3. 各种知识的价值需要得到重新定位

1859年，英国哲学家、社会学家斯宾塞（Spencer）在《什么知识最有价值》一书中提出了"什么知识最有价值"的著名问题，此后，该问题一直都是教育哲学研究中的一个重要问题。不同的哲学观，不同的课程理念，对不同知识的价值判断，对哪些知识可以进入课堂、它们之间的比例以及课程组织的先后顺序等回答都是不同的。在今天这个个人价值得到不断彰显以及社会发展的不确定性不断增加的"大时代"中，强调身体操作娴熟程度的技能型知识在职业教育教学中的重要程度将随着未来新职业变迁、消亡速度的加快、劳动者个人工作岗位变更频率的不断增加以及第三次工业革命条件下劳动性质的改变而不断下降。而另一方面，与劳动者核心能力密切相关的方法能力和社会能力的培养应该在未来职业教育过程中受到越来越多的重视。而这些能力至少应该包括与人沟通与交流的能力、数字应用能力、信息技术能力、与人合作的能力、学习与业绩的自我提高能力、问题解决能力以及与复杂符号系统交互的智力能力等。[1] 这样的时代背景下，职业教育教学应重新思考"什么知识最有价值"这一根本性问题并试着做出新的回答，不管是对职业教育知识的分类以及各种知识在学生终身职业发展中的地位、作用和价值都应给予新的考量。

4. 院校职业课程资源的权威地位受到挑战

技术知识是制造人造物或进行社会管理、提供社会服务时所需要的"应该怎样做"的知识。技术知识中的诀窍与技能多属于默会知识，而操作规则、工艺流程、技术方案、技术项目的工作原理、技术规范以及技术理论原理等则属于明言知识。[2] 与工作场所学习相比，院校职业教育的优势在于明言知识的传授，传统职业教育课堂教学的合法性在于教师的专业技能和知识是学生知识和技能的主要来源，但"技术正在把教育从院校中转移到家庭、工作场所、学龄前或毕业后的教育机构、业余学习中"[3]。如果知识的生产与传播不再被院校垄断，技能的授受也从来不是普通高等教育毕业的"书生们"的特长；如果学习者能用较少的或极低的成本在网上轻松地学会某项职业需要的相关知识，职业院校作为技术技能型人才培养场所的权威地位必然受到挑战，因为在条件允许的情况下，工作场所学习加线

---

① 吴真. 职业核心能力：测评与提升［M］. 天津：天津教育出版社，2010：43.

② 唐林伟. 职业教育视角下的技术知识及其对职业教育有效教学的启示［J］. 中国职业技术教育，2013（12）.

③ 阿兰·柯林斯，查理德·哈尔佛森. 技术时代重新思考教育：数字革命与美国的学校教育［M］. 陈家刚，程佳铭，译. 上海：华东师范大学出版社，2013：19.

上专业知识学习将成为职业教育有效的形式，而慕课将为工作场所学习提供越来越丰富的明言知识类教学资源，在能够充分利用企业真实工作环境为学习者提供实习机会进行默会知识学习的情况下，院校职业教育的优势将受到冲击，职业院校必须向社会证明其教学的有效性和存在的价值。① 诚如《技术时代重新思考教育》的作者所言："如果教育者不能成功地将新技术整合进学校中，那么在过去 150 年间发展起来的被人们长期认同的学校教育将消解在未来的世界中：有手段有能力的学生都在公共学校之外求学。"②

5. 职业院校的教学管理制度面临重构风险

校企合作育人是职业教育人才培养的必然要求，同普通高等教育相比，职业教育需要一个更加灵活、弹性、高效的教学管理制度。这是适应学生在院校、企业之间学习转换的需要，也是发挥行业企业积极性参与职业教育人才培养工作的需要。但多年来在职业教育的教学管理中行业企业始终处于被动地位，满足学生在行业企业以及不同职业院校之间流动学习的完全学分制也没有真正建立起来。随着现代教育技术的发展，职业教育课程市场的形成，将"倒逼"院校与有实力的行业企业合作开发课程，甚至搭建慕课平台，这有助于打破"校""企"壁垒，孕育天然的"大职业教育观"下的教学对象；线上教学与线下教学的结合，将"再造教学流程"；教学方法及学习方式的多样化为教学管理带来的更大的挑战；不同背景学习者先前学业的认定、学分互换及职业资格的认定需要在教学评价制度上进行系统设计。仅从教学过程管理和控制的传统职业教育教学管理制度将越来越难以适应以学习者为中心的现代教学模式的需要。

6. 课程体系分割状态不能适应现代职业教育体系建设的需要

《国务院关于加快发展现代职业教育的决定》明确指出，要"适应经济发展、产业升级和技术进步需要，建立专业教学标准和职业标准联动开发机制。推进专业设置、专业课程内容与职业标准相衔接，推进中等和高等职业教育培养目标、专业设置、教学过程等方面的衔接，形成对接紧密、特色鲜明、动态调整的职业教育课程体系"。把课程体系建设作为独立条目

---

① 2013 年，MOOC 平台 Udemy 启动 Teach 2013 计划，鼓励工业界专家和领袖创建自己的课程并开展教学，这可以视为职业教育 MOOC 发展的开端。

② 阿兰·柯林斯，查理德·哈尔佛森. 技术时代重新思考教育：数字革命与美国的学校教育 [M]. 陈家刚，程佳铭，译. 上海：华东师范大学出版社，2013：14.

列出来，说明其在现代职业教育体系建设中的基础性作用已经得到了高度关注。现代职教体系建设，无论从其与劳动人事部门主管的职业资格证书体系的横向关系看，还是教育部门的中高职以及技术本科的纵向关系看，要实现沟通衔接，必须把内容最终落实到课程体系建设层面，否则所谓的体系建设只能是一句空话。建立职业教育的横向衔接体系，关键的问题是实现专业教学标准与职业资格标准的融通，这需要对整个职业资格证书体系和专业设置体系进行系统的开发。① 职业教育课程纵向体系的构建问题，即中、高等职业教育课程衔接，以及中、高等职业教育课程与应用型本科教育课程衔接的问题。纵向层面的课程衔接目前存在两个水平：一个是学校间的课程纵向衔接；另一个是国家专业教学标准层面。不管是哪个层面，我们都面临着很多障碍：多年来我国中等职业学校和高等职业学校的专业目录是分别进行编制的，没有有效机制对它们的专业目录进行沟通衔接，中等职业教育与高等职业教育的专业目录存在严重的不对应现象。此外，从目前各地的中高职衔接人才培养方案看，普遍存在的一个突出问题是把大量的专业理论课程集中到了中职阶段，而高职教育阶段的课程反而成了操作性的实验实训课，这是明显违背职业教育教学规律和学生认知心理发展规律的。②

总之，随着工业 4.0 时代的来临，在人类社会发展进入 21 世纪的今天，在我国社会发展的转型期，在产业转型升级发展的关键期，在构建现代职业教育体系的大背景下，我国职业教育发展面临着种种机遇，但就职业教育教学改革而言，如何在新形势下兼顾不同学生主体的学习需要、彰显学生发展的主体地位，如何使学生能够在首次就业成功的前提下，仍有较强的持续就业能力，如何在移动互联网日益发达的今天实现自下而上的课程与教学变革等都是我们面临的挑战和需要深思的问题。

---

① 事实上，职业资格证书体系自身也存在很多问题，如有些职业资格证书的内容，比职业学校课程的内容还要学科化，职业学校的考证教育，反而沦为实实在在的应试教育；有些职业资格证书的内容多年没有修订，跟不上行业发展的最新形势，其内容本身不完善，不能完全体现职业岗位的要求；还有很多职业并没有对其职业能力进行认证的职业资格证书。
② 徐国庆 . 课程衔接体系：现代职业教育体系构建的基石［J］. 中国职业技术教育，2014
(21).

第二章
现代职业院校传承夏布织造的理论

实践是理论的来源，理论又反作用于实践。在长期的传承实践中，现代职业院校传承夏布织造产生了丰富的理论，同时也在理论的指导下进一步促进了夏布织造传承。提升现代职业院校夏布织造传承质量，有必要厘清相关概念和析出理论基础。

第一节　核心概念

一、职业教育

职业教育与职业有着天然的紧密联系。职业教育与人类社会获取物质生活资料和人类自身再生产的需要密切相关，职业教育直接源于人类生产经验和生存技能传递的需要，以生产劳动经验之类的生存技能为主要内容的人类早期教育形式就是职业教育的前身。离开了对职业的考察，职业教育的本质便很难理解了。

（一）职业的概念

1. 职业的涵义

在文明社会中，职业是重要的分工制度之一。职业是人们在社会劳动分工中所从事的具有专门职能的工作。职业有三个构成要素：第一，职业是个人从事的有报酬的工作，不管人们是为雇主工作，还是为自己工作，皆通过此项工作可以获得经济报酬。第二，职业是个人能够稳定地从事的工作，是一种相对稳定的、非中断性的劳动。第三，职业带给个人一种模式化的人群关系以及相应的行为规范。

目前人们主要从社会学和经济学方面对职业内涵进行研究，但是鲜有从职业教育学的角度来深入探讨职业的内涵的，在这里我们将着重从职业与教育的关系挖掘职业的内涵。职业教育的实施应以准确把握职业的教育意义为前提。

我们不赞同狭义地把职业理解为仅仅和身体有关的、为获得报酬或获得产品的操作活动，这种狭义的理解实质上是劳动与闲暇的对立、理论与实践的对立、身体与精神的对立的陈旧观念，这些陈旧观念进而在职业教育领域内表现为操作训练与心智活动的对立、重复与创新的对立、教育与训练的对立、就业导向与以人为本的对立。

职业活动本身就是实施职业教育的途径和方式。首先，职业本身就是最富有生命力和主动性的知识信息的组织原则，也是人的能力发展的最佳组织原则。职业对于每个人都是至关重要的，人的心思、兴趣、动机会逐渐聚焦于其所从事的职业上，促使人们关注和联系一切与其职业有关的事物和信息。人从自己的职业需要出发，不知不觉搜集、保存一切有关的信息，并重新组织这些信息，以有益于职业行动。这一系列的活动富有极强的主体性。其次，在职业教育实施与开展的途径中，通过典型的作业或工作任务进行的职业教育是为职业做准备而进行的最适当的教育。这样的职业活动是一种极有价值的教育活动，同样具有极强的主体性，可以大大激发学习者的主体精神和思维。学习者在主动的职业活动中理解现代科学原理，并最终掌握对原理的运用，从而培养其职业技能和职业态度，发展其多方面的心智能力和职业智慧，形成精明、细心、踏实的优良品质，使其天性才能得以充分体现和发挥。

2. 职业的功能

职业对从业者个人具有多种功能。第一是职业的经济性功能。职业是个人收入的主要来源、生存的主要手段。第二是职业的社会性功能。职业使个人处于社会劳动体系中，个人获得并扮演社会关系网络中的一定角色。第三是职业具有教育性功能。它促进个性发展，塑造人的个性，每一种职业都会对从事这种职业的人的个性留下痕迹，并改变他们对人生的看法。第四，职业提供心理和精神上的满足，包括成就感、自我实现和自我认同感、尊重、人际关系、生活方式和相应的习惯。职业对于个人，绝非仅具有单一的满足生存谋生的经济功能，个人谋取职业也绝非仅为就业。

职业对社会具有多重功能：职业具有促进社会分工和社会进步的功能；是增加社会财富和福祉所要凭借的主要手段；职业对于弱势群体和处于不利状况的群体是生存的主要依赖；职业的分化与演变使人们完成社会分层、选择和控制；职业之间的相互依赖与合作又可促进不同阶层的人们完成社会整合，促进社会和谐与稳定。

（二）职业教育的概念

职业教育是一种复杂的教育活动，对其概念的认识也是复杂多样的。

1. 广义职业教育的概念

（1）所有的教育和培训都具有职业性，均是职业导向的，因为所有教育都影响着个人的职业；

（2）职业教育和培训包含了所有类型的技术传授；

（3）职业技术既可以在家庭中传授，也可在工作单位和正规学校传授。

2. 狭义职业教育的概念

（1）职业教育就是培养技术工人（工匠）的教育；

（2）职业教育和培训仅包含操作性技能之类的传授和训练；

（3）是同普通教育相对的以专门培养中级专业技术人才为目的的学校教育，处于大学层次之下，反映了教育体系内部的结构与分工。

显然，广义的职业教育概念混淆了职业教育与其他类型教育的差别，未区分出职业教育所传授的特定技术类型；而狭义的职业教育概念又把职业教育局限于操作技能训练和中等层次的程度上。因此，二者都没有真实、全面地反映出现代职业教育真谛。

3. 从职业教育的外部关系来界定职业教育的定义

2001 年联合国教科文组织修订的《关于技术与职业教育的建议》认为，"技术与职业教育"是作为一个综合术语来使用的，它所指的教育过程除涉及普通教育外，还涉及学习与经济和社会生活的各部门的职业有关的技术和各门科学，以及获得相关的实际技能、态度、理解力和知识。技术与职业教育进一步被理解为：

（1）普通教育的一个组成部分；

（2）准备进入就业领域以及有效加入职业界的一种手段；

（3）终身学习的一个方面以及成为负责任的公民的一种准备；

（4）有利于环境可持续发展的一种手段；

（5）促进消除贫困的一种方法。

教科文组织所提出的上述概念，主要从职业教育的外部关系阐述了职业教育的外延和作用，这样的表述更易让大多数国家的政府接受和重视职业教育，这正是其用意所在。

（三）职业教育的本质

职业教育是以培养符合职业或劳动环境所需要的技能型人才为目标的一种教育类型，它以职业需求为导向，以实践应用性技术和技艺为主要内容，传授职业活动必需的职业技能、知识、态度，并使学习者获得或者扩展职业行动能力，进而获得相应的职业资格。技能型人才，进一步可以分为技术应用型人才和操作技能型人才，都需要具备一定的理论技术和实践技术、心智技能和运动技能，都需要在生产或服务的一线通过行动将已有的设计、规范和决策转化为产品或服务成果。职业教育是以技能为中心的综合职业能力的教育，这是职业教育的本质所在。

二、手工技艺

中国是一个有着五千年悠久历史和灿烂文化的文明古国，至今还保留着门类众多的传统手工技艺。传统手工技艺，是古代手工业的积淀，是记录民族历史的重要符号，是地域民族文化的表征，是宝贵的非物质文化遗产。

传统手工技艺，是指以手工劳动进行制作的具有独特艺术风格的造物艺术。它以手工劳动为主要制作方式，以独特艺术风格的工艺美术作品或产品为表现形式。传统手工技艺有别于以大工业机械化方式批量生产的标准化、规格化的生产生活用品。①

传统用手制造是手工艺的开始。技能、技巧、工艺，是手工艺的基本属性。手工艺品的制作过程，体验的是一种自然节律和人生之味，充满了人们对美好生活的寄托和向往，手工艺品是技艺和情感结合的产物。《考工记》中说："天有时，地有气，工有巧，材有美，合此四者然后可以为良。"此正所谓"心手合一"，反映了传统手工艺的本质特征。从人类历史价值上

---

① 张福昌．振兴中国传统手工艺产业刍议［J］．艺术生活，2005（4）．

讲，传统手工劳动是伴随着整个人类社会的发展与实践活动的全部过程。在人类发展初期，手的活动和操作能力的提高直接促进了人类的进化过程。同时，传统手工技艺是一种满足人的物质生活及精神生活需要的手工艺术，蕴涵了人类文明之始的工艺文化。①

传统手工技艺是我国传统文化的一个重要组成部分。手工艺是指以手工劳动进行制作的具有独特艺术风格的工艺美术，有别于以大工业机械化方式批量生产规格化日用工艺品的工艺美术。手工艺品指的是纯手工或借助工具制作的产品，可以使用机械工具，但前提是工艺师直接的手工作业仍然为成品的最主要来源。

传统手工艺知识体系经过一代又一代能工巧匠长期实践的积累，通过口传心授、言传身教配合以口诀、传说故事等方式进行传承，形成了"知者造物，巧者述之，世守之"②的模式，经过长时间的积淀逐渐形成了体系完整、富有地方特色并延续至今的知识体系。

三、技艺产育

技艺产育是"技艺育人"与"产业育人"高度融合而来的有效育人手段，是历史演进印记与现代开放元素协同共融后的教育产物。技艺产育的理论逻辑包括技艺育人观（技艺就是劳动）、产业育人观（产业涵盖技艺）和技艺产育观（技产必须合一）；技艺产育的政策逻辑涵盖初步萌芽期（以生产劳动为核心）、转型深化期（以技术教育为核心）与全面提质期（以技产融合为核心）；技艺产育的实践逻辑囊括技育关系（重手工，轻成器）、技产关系（重专技，轻通技）与产育关系（重产业，轻产育）。

历史证明，职业教育的本质就是一种技艺产育。这既是历史演进印记与现代开放元素共融的教育产物，又是"技艺育人"和"产业育人"的综合结晶体。从技艺育人的向度看，技艺产育既是国家政策导向下的现实产物，同时亦是实务界系列实践反思后的理论成果。长期以来，我国"技艺育人"与"产业育人"的育人实践完全相离而去。一方面，在技艺育人层面，功利性的技艺传授、习得与竞赛成为职业院校的首要选择，"技艺"本

① 吴岳军. 传统手工技艺"现代传承人"培养研究［J］. 教育学术月刊，2019（4）：49 - 54.
② 戴吾三. 考工记图说［M］. 济南：山东画报出版社，2003：15.

身所附带的产育功能尚未被提及与开发。另一方面,在产业育人过程中,颇具象征意义的"综合实践活动"以及华而不实的"产业水平"被视为产业教育的具象物而被大力推行,育人手段的捉襟见肘往往使得产业育人的实际效果收效甚微。

技艺产育概念的生发不是一蹴而就的想象之物,而是有着深厚的理论涵养且能够被实践验证的科学产物。理清这一产物的来龙去脉,首要任务是回答其有何理论逻辑,以及理论逻辑具体是什么的问题。阐释技艺逻辑的理论逻辑,可以从词根分解上寻找。在词根的语义溯源上,技艺产育可以被理解为"技艺育人"与"产业育人"深度融合之后产生的结晶,即如同"$1+1>2$"的数理转换。在这样的转换之下,技艺产育的"营养成分"既索取了现实情景赋予的时代养分,同时也有汲取、传承和发扬"技艺育人"与"产业育人"所内含的理论精髓。一外一内的有机结合,使得物质能量关系产生催化效应,进而引起"产业劳育"从量变到质变。

(一)技艺育人观——技艺就是劳动

技艺育人观是通过技术技艺传授、模仿、研习、创新与实践等教育活动来实现学徒(学生)工匠精神塑造与赖以生存工艺技能习得的教育观念或教育态度。从国际史料来看,技艺的足迹可以追溯至古希腊哲学。在古希腊语中,"技艺(τεχνη)"具有神明之意,被视为是普罗米修斯赐予的礼物,掌握和习得技艺的人能够摆脱宙斯的惩罚。[1] 在延续"语言技艺"的话语体系上,柏拉图将技艺纳入其哲学思想并作为基础概念单元加以大肆阐发。他认为"技艺"与"知识"是类比物,皆是被理性捆绑在心灵的"真意见",可以使让人成为优秀的"智慧之人"。[2] 一切"技艺"均需要历经学习、生产、制造及使用等环节。"技艺"的开端就是用"真实的物体制作一些玩具"。[3] 柏拉图的"技艺"体系学说一方面肯定了技艺的育人作用,能够使人掌握智慧之学;另一方面也隐喻了"技艺"与生产、制造与创造等动作之间的关系,即技艺的本质与无法与劳动相剥离。紧接着,亚里士多德的"技艺概念观"再次肯定了技艺是劳动的一种重要形式,认为"技

---

① 赵墨典,包国光.柏拉图论"技艺"的本质和分类 [J].科学技术哲学研究,2019,36(1):94-99.

② 柏拉图.柏拉图全集:第一卷 [M].王晓朝,译.北京:人民出版社,2003:533.

③ 柏拉图.柏拉图全集:第三卷 [M].王晓朝,译.北京:人民出版社,2003:653.

艺"是作为手段的劳动，其目的在于生产技艺产品和闲暇思考教育。后经数千年沉思与摸索，技艺育人与劳动的关系愈发清晰。17世纪，英国教育家洛克的"技艺教育"思想指出接受教育的学生，不但要学习绅士教育涵盖的基本内容，同时必须接受基本的技艺训练。技艺教育对儿童的身心发展具有一定的促进作用，劳动技艺的习得可以愉悦身心，使学习者触摸学习乐趣，实现德智体美劳全面发展。① 由此，可以看出"技艺就是劳动"蕴含了先哲的智慧。

回看国内，技艺育人有着深厚的文化底蕴。在古代，"技"发源于手工劳动，主要代表某类技术与技能，后来也日渐出现"百工"，形容掌握某种技能的人。"艺"在《说文解字》中意为"手持工具，勤劳的在地里耕作"，主要表示一种劳动观念。② 后经演化，"艺"的概念开始与"技"互通，表示"技，才"之意，随即也就产生"技艺，才艺"的惯用术语。"技艺"与"生产劳动"不可分割，或者说技艺本质上就是劳动，尤其是手工劳动、耕地劳动等。因此在儒家思想中，技艺教育也常被视为低等劣势之学。譬如，《论语·子罕》篇记载，"吾少也贱，故多能鄙事"，孟子进一步提出"劳心者治人，劳力者治于人"，充分表达了孔孟"技艺""愚人"思想。后来，随着"工匠（熟练掌握技艺的人）"地位的提升，尤其是"官匠"的出现，技艺教育也从底层走向大众舞台并受到世人推崇，相继出现了"师徒传承""家族教育"以及"官府教育"等技艺育人形式，旨在通过手工劳动教育形塑学徒精益求精的技术精神和习得精湛自如的技艺能力，进而帮助其立足于社会中，成为拥有一技之长的社会栋梁。近现代，尽管技术和技艺被时代赋予了新的内涵，甚至已经走上"异化"之旅，但随着"工匠精神"的价值回归，唯有通过"精益求精的'劳动'才能创造新器物"依然是亘古不变的世人真理。具体到学校教育领域，职业院校在技艺育人的过程中，学徒对于技艺的习得往往是通过反反复复的训练和劳动而来。因此，无论是技艺的授受、传承抑或是习得，技艺的本质就是劳动，也就如同亚里士多德所言，"技艺是作为手段的劳动"③。

---

① 洛克. 教育漫话 [M]. 傅任敢，译. 北京：人民教育出版社，1985：58.
② 马周周. 教育技术之技、艺、道 [J]. 电化教育研究，2004（5）：12-18.
③ 亚里士多德. 尼各马可伦理学 [M]. 廖申白，译. 北京：商务印书馆，2003：75.

（二）产业育人观——产业涵盖技艺

产业育人观是以"产业教育"为核心形成的教育观念，是通过在各级学校教育中增设生产劳动、服务性生产和日常生活劳动生产等环节，促进学生树立正确生产价值观和养成良好生产素养，进而实现德、智、体、美、劳综合发展的教育态度。产业育人在国际和国内都有着深厚的文化底蕴。

从国际看，古希腊哲学家亚里士多德曾对"劳动生产"进行了初步探索，不仅提出了"物品交换"的劳动法则，同时也辨析了"生产"的范畴。他认为"技艺"就是生产或制作这类活动的美德，只有从事"好的生产"，且展现出精湛的生产技艺水平，才能成为优秀的劳动者。① 亚里士多德的"劳动观"虽然并没有对什么是生产作出详细阐述，但其已经认识到"技艺"在产业的范畴中具有重要地位，即产业理应涵盖技艺的"动作"范畴。进入 19 世纪，马克思和恩格斯在继承前人研究成果的基础上对"生产"赋予了新的含义，加速了产业教育（教育与产业相结合）的发展。马克思基于人的本性一再强调生产在人类形成与发展中发挥了决定性作用，生产也是人区别于动物的根本特征。恩格斯直截了当提出："生产是人类生活的第一个基本条件……劳动生产创造了人类本身。"② 因此，马克思断言："教育与生产劳动相结合，不仅是提高社会生产的一种方法，而且是造就全面发展人的唯一方法。"③ 在阐述教育与生产劳动想结合的形式中，马克思着重强调了各种形式的职业技术学校价值功能。他认为："学生接受关于工艺学和各种生产工具操作课程。……把有报酬的生产劳动、智育、体育和综合技术教育结合起来，就会把工人阶级提高到比贵族和资产阶级高得多的水平。"④马克思主义教育观与劳动观为后人研究教育与生产劳动的理论与实践提供了理论源泉，同时也科学阐释了"产业"与"技术、技艺"的关系。

在国内，古代的"产业育人"思想散落于智者的典籍经书之中。《敬姜论劳逸》指出"夫民劳则思，思则善心生；逸则淫，淫则忘善，忘善则恶心生"⑤，反映了劳动生产可以塑造善良的道德和品行。明末学者颜元在《言行录》中指出"养身莫善于习动，夙兴夜寐，振起精神，寻事去作，行

---

① 李义天. 劳动造就美德［N］. 光明日报, 2019 – 06 – 03.
② 《马克思恩格斯选集》（第 3 卷）［M］. 北京：人民出版社, 1995：508.
③ 《马克思恩格斯全集》（第 23 卷）［M］. 北京：人民出版社, 1972：530.
④ 《马克思恩格斯全集》（第 16 卷）［M］. 北京：人民出版社, 1964：218.
⑤ 名家精译古文观止（卷 3）［M］. 北京：中华书局, 2007.

之有常，并不困疲，日益精壮"①，强调了生产劳动可以强身健体，使人摆脱贫乏。五四运动中，李大钊首倡产业教育，号召"工读打成一片"②，这一时期，教育与生产劳动的结合在工学思潮、平民教育思潮和职业教育运动中得到进一步推动。中华人民共和国成立之后，产业育人一直是党和政府关注的重点议题。毛泽东同志曾在一次全国教育工作会议中批评到，现在的学生只知道在校学习，无法看见稻、粱等农作物，没有机会接触工人和农民，无法实现为工农群众服务的教育目的。后来为改善这一局面，我国也陆续出现了半工半读、夜校、劳动大学、技术夜校等具有"产教结合"特征的教育模式。随着社会主义建设进入新时代，"同生产劳动和社会实践相结合，培养德智体美劳全面发展的社会主义建设者和接班人""走技能成才、技能报国之路"等被提出和践行。习近平总书记的系列重要论述，再次升华了产业教育的时代价值，开辟了21世纪产业教育思想的新境界，为新时代产业教育的落地实施指明了前进方向。

（三）技艺产育观——技产必须合一

技艺产育观是"技艺育人"与"产业育人"高度融合而来的教育产物，是职业院校通过营建"在技艺习得中生产，以及在生产中习得技艺"的育人理念和环境，从而培养德智体美劳综合发展的技术技能人才的教育活动。无论是国外抑或国内，"技艺育人"与"产业育人"已经深入人心，并长期应用于教育实践，取得良好的育人效果。在这一过程中，"技艺是生产""生产涵技艺"与"生产的过程就是习技的过程"的知识观念日渐得到国内外学术界尤其是技术教育学与产业教育学界的共同认可，并给予了充分的理论阐发与实践印证。技术教育学与劳动教育学界达成的学术共识为"技艺产业合一"即"技艺产育"概念的生发奠定了厚实的理论逻辑。在理论逻辑上，技艺产育吸收了"技艺育人"和"产业育人"的内涵精华，筑牢了"技艺就是生产""生产就是习技"的价值观念，贴合了新时代教育发展的迫切需求，进而成为各级各类职业院校贯彻国家劳动教育政策，开展新时代产业教育的有利形式。

剖析这一形式的育人功能，可以从"德、智、体、美"等方面加以阐释。第一，有助于形塑善良的道德品行。技艺产育的本质是在技艺习得过

① 颜元. 颜元集［M］. 北京：中华书局，1987：671.
② 刘世峰. 中小学的劳动技术教育［M］. 北京：人民教育出版社，1993：32.

程中践行生产，进而在循环往复的生产学习过程中成为优秀的技艺人。古今中外，凡是能成为优秀技艺人（工匠），不仅外显高超娴熟的技艺技能，同时也内蕴优良的职业精神和善良的道德品行，即"技艺道一体"。老子认为"道"包括"天道"与"人道"，具化入技艺领域，技艺之道即是指职业精神与技艺方法。在技艺产育过程中，学徒通过持久的生产不仅能够习得技艺和技术原理，而且也可以通过耳濡目染继承和发扬"技艺师傅"内蕴的生产精神和道德品行，进而形成技艺技术与精神品行的"双重自省"，实现自我善良道德品行的塑造。第二，有助于习得充盈的智慧技能。如同柏拉图所述，"技艺"就是"知识"和理念。通过技艺产育实践，学生既可以获得赖以生存的职业技能，同时亦可以累积技艺原理知识，甚至在生产中获得新的知识。知识的累积与创造一步步打开了学生智力与智慧发展的大门，激发了学习热情和兴趣，获得充实的智力内容。第三，有助于养成扎实的健康体魄。习近平总书记多次强调："文明其精神，野蛮其体魄。"①身体是革命的本钱，健康的体魄是走向成功的重要保证。职业院校技艺产育将技艺传承与习得融入产业教育之中，促使技艺学徒通过反反复复的生产实践，实现技艺习得、塑造精神与锤炼身体的多重目标，从而为其综合发展打下坚实的基础。第四，有助于涵育高雅的审美志趣。在技艺产育过程中，技艺与生产"双重美感"为学生高雅审美志趣的涵育打造了鲜活教材与实践平台，有利于学生树立健康、向上的情感态度与审美旨趣。

四、夏布织造

夏布是一种历史悠久的地方传统手工艺品，以苎麻为原料编织而成的麻布。因麻布常用于夏季衣着，凉爽适人，又俗称夏布、夏物。夏布经过独特的传统手工工艺绩纱、纺织加工而成，是传统的服装面料，从夏商周以来就用于制作丧服、深衣、朝服、冠冕、巾帽。夏布漂白以后称为白纻。荣昌夏布制作技艺于 2008 年被列为国家级非物质文化遗产名录，日本越后上布·小千谷缩、韩国韩山苎麻纺织工艺分别于 2009 年、2011 年被列入联合国教科文组织人类非物质文化遗产代表作名录。

中国手工夏布主要产地在江西、湖南、重庆、四川等地。其中，江西

---

① 文明其精神 野蛮其体魄 [EB/OL]. （2020 - 05 - 06）［2020 - 07 - 25］. https：//baijia-hao. baidu. com/s？id＝1665905142312736229&wfr＝spider&for＝pc.

苎麻布为中国古代服饰的上乘面料，唐、宋时期被选为贡品。赣西的万载，所产夏布最负盛名。赣东以宜黄居最，夏布细而光洁。明、清时期，江西夏布、棠阴夏布更是名闻中外，并远销朝鲜、南洋各埠。到清末，隆昌夏布与江西万载、湖南浏阳夏布齐名中外，成为我国主要出口物资之一。1915年隆昌夏布商李洪顺定制两匹细夏布送美国旧金山太平洋万国博览会展览，被评为品质优良产品，获工艺品名誉奖。20 世纪 20 ~ 30 年代，由于人造丝制品的兴起，夏布产业日见萎缩。但随着科技的发展和市场的需求，手工苎麻布已经满足不了人们的生活，机织苎麻布应运而生。恩达家纺通过微生物脱胶专利技术，生产出色泽限量柔和，吸湿性强，透气性好的苎麻纤维，摆脱了环境污染并能够纺织高支高密的高档纯麻面料。

夏布未经精制称为本色布或生布，质地生硬，颜色微黄，只能制作口袋、衬料，而制作蚊帐和衣料则需精漂、染色或印花。精漂后布质柔软，白激光亮，再经浆折后，布面平整板实，整齐美观，方可出售或外销。

每年的芒种时节，都是苎麻的收割季，但没有工具可以使用，人们要自己亲自把麻皮剥下，再认真选择好的原料。打麻是夏布加工工艺的第一道工序。夏布要用的原料是麻皮和麻秆之间的一层薄薄的纤维。苎麻是非常粗糙的，所以分离过程得十分小心，一不留意就会割破手指，绩纱挽麻团一般在麻团晒干后撕开，放入清水中把一根一根苎麻细丝连起来，由于工序的耗时性，大都由有耐心的妇女和老人完成。

芋线是制布的纬线，牵线是制布的经线，一般要长时间的练习才能做到松紧、大小一致，穿扣刷浆将麻线逐个穿过梭子，然后刷上一层米浆。"浆纱"是一个体力活，冒着酷暑，从早到晚来来回回要走上一天，其中的艰辛，只有真正做过才深有体会。编织时丢梭推扣力量要均衡，布的平面边沿要伸展开来，稍有不慎，就会影响布的质量。漂洗整形是在清水中洗过后，放在竹架上晾晒，晒干后放在木凳上用木锥整形。最后，是将夏布根据不同的用途染色。例如刻花板或者印花，可以根据需要决定。夏布历经数辈，祖传工艺精益求精，一代又一代的手艺人一生都在为夏布而忙碌，他们身上流传着一代又一代的记忆。

五、非物质文化遗产

在理解"非物质文化遗产"概念之前，我们有必要先解释和辨析几个概念，以加深对"非物质文化遗产"概念的理解。

首先，什么是文化遗产。从词源的角度讲，遗产的英语对应词为"heritage"，它源于拉丁语，意思是"父亲留下来的财产"。有学者考证，对其含义的这种解释一直延续到 20 世纪下半叶，之后才出现了很大的变化。20世纪下半叶后，它的含义则发展为"祖先留下来的财产"，外延也由一般的物质财富发展成为看得见的"有形文化遗产"和看不见的"无形文化遗产"及充满生命力的"自然遗产"。法国历史学家皮埃尔·诺拉（Pierre Nora）对此有很好的解释："在过去的大约 20 年间，'遗产'的概念已经扩大抑或爆炸——到如此程度，致使概念都发生了变化。较老的词典把此词主要定义为父母传给子女的财产，而新近的词典还把该词定义为历史的证据……整体上被认为是当今社会的继承物。"实际上，在美国、法国、英国、日本、韩国等经历了类似的变化，并出现了"物质遗产""文化遗产""自然遗产""世界遗产""人类共同文化遗产"等概念。国内有的学者将文化遗产的特征概括为历史性（即它在帮助我们还原历史的过程中具有独特的认识价值）、艺术性、科学性、纪壁性（文化遗产所具有的纪念性价值），这个概括基本上总结出了文化遗产的特征。

其次，"有形文化"与"无形文化"。这一组概念首先是由日本开始使用的。1950 年，日本《文化财保护法》规定，要保护无形文化财和地下文物。1954 年的修订稿又明确规定可以指定无形财。经过 1974 年的修改后，最终形成了 1975 年的新版《文化财保护法》。该法将民俗资料分为有形文化财和无形文化财，并予以保护。新版《文化财保护法》规定，有形文化财指的是具有较高历史价值与艺术价值的建筑物、绘画、雕刻、工艺品、书法作品、典籍、古代文书、考古资料及有较高价值的历史资料等有形文化载体；无形文化财指的是具有较高历史价值与艺术价值的传统戏剧、音乐、工艺技术及其他无形文化载体，而且，也把表演艺术家、工艺美术家等这些无形文化财的传承人一并指定。民俗文化财也分为有形文化财和无形文化财：前者指与衣食住、生产习俗、信仰等有关的民俗事项；后者指在无形文化财中所使用的服饰、生活器具、生产工具、家具和民居等。如果把日本的用法和联合国教科文组织的用法对比后，我们可以发现，从其内容上看，"有形文化遗产"就是"物质文化遗产"，更为注重保护静态的、成形的文化产品；"无形文化遗产"就是"非物质文化遗产"，更为注重保护动态的、使文化产品成形的因素。从联合国的称谓上看，联合国教科文组织审定的无形文化遗产和非物质文化遗产所对应的英文都是"Intangible Cultural Heritage"；而"世界遗产"指的则是有形文化遗产，"世界无形文化遗产"指的是"非物质遗产"，其英文对应词为"Intangible Heritage"。

再次，什么是文化空间。文化空间是国际非物质文化遗产保护工作中频繁出现的语汇，对文化空间的保护也是非物质文化遗产保护的应有之义，联合国教科文组织仅在第一批公布的 19 个人类口头和非物质遗产代表作中就有俄罗斯的塞梅斯基口头文化及文化空间、乌兹别克斯坦的博逊地区文化空间等。此外，也有不少中国学者都运用过这个概念，并结合中国的具体情况进行过详细阐发。

关于"文化空间"的含义，1998 年 11 月联合国教科文组织通过的《宣布人类口头和非物质遗产代表作条例》中对"文化空间"所作的界定是：一个集中了民间和传统文化活动的地点，但也被确定为一般以某一周期（周期、季节、日程表等）或是一事件为特点的一段时间，这段时间和这一地点的存在取决于按传统方式进行的文化活动本身的存在。联合国教科文组织北京办事处文化项目官员埃德蒙·木卡拉（Edmund Mukara）有详细的解释，文化空间是一个文化人类学概念，是指"传统的或民间的文化表达形式规律性地进行的地方或一系列地方"。它不同于某一具体的地点，从文化遗产的角度看，地点是指可以找到人类智慧创造出来的物质存留，像有纪念物或遗址之类的地方。具体来说，文化空间就是指"某个民间或传统文化活动集中的地区，或某种特定的、定期的文化事件所选定的时间"。"文化空间"这个概念也被权威的《中国民族民间文化保护工程普查手册》所运用和界定："定期举行传统文化活动或集中展现传统文化表现形式的场所，兼具空间性和时间性。"从这些解释来讲，文化空间主要指有价值的文化活动的空间或时间，应该符合的标准是：这些空间或时间不是普通意义上的空间或时间，而是有价值的传统文化活动、民间文化活动举行的空间或时间，有实践性；这些传统文化活动、民间文化活动的举行是有规律的，即举行这些活动的地点和时间在传统的约定俗成过程中，都有重复性。通俗地说，就是经过大家认可的、约定俗成的、定期定时举行文化活动的场所。但我们不能将"文化空间"泛化，把所有的时间和空间都视为文化空间，譬如把家庭、大学或宿舍等都作为文化空间则是错误的。虽然"文化空间"这个概念是从国外传来的"舶来品"，但我国实际上存在着众多这样的文化遗产，而且其在文化、历史、艺术等方面都有着重大价值。但是，由于长期没有得到重视，所以亟待调查、研究、抢救和保护。在有关文化空间的认识问题上，国内有学者认为，反映上古先民原始崇拜的稀有的活动、仪式，是我国少数民族"文化空间"中最有原始文化意蕴和学术价值的，亟待加以保护，譬如，那些反映了虎图腾崇拜、祖灵崇拜和山神崇拜的活动、仪式。这些活动大都经过了社会化和人格化，通过装扮动物图腾神、祖先神和自然神灵等方式，以驱逐瘟疫、鬼怪、邪恶，表达了先民祈求社会安宁、人寿年丰、人丁兴旺和大自然降福给人类等愿望，其表达方式主要有吟诵、说白、打击乐和舞蹈等，这些活动以其宗教神秘感和原始文化的质朴、粗犷给现代人以多方面的精神享受。而且，作为名副其实的原始文化的"活化石"，它还具有推动人类学、民间文艺学、民俗学、社会学等学科研究的价值。我国的非物质文化遗产中有大量的"文化空间"的项目，而且这些项目历史悠久，有濒临失传的危险。鉴于我们对"文化空间"的认识和研究上的滞后，我们要积极开展对"文化空间"的宣传、研究和保护。

最后，关于非物质文化遗产中物质与非物质的关系。我们认为，这里的"物质"与"非物质"主要是指载体上的不同形态：是否有固定的、静态化的形态，是否需要依赖活态的传承人予以传承等。"非物质文化遗产"概念中的"非物质"并不是说与物质绝缘，没有物质因素，而是指重点保护的是物质因素所承载的非物质的、精神的因素。实际上，多数非物质文化遗产以物质为依托，通过物质的媒介或载体反映出了其精神、价值、意义。因此，物质文化遗产与非物质文化遗产的主要区别是：物质文化遗产强调了遗产的物质存在形态、静态性、不可再生和不可传承性，保护也主要着眼于对其损坏的修复和现状的维护；非物质文化遗产是活态的遗产，注重的是可传承性（特别是技能、技术和知识的传承），突出了人的因素、人的创造性和人的主体地位。非物质文化遗产蕴藏着传统文化的基因和最深的根源，一个民族或群体思维和行为方式的特性隐喻其中。非物质文化遗产是物质的、有形的因素与非物质的、无形的精神因素的复杂的结合体，虽然它们是难以分割的关系，但更为重要的还是后者。此外，应该明白，物质文化遗产与非物质文化遗产的区别只是相对的：非物质文化遗产中有物质的因素，物质文化遗产中也有非物质的、精神、价值的因素，只是物质文化遗产与非物质文化遗产各自强调的重点不同而已——物质文化遗产更加强调实物保护的层面，而非物质文化遗产更为强调知识技能及精神的意义和价值。

第二节 理论基础

一、工作场所学习

由英国人组织编写的论文集《情境中的工作场所学习》① 一书探讨了工作场所学习的作用和本质。该书通过利用实证研究获悉不同学科的理论成果，其目的在于开发学习发生的各种制度、组织和教育情境。书中提出，如果没有对工作中的社会关系进行情境化分析，我们对学习情境的理解就会受到限制，这一分析超越了经济学关于工作中学习的理论框架，并对解释人们如何在组织中学习的各种传统理论形成了挑战。该书主要包括四部分内容：关于工作场所学习的情境；作为学习环境的工作场所；工作场所学习中的技能和知识的性质；改进工作场所学习面临的理论和方法上挑战及政策解读。

（一）工作场所学习的概念与特点

对工作场所学习的研究维度和视角很多，目前尚未有一个统一的定义。在参考了不同学者的观点后，我们倾向于认同：工作场所学习是发生在工作环境中，以个人职业成长和组织发展为目标，以实践为取向，通过实际工作获取相关知识、习得工作技能、发展职业能力、促进组织成长的

---

① Rainbird Helen, Fuller Alison, Munro Anne . Workplace Learning in Context [M]. Routldege, 2004.

过程。①

院校是培养人的机构，而工作场所则是真实的生产和服务部门。工作场所的总体目标是生产商品和服务，并不是生产学习。② 这是工作场所学习与学校学习最大的不同。从这个逻辑起点出发，工作场所学习表现出很多其自身固有的特征。

从工作场所学习的时空维度分析，工作场所学习发生在"工作实践场"③，是人们从事生产或生活工作的时间和空间、情境以及人们的一系列实践活动，包括从事获取报酬的职业活动的场所，从事志愿活动或其他非正式工作活动的场所甚至家庭。④

从工作场所学习的内容维度分析，工作场所学习的内容强调以实践为取向。很多研究者倾向于将工作场所学习的内容聚焦在获取工作知识、习得工作技能，或改进绩效，使员工获得职业发展等方面。在工作中学会工作，进而提升职业能力，促进职业生涯的发展是工作场所学习的重要内容。

从工作场所学习方式的维度分析，工作场所学习整合了工作中的正式学习、工作中的非正规学习和非正式学习三种不同的学习方式。⑤ 这些学习是基于实践的且是参与性的，学习嵌入在行动之中，通过活动进行交互、分享信息、发展各种要素（包括人、工具、设施设备和材料等）之间的关系⑥。

从工作场所学习的研究维度分析，有两个方面引起了学者们的特别关注。第一是研究人们如何通过学习解决工作中的问题，鼓励人们采用学习的方式解决技术难题、文化偏见与歧视乃至消除组织困境。第二，工作场所学习的研究还着重关注特定群体的社会融入问题。一些边缘群体和弱势

① 白滨. 工作场所学习的理论基础研究 [J]. 职教论坛, 2016 (18): 23-27.

② 克努兹·伊列雷斯. 我们如何学习: 全视角学习理论 [M]. 北京: 教育科学出版社, 2010: 240.

③ 李茂荣, 黄健. 工作场所学习概念的反思与再构 [J]. 开放教育研究, 2013, 19 (2): 19-28.

④ Benozzo, A. & Colley, H. Emotion and Learning in the Workplace: Critical Perspectives [J]. Journal of Workplace Learning, 2012, 24 (5): 304-316.

⑤ Evans, K., Hodkinson, P., Rainbird, H. and Unwin, L. (eds). Improving Workplace Learning [M]. London: Routledge, 2006: 178.

⑥ Fenwick, T. Understanding Relations of Individual-Collective Learning in Work: A Review of Research [J]. Management Learning, 2008, 39 (3): 227-243.

阶层如年长的工人、新移民、残疾人和低收入工人的学习需求引发了很多研究者的关注，人们希望通过工作场所学习的研究帮助他们掌握必备的工作技能，融入社会，获得体面的收入和生活。①

（二）工作场所学习的认识论基础

学校是人类进行自觉的教育活动，传递社会知识文化，有目的、有计划、有组织地为一定社会培养所需人才的机构。② 学校教育的特点是为学生的未来做准备，而工作场所则有很大的不同，工作场所的总体目标是生产商品和提供服务。学生在工作场所学习的内容是直接面向工作的，工作的内容是商品生产或顾客服务。因此，工作场所学习是实践指向的，工作场所学习要求学生通过工作来学会工作，从而促进综合实践能力的发展。

马克思主义认为实践是人类改造世界的社会历史活动，实践是联系思维与存在、物质与精神、主观与客观的纽带，是两者相互转化的中介。③ 杜威（Dewey）认为实践是作为有机体的人凭借身体，使用器械工具而进行与环境的相互作用，是个体的生活经验。④ 如果说学校高等教育的认识论基础是科学认识论，那么工作场所学习的认识论基础则是实践认识论。

唐纳德·舍恩（Donald Schon）在实践认识论中强调了实践者主观能动性的重要作用，重点关注于实践者与情境之间的双向互动。由于实践者在工作过程中会不断地遇到独特的、不确定性的工作情境，在这样的情境下，实践者通过行动反映以及与情境之间不断进行对话和反思。⑤

无论是初等教育、中等教育还是高等教育，学校教育的环境相对单一，除了教师、学生、教学内容和学习环境之外，其他因素对学习的过程产生的影响较小。然而，工作场所学习却迥然不同，学习者在工作场所中，需要面对的是实践情境，这些实践情境具有不稳定性、无秩序性和不确定性。实践者面临的问题不是彼此互相独立的，而是一个动荡情境，它是一个由

---

① Fenwick, T. Workplace Learning: Emerging Trends and New Perspectives [J]. New Directions for Adult & Continuing Education, 2008 (119): 17 - 26.

② 顾明远. 教育大辞典 [M]. 上海：上海教育出版社，1998：4322.

③ 蒋晓东. 马克思实践观与杜威实践观比较研究 [D]. 长沙：湖南大学，2011：53.

④ 蒋晓东. 马克思实践观与杜威实践观比较研究 [D]. 长沙：湖南大学，2011：53.

⑤ 唐纳德·A. 舍恩. 反映的实践者：专业工作者如何在行动中思考 [M]. 北京：教育科学出版社，2007：27，1，33.

不断变化且相互作用的问题所构成的复杂系统。而实践情境中的这种复杂性、不确定性、不稳定性、独特性和价值冲突的特点不符合科技理性的模式，因此也无法用科学认识论的逻辑检验工作场所学习的成果。

学校教育特别是大学追求的是专业化和高深学问，其特点之一就是在一个越来越窄的领域做越来越深入的研究。以航空领域为例，航空工程专业的博士们感兴趣的研究问题是研究两种不同的固体燃料点火延迟时间的差异及背后复杂的原因这样专业而精深的问题，这样的问题对于基础科学很重要，但会限定在一个较为狭窄的领域。[①] 而在实践领域中的情况却完全不同，航母辽宁舰歼-15舰载机的飞行员们关心的问题则是如何能够在航母上安全起降。航母平台是一个活动基座，在海浪的作用下会不时出现纵向和横向的摇摆，飞行员要时刻根据航母平台的动态灵活地调整飞机轨迹和姿态。这是一种不断变化的、不确定性的工作情境。它不仅需要掌控飞行状态、舰船变化、天气、海浪、风速等跨领域的综合问题解决能力，而且还需要极强的心理素质来应对各种可能的突发情况。

因此，工作场所学习的目标并不指向纯粹的知识性内容，而是更倾向于基于实践的、综合的实际问题解决能力。换句话说，就是要在实践认识论的指导下，在工作中学会如何工作。这既是工作场所学习的出发点，也是其归宿。

（三）工作场所学习的知识观

知识观是人们对知识所持有的看法。先验论者认为，知识先于客观事物而存在，是人心中本身所具有的或者与生俱来的"天赋观念"。而经验主义者则认为知识在本质上是观念对客观事物的"符合"或者"反映"，其产生的过程是人被动地接受外界对象刺激的过程。[②]

杜威认为知识既不是对客观实在的符合或反映，也不是某种先在的观念由人们被动地获得，而是人在解决实际问题的行动中积极建构而形成的。杜威强调所有的知识都必须置于具体的问题情境当中，如果不能解决实际问题，也不能算有真正的知识。在杜威看来，知识不再是一般的抽象理论，

---

① 朱国强. 固体燃料冲压发动机点火过程研究 [D]. 南京：南京理工大学，2014.

② 蒋晓东. 马克思实践观与杜威实践观比较研究 [D]. 长沙：湖南大学，2011：68，70.

而是人们解决实际行动的结果，它总是与具体的问题情境相联系。①

　　人们长期以来忽略了认识论中缄默的成分，它具有与认知个体的活动无法分离、不可言传只能意会的隐性认知功能，是一切知识的基础和内在本质。② 波兰尼（Polanyi）将人类的知识分为明确知识和默会知识两种类型。所谓明确的知识是以语言、文字、数学公式、各类图表等诸种符号形式加以表述的知识，默会知识是指人们知道并且体现在行动中但难以言传的知识。它既不是传统认识论的可言明的感性经验，也不是新人本主义所推崇的非理性冲动，而是一种镶嵌于实践活动之中关于行动的知识。③

　　与学校教育不同，传授为未来做准备的明确知识已经不是工作场所学习的主要内容。工作场所学习应该帮助学习者在行动中积极建构解决实际问题的知识。这些知识很大程度上是属于个人的、隐性的、经验型的知识。这些经验型知识是个体通过多次实践所掌握的，只有在运用的过程中才能够获得。

　　在工作场所学习中，还有一种关键的知识——工作过程知识——需要特别引起重视。"工作过程知识"一词由德语的 Arbeitsprozesswissen 翻译而来，最早由德国学者威尔弗里斯·克鲁斯（Wilfried Kruse）提出，它是一种介于理论知识和实践知识之间的知识形态。工作过程知识是关于整个组织工作流程的知识，包含了对与工作有关的理论知识和实践知识的反思。④ 它是有关完整的工作过程，发生在行动和反映的经验转换及知识整合之间，且具有一定可迁移性的知识，工作过程知识是工作活动的前提和结果。工作过程知识的生成需要学习者在特定情境之中，通过将"行动中反映"将工作经验与理论知识进行融合而获得。⑤

（四）工作场所学习的学习理论基础

　　行为主义学习理论、认知主义学习理论和建构主义学习理论是 20 世纪以来学习理论的三大流派。行为主义把学习看成学习者在一定环境条件下的行为反应的形成和变化过程。认知主义把学习看成学习者通过复杂的内

---

　　① 蒋晓东. 马克思实践观与杜威实践观比较研究［D］. 长沙：湖南大学，2011：68 - 70.

　　② 迈克尔·波兰尼. 科学、信仰与社会［M］. 王靖华，译. 南京：南京大学出版社，2004：6 - 8.

　　③ 费秀芬. 试析波兰尼默会知识论的教育教学意蕴［D］. 南京：南京师范大学，2006：9.

　　④ Martin Fischer, Nicholas Boreham, Peter Rben. Organisational Learning in the European Chemical Industry：Concepts and Cases［M］//From European Perspectives on Learning at Work：The Acquisition of Work Process Knowledge. European Centre for the Development of Vocational Training, 2004：127.

　　⑤ 耿响. 企业学徒工作过程知识生成的影响因素研究［D］. 北京：北京师范大学，2016：5.

部心理加工或认知操作活动从而形成或改变认知结构的过程。与前两种理论流派不同，建构主义者认为，学习本质上是意义的主动建构过程。个体在与外部世界的相互作用过程中，以一定的社会文化为背景，在已有经验和知识的基础上，建构自己新的知识和理解。①

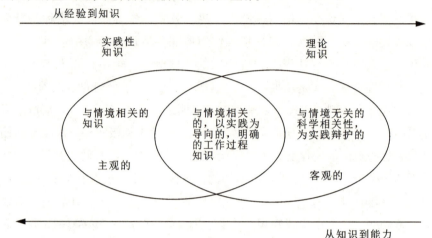

图 2-1   工作过程知识与理论知识、实践知识②

工作场所学习的学习理论基础很大程度上继承了建构主义学习理论，并在其基础上有了进一步的发展。其中情境学习理论、经验学习理论和活动理论是其中最重要的。

1. 情境学习理论

情境学习是由美国加利福尼亚大学伯克利分校的让·莱夫（Jean Lave）教授和独立研究者爱丁纳·温格（Etienne Wenger）基于人类学研究提出的一种学习理论。情境学习理论认为，知识不是一件事情或一组表征，也不是事实和规则的云集，知识是一种动态的建构与组织，学习者的行为植根于作为一名社会成员的角色之中。同时，知识还是人类协调一系列行为的能力，以适应动态变化发展的环境。③ 学习不仅仅处于实践之中，而且还是具有能动性的整个社会实践的一部分。情境学习理论强调学习是意义的协商，是与世界的交互活动，主动行动者、活动和彼此相互作用构成了学习

---

① 屈林岩. 学习理论的发展与学习创新［J］. 高等教育研究，2008（1）：70-78.

② Felix Rauner. Work Analysis and Curriculum Based on the Beruf Concept［M］//From European Perspectives on Learning at Work：The Acquisition of Work Process Knowledge. European Centre for the Development of Vocational Training，2004：284.

③ 王文静. 基于情境认知与学习的教学模式研究［D］. 上海：华东师范大学，2002：22.

的世界。①

　　工作场所学习，通常发生在一个实践共同体中，学习的过程也是个体与情境的交互过程。在实践共同体中，学习者的身份是具有共享的文化历史背景和真实任务的共同体成员。学习产生于一定的物理情境和社会文化情境之中，是实践取向的。工作场所学习的过程同时也是学习者身份再生产的过程，学习者沿着旁观者、参与者到成熟实践的示范者的轨迹从合法的边缘参与者逐步成为核心成员。②

　　2. 经验学习理论

　　经验学习在国外的发展源远流长，其研究可直溯到杜威、皮亚杰、勒温、詹姆斯、荣格、弗莱尔、罗杰斯等人。③ 1984 年，库伯发表了《经验学习——经验是学习和发展的来源》④ 一书，正式提出了经验学习理论的概念，并且构筑了经验学习的模式，引发了学术界对经验学习的系统研究，也因此被誉为"经验学习之父"。⑤

　　库伯从经验的角度看待学习，他认为学习是"通过转化经验而创作知识的过程"，并提出了基于经验学习的六个特点：（1）经验学习是作为一个学习的过程，而不是结果；（2）经验学习是以经验为基础的持续过程；（3）经验学习是在辩证对立方式中解决冲突的过程；（4）经验学习是一个适应世界的完整过程；（5）经验学习是个体与环境之间连续不断的交互作用过程；（6）经验学习是一个创作知识的过程。⑥

　　通过经验学习理论的提出，库伯在具体体验与抽象概括、行动与反思、实践与理论之间搭建了一座新的桥梁。从理解的层面，具体经验是通过依靠真实具体的觉察来获得直接经验，库伯称之为感知；抽象概括是使经验深入内心并依赖概念解释或符号描述的认知过程，库伯称之为领悟。从意

---

　　① 莱夫 J.，温格 E. 情景学习：合法的边缘性参与［M］. 王文静，译. 上海：华东师范大学出版社，2002：4 - 5.

　　② 莱夫 J.，温格 E. 情景学习：合法的边缘性参与［M］. 王文静，译. 上海：华东师范大学出版社，2002：4 - 5.

　　③ 石雷山，王灿明. 大卫·库伯的体验学习［J］. 教育理论与实践，2009（29）：49 - 50.

　　④ 注：国内的研究者王灿明、朱永萍将 *Experiential Learning—Experience as the Source of Learning and Development* 一书译为《体验学习——让体验成人学习和发展的源泉》，作者对 experiential learning 一词翻译有不同观点，认为翻译为经验学习更为合适。体验和经验虽有联系，但是内涵差别很大，用经验一词能够更好地反映这一学习理论的内涵。

　　⑤ 孙瑜. 体验式学习理论及其在成人培训中的运用［D］. 上海：华东师范大学，2007：8.

　　⑥ D. A. Kolb. Experiential Learning, Experience as the Source of Learning and Development［M］. Prentice-Hall，1984：25 - 43.

义转换的层面,在经验学习的过程中,学习者必然要经历对认识对象的意义转换,通过对个体的经验进行反思和观察,即缩小内涵;通过将个体的抽象概括的结果进行应用(或者进行迁移),即扩大外延。工作场所学习发生在真实的工作情景中,它建立在学习者"身临其境"的体验基础之上,在学习中关注于个体与情境的互动,学习中的意义转换在个体与情境之间的反复对话中生成。①

3. 活动理论

活动理论可追溯到德国的古典哲学,马克思的辩证唯物主义,以及苏联的维果茨基、列昂捷夫等发展的文化—历史心理学。近年来影响最大的是芬兰学者恩格斯特罗姆提出的活动系统结构理论。他将活动系统分为主体、客体、工具、共同体、分工、规则和结果七个基本要素(见图2-2)。主体是活动分析单元中的个体或子群,是行动的执行者。客体是活动所指向的原材料或问题空间,客体可激励活动的需求,并给予活动以具体导向。客体在中介工具(即工具与符号)的帮助下转化为结果。共同体则是由共同承担同一客体任务的主体所组成。分工指的是横向的任务分配和纵向的权利分配。规则即限制活动系统内行为的显性或隐性的规章、规范、约定和标准。②

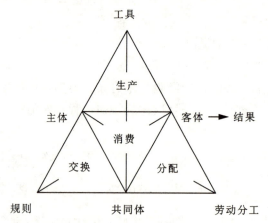

图2-2 活动系统的一般模型(Engestrm,1987)

---

① 于文浩. 工作场所中团队专业能力的发展——活动理论视角下的多个案研究 [D]. 上海:华东师范大学,2014:34.

② 耿响. 企业学徒工作过程知识生成的影响因素研究 [D]. 北京:北京师范大学,2016:5.

活动理论的基本观点是学习发生在活动系统内动态的、交错的相互联系中。工作场所本身就是一个活动系统，工作场所中的规则、工具、分工等要素都同时与个体发生互动。学习者参与的各种活动之间并不是彼此对立的，而是相互影响、相互依赖的。工作场所的学习过程并不是静态的，而是与活动系统中发生的事件，以及各要素之间发生的相互联系动态进行。工作场所是多种因素综合作用构成的复杂情境。因此，关于工作场所学习的研究就需要从工作内容、工作组织、工作过程、工作环境以及工作中形成的实践共同体等因素出发，找到活动系统内部的联系与规律。

与学校相比，工作场所并不是一个纯粹意义上的学习场所，它是一个实践场，由很多复杂的因素构成。一方面，工作场所是学习者从工作中学会工作的理想场所，真实工作情境、生产和服务的经济压力、奖惩分明的管理和责任意识能够迅速地帮助学习者成为社会人；另一方面，工作场所在很多情况下并不是一个理想的学习场所，它在学习内容、学习过程、学习环境、师生关系等方面与学校学习有着很大的不同，学习者经常需要面对各种复杂性、不确定性、不稳定性、独特性的情境和价值冲突的问题，生产产品和服务顾客的经济与效率要求，组织发展的复杂性也会对学习的过程产生干扰与妨碍。无论是在认识论、知识观上，还是学习理论基础方面都与学校教育有显著的差异。所以，应当发掘工作场所学习的特点和规律，这是一个新的，有着光明前景的领域，期待更多研究者的加入。

二、新行为主义的习惯理论

20 世纪初，行为主义兴起，成为心理学的主流，行为主义对动作技能的研究最初关注的是经典条件反射学习，此后新行为主义心理学家赫尔和斯金纳引进"强化"的概念，转向研究操作性条件学习，提出了动作学习的习惯论。[①] 该理论重新对刺激—反应联结进行解释，认为机体的行为被其行为后果加强或减弱。凡是产生积极后果的活动，行为受到正强化而逐步巩固起来，此后如果呈现适当的刺激，活动便会可靠地出现。凡是产生消极后果的活动，行为便会受到负强化，以后出现的可能性将会降低。这一理论指出，动作技能学习是人的外显动作行为在外部影响作用下的变化过

---

① 刘德恩. 试析动作学习理论模式的演变 [J]. 华东师范大学学报（教育科学版），1999 (4).

程，其学习的结果就是形成准确、连贯、稳定的动作序列与动作习惯，动作技能的提升就是动作序列和动作联结的不断延长，而动作技能形成后用于完成新的任务，可以认为是动作行为习惯的泛化。

新行为主义的习惯论把技能形成归结为刺激—反应联结的形成和在此基础上的强化练习，它强调练习和强化在动作技能形成过程中的主要作用，抓住了人类学习的外部影响条件，为职业教育、体育运动以及军事训练等作出了重要贡献。但行为主义的技能学习观没有深入动作技能学习的内部心理过程和心理实质，没能解决高层次的学习动机问题，没有认识到认知因素在动作学习过程中的重要作用，因而像动力定型理论一样，习惯论可以解释人或者动物较为低等、简单的技能学习，而对于复杂的、高水平的动作技能的习得，以及动作技能创新问题的解释力度非常有限。

三、默会知识传递

（一）默会知识的内涵

1958年，英国犹太裔物理化学家和哲学家迈克尔·波兰尼在其代表作《人之研究》中明确地提出了"默会知识"概念，他指出了人类知识的两种存在形式：一是以书面文字、图表和数学公式加以表述的、通常被描述为知识的"明言知识"，二是尚未成形的、像我们在做某事之际对该事件所具有的知识，即默会知识。①

整体而言，默会认识论有三大传统：波兰尼传统、后期维特根斯坦传统和现象学－诠释学传统。② 维特根斯坦式进路对默会知识进行了强、弱区分：强的默会知识是指原则上不能充分地用语言加以表达的知识，这种特殊的知识反映的是识知者的识知能力与语言表达能力之间存在着的逻辑鸿沟；弱的默会知识是指事实上未用语言表达，但并非原则上不能用语言表达的知识，如格式塔式默会知识、认知局域主义论。现象学－诠释学传统加入了对参与与具身性的认识，有力地论证了知识的默会维度的根源性。波兰尼则提出了两种觉知理论，阐释了默会认知的动态结构。

1996年，国际经济合作与发展组织（OECD）在《知识经济》（*The*

① 迈克尔·波兰尼. 人之研究 ［C］//博兰尼演讲集. 彭淮栋，译. 台北：联经出版社，1985.

② 郁振华. 人类知识的默会维度 ［M］. 北京：北京大学出版社，2012：5.

Knowledge-based Economy）中将知识划分为四大类：（1）"知道什么"的知识，即关于事实（fact）的知识；（2）"知道为什么"的知识，即关于自然法则与原理方面的科学知识；（3）"知道怎样做"的知识，指做事情的技能与能力；（4）"知道是谁"的知识，涉及谁知道什么以及谁知道如何做什么的信息。有人分别把这四类知识称为"知事""知因""知窍""知人"的知识。① 通常情况下，前两类知识可依据一定标准具有可证性，属于明言知识；而后两类知识更多地依赖于主体的实践经验、即兴智慧和创作力而实现，很大程度上是只可意会不可言传、比较难于编码和测量的，因而它们属于默会知识。②

今天学界对"默会知识"的关注重点在其动态的认知过程，即默会认知。默会知识主要采用活动或行动表现出来，为了突出默会知识的动态品格，波兰尼更喜欢用"默会认知"一词。他认为，默会认知表现为我们自己的"一种做的活动"。此处的"做"广义地包括了动作技能和心智技能的多种形式。在这一活动中，默会认知活动是"默会能力"的体现，是默会能力的运用。默会认知是一个"由此及彼"的过程。为了把握某一对象，我们需要将各种有关的线索、细节、局部整合为一个综合体来加以认知。对各种线索、细节、部分的辅助觉知是默会认知的第一项目，而对对象的焦点觉知是默会认知的第二项目。第一项目是我们认知所"依赖"的东西，他们通常比较熟悉，需要投入的心理能量较少，也叫近侧项；第二项目是我们所"关注"的东西，它们较为生疏，需要投入较多心理能量，因此被称作远侧项。默会认知就是具体地从第一项目，即近侧向转向第二项目，即远侧向的动态过程。我国有研究者也指出，从动态视角来看，"默会知识"概念主要有两层含义：一是默会能力以及作为其运用的默会识知（与强的默会知识论对应）；二是辅助项的不可确指（与格式塔的默会知识论对应）。③

日本知识管理大师野中郁次郎指出，明言知识可以通过正式的系统化语言进行表达，以数据、科学公式、手册以及说明书等形式加以共享。因此，明言知识的加工、传输和存储也相对容易。相比之下，默会知识是高度个人化的和难于形式化的。主观的洞察力、直觉以及预感等属于此类知

---

① 王连娟. 隐性知识概念阐释与特征分析［J］. 价值工程，2007（11）.
② 贺斌. 默会知识研究：概述与启示［J］. 全球教育展望，2013（5）.
③ 郁振华. 人类知识的默会维度［M］. 北京：北京大学出版社，2012：46，60-64.

识。默会知识之根深植于行动、过程、惯常路径、承诺、理念、价值观和情感之中。默会知识很难传播给他人，因为这种传播是需要某种同时性加工的模拟过程。默会知识有两个维度：一是技术维度，它包括被视为"知道怎样做"的某种非正式的个人技能或手艺；二是认知维度，它包括深植于我们且信以为真的信念、理想、价值观、图式、心智模式。① 野中郁次郎的组织知识创作动力理论认为，知识是动态的、相对的，组织知识是"通过默会知识与明示知识之间的持续对话"得以创作，并提出了著名的知识转换的 SECI 模型。②

（二）默会知识的特征

相对于显性知识而言，默会知识在承载形式、传播方式、表达形式以及文化制约性等方面都有其显著的特点。默会知识不仅具有波兰尼所说的"非逻辑性""非公共性"和"非批判性"等特征，而且还具有以下明显特征。

1. 难言性

默会知识的首要的、外在的特征是难以言说、难以编码、难以传达和难以共享。语言是理性思维的工具，在没有语言参与的情况下，个人所习得经验和掌握的知识因此而具有很强的非理性特点。波兰尼就是要"撕破图表、方程式和计算的伪装，使理智赤裸裸地显露出来"③。加德纳的专门研究证明，儿童的艺术表达或创作能力在其语言能力不太强的情况下，可以达到相当高的水平。④ 艺术活动主要反映人的情感方面，它的表现与创作主要是感性和直觉使然。事实上，按照进化论的观点，人类在脱离了动物界以后的漫长岁月中，是在没有语言的情况下度过的，人类生活的维持与延续主要是通过默会知识的学习和隐性经验的传递来实现的。在这种情况下，人们的经验通常是以感性形象在头脑里保留的，体现出很强的非理性特征。尽管这样，维特根斯坦学派进一步区分了强的默会知识与弱的默会知识。默会知识强与弱的界限有以下三种划分：第一条是可以表达的东西

---

① Ikujiro Nonaka, Noboru Konno. The Concept of "Ba": Building a Foundation for Knowledge Creation [J]. California Management Review, 1998 (3).

② Ikujiro Nonaka. A Dynamic Theory of Organizational Knowledge Creation [J]. Organization Science, 1994 (1).

③ M. Polanyi. Personal Knowledge: Towards a Post-critical Philosophy [M]. London and Henley: Routledge & kegan Paul, 1958: 64.

④ 霍华德·加德纳. 多元智能 [M]. 沈致隆，译. 北京：新华出版社，1999：145.

与完全不可表达的东西之间的界限（图2-3中的Line 1）；第二条是在可以表达的范围内，存在着原则上能够用语言手段来充分表达的知识与不能用语言手段来充分表达的知识之间的界限（图2-3中的Line 2）；第三条是在原则上能够用语言手段来充分表达的知识范围内，存在着事实上已经被言说的知识和未曾被言说的知识之间的界限（图2-3中的Line 3）。① 因此，可以这样说，尽管囿于默会知识的难言特性，其并非不可表达，只是存在着不同的表达手段和方式。强的默会知识也可以借助其他非语言的手段（诸如眼神、手势、示范、指导等）加以表达。

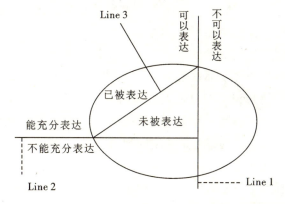

图2-3 维特根斯坦学派对强默会知识与弱默会知识的区分

2. 个体性

默会知识属于个人经验或知识，罗素将知识划分为"个人的知识与社会的知识"两类，科学知识的成功往往是以牺牲个人知识为前提的，社会知识难以反映个人亲身经验所得到的知识。② 波兰尼使用"个人知识"这一概念，借以强调认知活动是个人性与客观性的"合金"。也即是说，认知的过程要求个人热情地参与，要依赖认知者的直觉、技能、理解力、个人判断以及情感体验（此为个人性），通过对某种暗示的觉察从而与某种隐藏的现实建立起联系（即客观性），并试图把这种隐含关系揭示出来。波拉尼认为，个人知识与科学知识并不是相对独立的知识形式，而是对科学知识性质的一种新表述。他从科学家参与科学发现的全过程论证了个人知识存在的意义与合理性。他指出，科学研究问题的价值判断离不开科学家个人知

---

① 郁振华. 人类知识的默会维度 [M]. 北京：北京大学出版社，2012：64.

② 罗素. 人类的知识：其范围与限度 [M]. 北京：商务印书馆，1983：8.

识的作用。科学发现过程中,科学家将一般性技术规则转化为自己的"经验"和"习惯",而形成的知识是个人知识。① 个人的这些知识,有的可以通过语言加以表述成为公共性或社会的显性知识,而有的则不可以或难以言表,是为"默会知识"。

3. 实践性

所谓实践性,是指默会知识的习得和传播是在实践中完成的。默会知识只能在实践中习得和传播的特性由其非语言性决定。罗素认为,语言最多也只能创作一种传达个人知识的心境,但要传达个人的经验就无能为力了。"感觉、知觉和记忆基本上是先于文字的经验;我们可假定动物的感觉、知觉和记忆与我们的感觉、知觉和记忆并没有很大不同。一旦接触到文字表达的知识,我们似乎就不可避免地失掉一些我们想要叙述的经验的特殊性,因为所有的文字都表示类别。"② 波兰尼也认为,默会知识是人类和动物共同具有的知识类型,是人类非语言智力活动的结果。人类在告别动物界之前,其非理性素质就发展到相当高的水平。加德纳认为,波利尼西亚人的祖先航海依靠的智力是"空间智力",而这种"空间智力"即非语言智力,它是在航海实践活动中形成的。③ 因此,可以说,"获得任何形式的知识在某种程度上不是简单地通过埋头学习知识的符号表达就能做到的,这些知识必须从行家里手那里才能学到"④。

4. 情境性

默会知识的获得总是与一定特殊的问题或任务"情境"联系在一起,是对特殊问题或任务情境的直觉综合或把握,是个人在特定的实践活动中形成的某种思想和行动倾向,其内涵与认知者际遇的特定情境背景有着直接的契合性,其作用的发挥往往与某种特殊问题或任务情境的"再现"或"类比"紧密相连。任何一种职业实践活动都发生在真实的工作场景下,与职业相关的默会知识的传承与学习离不开与之发生作用的文化情境。与笛卡儿主义的静态、绝对知识观相反,默会知识是情境依赖的。这是因为默会知识的习得过程必然涉及谁在参与和他们如何参与的具体情境。历史的、

① 石中英. 波兰尼的知识理论及其教育意义 [J]. 华东师范大学学报(教育科学版),2001(3).

② 肖凤翔. 隐性经验的习得与高等职业教育课程改革 [J]. 教育研究,2002(5).

③ 肖凤翔. 艺术与体育教改新思路 [M]. 郑州:河南大学出版社,2000:19.

④ 赫斯特. 博雅教育与知识的性质 [C] //瞿葆奎. 教育学文集·智育. 北京:人民教育出版社,1993:101.

社会的以及文化的情境是人们从"信息解释"到"意义创建"的重要基础。即便最具"超然"品格的科学，也要求"把一切普遍的东西放回到它的特殊情境中考察，把一切抽象的真理放回到它具体的条件中再检验"。① 野中郁次郎专门使用"场"（"Ba"）一词来突出情境在默会知识习得中的重要作用。"场"是一种隐藏意义的境域，它被视作共享新的浮现意义的空间，是对信息加以解释并向知识转变的空间，它是知识创作的根本基础。

5. 文化性

从群体角度来看，默会知识是与一定文化传统中人们所分享的概念、符号、知识体系分不开的，处于不同文化传统与环境中的人们往往分享着不同的默会知识体系。② 比如，科学共同体中被每个成员所"形塑"，同时又规范和约束每个成员的"范式"就是一种重要的默会知识。③ 范式本身无法用清晰的语言加以表述，但它深深地镌刻着科学共同体的文化"印迹"，它本身蕴含着共同体成员所共享的信仰、价值观、研究方法和技术，具有较之于明言知识更为强烈的文化属性。从个体角度而言，默会知识是只能在学习者的实践活动中才能得以表达和获得，而学习者所持的知识信念、信托承诺、价值观念和行为惯习又对默会识知过程产生深刻影响。人的实践活动总是具有一定目的性，要达到预定目的，活动者必须做到"胸中有数"，即把活动纳入自己的心理范围，就是我们所谓的主体从主观上把握环境。④ 由于学习者的认知过程中个体性和社会性的介入，所有知识都具有经验意义和默会成分，因此，我们说知识具有能动性、主观性，它深植于个人的价值观系统。⑤ 事实上，默会知识习得的文化制约性要通过特定的情境反映出来，把个人的活动过程尽可能地还原为生活情境，充分唤起活动者的生活经验和体验。

（二）默会知识的基本结构

认知者把诸多细节、线索作为辅助项整合进焦点对象，在"辅助觉知"和"焦点觉知"之间建立起"from-to"（由此及彼）的动态关系，这是波兰尼默会识知的基本结构。具体而言，为了获得对某一对象整体理解，认知

---

① 姜奇平. 识知先于知识（上）[J]. 互联网周刊，2003（25）.

② 石中英. 缄默知识与教学改革 [J]. 北京师范大学学报（人文社科版），2001（3）.

③ 刘梁剑. 库恩范式的诠释学意蕴和默会维度 [J]. 江海学刊，2004（3）.

④ 沙莲香. 社会心理学 [M]. 北京：中国人民大学出版社，1987：49.

⑤ Ikujiro Nonaka. A Dynamic Theory of Organizational Knowledge Creation [J]. Organization Science，1994（1）.

者需要将与之相关的各种线索、细节整合为一个综合体来加以认识,即需要从对基本细节的觉知(辅助觉知)转移到对综合体的觉知(焦点觉知),要把思想精神深入被认识对象的每个细节、线索之中,将各种细节整合为一个有意义的综合体。正是如此,默会认知被认为是一种"from-to"认知。图 2 – 4 中的"近侧项"(也叫"from 项")体现的是默会认知的根源性,而"远侧项"(也叫"to 项")体现了默会认知的意图性,"from... to"完整地展现出这一认知过程的动态过程与关系。可以说,一切工作与活动都是"焦点觉知"与"辅助觉知"的某种结合。我们总是通过依靠其他事物来对某一事物进行关注。"焦点觉知"就是人们所关注的东西,是可以直接意识到的。我们也只能对在关注过程所利用到的其他事件给予辅助觉知,它可以是无意识的,也可能是有意识的。郁振华认为,从本体论视角来看,在默会认识中两种觉知之间的关系,与对象方面的综合体和其诸细节之间的关系,有某种同构性和对应性,这就是波兰尼所指的认识与存在的同构性,即默会认识的本体论方面。①

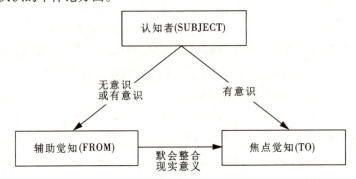

图 2 – 4 默会认知的基本结构

　　吉尔于 2000 年提出的三维度的知识框架对人类经验进行了更为完整和丰富的理解(见图 2 – 5)。第一维度是水平"觉知"轴代表"焦点觉知—辅助觉知"连续统;第二维度是垂直"活动"轴代表"概念活动—身体活动"连续统。这两个维度涵盖了人类经验范围,其中"觉知"充当输入,而"活动"作为输出。第三个维度是认知,该维度是单向性的:由默会识知指向明言识知。"焦点觉知"和"概念活动"联合形成了波兰尼的明言识知;"辅助觉知"与"身体活动"联合形成了默会识知。由此可见,认知维

---

① 郁振华. 波兰尼的默会认识论 [J]. 自然辩证法研究, 2001 (8).

度源起于概念活动与焦点觉知间的相互作用以及身体活动与辅助觉知间的相互作用，进而促进明言认知。

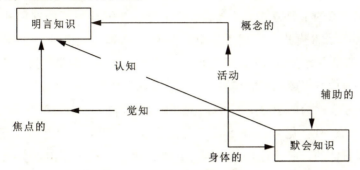

图 2 - 5　吉尔的知识框架结构

（三）默会知识的习得机制

技术知识从某种程度上讲是通过试错一步步建构起来的"现象理论"。对个体而言，默会知识的产生是技能内化或熟化的结果，技术主体或学习者在技术原理、技术规则的指导下，或者在无意识的状态下通过反复练习，逐步内化或熟化了某一技能，达到了自动化的程度。对个体而言，技能的内化和熟化即技术知识的产生，只是这种知识是无意识的或难以言表的。技术知识在产生之后，由于生产和管理的需要，明言知识和默会知识之间会发生内部的转化，野中郁次郎总结并命名了知识转化的四种模式：潜移默化，即默会知识间的转化；外部明示，即默会知识向明言知识的转化；汇总组合，即明言知识间的转化与组合；内部升华，即明言知识向默会知识的转化（见图 2 -6）。

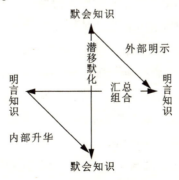

图 2 - 6　野中郁次郎知识转化的四种模式

整体而言，默会知识的习得是实践过程中的经验习得，但在三个转化过程其具体的表现形态有所不同。第一，在"潜移默化"过程中，默会知识通过共同活动在个体之间得以共享与交换。面对面的直接经验或直接互动，如学徒式学习、寓居（全身心投入，似禅宗学习）、观摩、模仿等，是默会知识学习的主要方式。比如，长期的学徒生涯让新手能够理解他人的思维方式和情感模式。根据美国学者朱克曼的调查，诺贝尔奖获得者从"师傅"那里主要学到的不是显性知识，而是诸如工作标准和思维模式等更大范围的倾向性态度和不能编纂整理的思维和工作方法等隐性知识。[①] 和谐的师徒关系、融洽的学习氛围可以让教师与学习者"心有灵犀"，更有助于默会知识的"社会化"。第二，在"外部明示"过程中，默会知识借助概念工具或者具体的、便于理解的不同方式得以表达。该过程中默会知识学习机制主要涉及语言对话、概念、类比、隐喻、模型、示范、可视化表征等，还可以进一步形成通用或一般符号系列，实现对"默会知识"的明确表示。专业的师傅要顺利地实现对自己默会知识的"明言化"，不仅需要多年的实践经验的积累，还需要一定的理论学习，不断丰富自己的专业语汇，不断提高自己的表达能力和解释能力，还要注意在日常工作中形成有意识地总结和提炼自己工作经验。第三，"内部升华"的过程是把师傅的间接经验变成自己技能的过程，主要是通过"做""使用""实验""练习"等具身性实践活动，将明示知识转化为默会知识。通常情况下，可以通过培训、个人实作或共同体实践等"做中学"的方式来学习和掌握新的默会知识。此外，由于两种知识互惠互补、交互更迭，这三个过程并非完全独立，在多数情况下存在彼此渗透和交错重叠关系。

学习情境在默会知识的习得中起着关键性作用。野中郁次郎通过他提出的"场"（"Ba"）的概念来表达"情境"之义。[②] "场"是由物理的、虚拟的、心理的等要素构成的组合。"场"分为"启动场""对话场""系统场""练习场"。其中，"启动场"为"潜移默化"提供境脉支持，它有利于个体分享经验、感情和心智模式（关心、爱护、信任和承诺从中浮现）；"对话场"有利于个体心智模式和技能得以共享后被转换为常见术语或其他易于理解的各种表征，并运用概念清楚地表达出来，这是"外部明示"的有利条件；"实践场"通过做与实践来学习和掌握新的默会知识，通过行动

---

① 肖广岭. 隐性知识、隐性认识和科学研究 [J]. 自然辩证法研究, 1999 (8).

② Ikujiro Nonaka, Noboru Konno. The Concept of "Ba": Building a Foundation for Knowledge Creation [J]. California Management Review, 1998 (3).

使默会知识具化，它最有利于"内部升华"的实现；"系统场"有利于联合现有的明示知识进行交换与传播，是"汇总组合"发生的情境条件。

四、图式理论

图式理论由施密特提出，后经纽维尔、巴克雷等一批学者的进一步修正，图式理论逐步发展成为一种较为完善的技能学习理论。[①] 图式理论大量吸收了认知心理学的研究成果，并运用"图式"这一概念使技能学习理论进一步向认知理论靠近。这一理论认为，图式是知识的一种综合性表征形式，是从具体细节内容中概括出来并被重新赋予结构化组织的知识，在一个图式中往往既含有概念和命题，又含有表象和脚本等心理表征形式，它表征的是事物或事件的一般特征而非独有特征，因而具有抽象性、概括性和层次组织性。图式理论指出，技能图式是在观察和练习的基础上在大脑中形成的一种概括化的动作结构，它反映的不是具体的动作细节，而是具有一定概括性的动作变量关系和一般性的动作程序及原理，可以说这是一个自下而上的个体归纳与提炼的过程。按概括程度的不同，这些图式构成了一个多层次的技能图式系统，正是这一图式系统在技能习得过程中发挥了选择、发动和校正动作的作用。

与闭环理论相同，图式理论也强调动作学习过程中的控制，但与闭环理论不同的是，图式理论认为这种控制是开环与闭环系统共同作用的结果。图式理论的提出有效地解决了动作技能学习中的记忆容量问题、动作的适应性、灵活性和创造性问题、反馈速度问题以及观察学习和心理练习对动作学习的促进效应问题，对技能学习的解释力更强，也更深刻和全面。

五、信息加工理论

1975 年，辛格等人提出的信息加工理论也是一种强调认知的动作学习理论。这一理论把动作技能的学习看作信息的接受、转换、加工、存储和输出的过程，强调这一过程受目的和预期所控制。[②] 信息加工理论首先把人看作信息加工系统，认为这一系统由一系列结构组成，每一结构在信息加

---

① R. A. Schmidt. Motor Control and Learning: A Behavioral Emphasis (3rd ed.) [M]. Champaign, IL: Human Kinetics, 1999.

② 张奇. 学习理论 [M]. 武汉：湖北教育出版社，1998：266 – 271.

工过程中都发挥着特定功能，其中控制部分的功能主要是激起执行加工的诸结构对信息进行加工，并根据加工进展的情况随时调节和控制这些结构进一步对信息进行加工。辛格认为，动作技能学习过程可以形成两种预期，即目标意象和目标期望。目标意象明确解决问题的目标模式，目标期望则明确自己能够做得如何。这两种预期都能起到定向作用。但要形成这样的预期，需要对线索和信息进行适当的编码。为了形成目标意象，技能学习者不仅需要借助现有的线索和信息而且也要对先前的经验进行编码，通常学习者还要从长时记忆中激活有关信息，进行有效检索和提取并加以运用。信息加工理论把人看作积极的、具有主观能动性的信息加工者，强调在动作学习的认知阶段，学习者会形成对动作学习的预期。预期对动作学习起着定向和动机作用，使学习定向于一定的目标，体现了动作学习的目的性。因而，如何帮助学习者形成对学习的积极预期，是动作技能教学中需要着重加以解决的问题。

与此相关，认知负荷理论提出，如果学习者面对的任务比较复杂，则他们的工作记忆中需要同时加工多个信息源，这样就可能会造成工作记忆资源上分配不足，造成认知超负荷的发生。① 而当认识负荷的总和超过了工作记忆的承受能力，学习效果就会大大降低。由于图式的构建和图式运行的自动化有助于认知负荷的降低，因此可以通过促进这两种机制的运行来提高复杂技能的学习效果，即可在训练过程中通过降低外部认知负荷或增加关联性认知来达到提高教学效果的目的。②

---

① P. Chandler, J. Sweller. Cognitive Load Theory and the Format of Instruction [J]. Cognition and Instruction, 1991 (4).

② J. Sweller, P. Chandler. Why Some Materials Difficult to Learn [J]. Cognition and Instruction, 1994 (12).

第三章
现代职业院校传承夏布织造的影响因素

现代职业院校传承夏布织造不是静态之物，受到宏观和微观层面等因素的影响。识别现代职业院校传承夏布织造的影响因素，有助于提炼促进现代职业院校传承夏布织造的"有利因素"，同时探究制约现代职业院校传承夏布织造的"不利因素"，从而有助于职业院校充分利用"有利因素"和应对"不利因素"，提升夏布织造传承质量。

第一节　微观影响因子

一、数据来源

（一）研究工具

本研究的调查问卷共71个条目，分为8个不同类别的量表，分别为学习动机、学习兴趣、学习沉醉感、基本素质、传者、学校内部环境、学校外部环境、传承效果，总问卷的克朗巴哈系数为0.966，其中学习沉醉感量表克朗巴哈系数最高，为0.883，学习兴趣量表和基本素质量表克朗巴哈系数最低也达0.813，表明该问卷有良好的效度和信度。此外还分析了承者的性别、年龄和家庭收入等基本条件指标，具体见表3-1。

1. 技艺学习动机

根据夏布织造承的影响因素分析进行了修订，主要从马斯洛需求理论的五层次来设计量表条目，共12个条目，其中包括测量生存需要、职业需要、自我价值、社会责任等方面。量表采用5点计分，12个条目相加的总分即为学习动机水平，得分越高表示接受绝技绝活传承的意愿就越好。本次研究中，该量表的克朗巴哈系数为0.858。

2. 技艺学习兴趣量表

根据学习兴趣相关理论和绝技绝活传承实际情况制定了绝技绝活学生的学习兴趣量表。该量表共7个条目，包含学习的主动性（4条）与学习的迫切性（3条），采取5点计分，所有7个条目相加总分即为测量技艺学习兴趣的高低的得分。本次研究中，该量表的克朗巴哈系数为0.813。

3. 技艺学习沉醉感量表

该量表结合了FSS量表和雷雳等人编制的青少年学习沉醉感量表，并为了使量表中的问题更好地适应绝技绝活传承的现状，对原有量表作了些修改，将内容分为学习关注、自我表现关注和投入状况。量表共有10个条目，其中学习关注（3条）、自我表现关注（3条）及投入状况（4条），量表采取5点计分，总分为所有条目相加之和，得分越高，表示受测者沉醉于技艺学习的程度就越高。本次研究中，该量表的克朗巴哈系数为0.883。

4. 基本素质量表

我们将技艺学习基本素质分为认识与技艺基础、操作与解决问题的能力及创新思维三个方面，分别设了4条、3条及3条，共10个条目。量表采用5点计分，所有条目相加得分高者，表示拥有较高的技艺学习基本素质。本次研究中，该量表的克朗巴哈系数为0.813。

5. 传者量表

传者量表主要是从技能大师的传承意愿和传承方法来设置量表，主要包括技能大师与学习者的关系、传授技能、个人魅力对学生的影响等具体内容。该量表共有6个条目，采用5点计分，总分高者说明技能大师传承意愿最强，传承方法最有利。在本次研究中，该量表的克朗巴哈系数为0.859。

6. 传承环境量表

根据教育生态学中教育环境理论及上述因变量的解释，传承环境量表设计了院校内部环境（7个）和院校外部环境（11个）两个部分，共18个条目。院校内部环境因素主要测量院校内部环境和院校外部环境2个二级指标。院校外部环境主要测量学生家庭环境、产业环境、政策环境和文化环境4个二级指标。量表采用5点计分，所有条目得分之和越高，说明技艺传承的环境越好。在本次研究中，院校内部环境问卷和院校外部环境问卷的克朗巴哈系数分别为 0.859、0.862。

7. 技艺传承效果量表

参照相关的学习效果问卷，结合主要测量绝技绝活接受人对技艺的领悟程度（4 条）和技艺操作能力（4 条），采用 5 点计分，各项相加总分即为得分，得分越高表示技艺传承效果越好，本次研究中，该量表的克朗巴哈系数为 0.851。

表 3 - 1　问卷的测量学特征

量表名称	条目数	Cronbach's Alpha	信度指标评价
总问卷	71	0.966	优
学习动机	12	0.858	优
学习兴趣	7	0.813	良
学习沉醉感	10	0.883	优
基本素质	10	0.813	良
传者	6	0.859	优
内部环境	7	0.859	优
外部环境	11	0.862	优
传承效果	8	0.851	优

注：根据测量学的基本原理，我们把克朗巴哈系数高于 0.85 的指标评估为优秀，高于 0.75 以上的评估为良好。

施测程序由经过培训的研究生主持每次施测，统一指导语，以班级为单位由主试向被试统一发放问卷，要求被试按照指导语逐项回答问卷上的所有问题，测试在 20 分钟内完成，问卷和量表当场回收。为了避免被试的掩饰心理，施测问卷之时向被试强调问卷调查的目的是为了科学研究。

（二）统计方法

采用 CANOCO 4.5 软件包标准程序中 DCCA 排序分析法对影响绝技绝活传承效果的因子进行分析。DCCA 是分析植被与环境关系最先进的多元分析技术。本章中我们尝试用来分析传承效果和学校教育生态影响因子间的相关性。该分析共包括 2 个数据矩阵。矩阵 1 为表征传承效果的调查数据，矩阵 2 为各影响因子，所用数据为各影响因子中多个条目的均值，分为性别、年龄、家庭收入、家庭环境、基本素质、学习动机、传承方法、传承意愿、学习兴趣、学习沉醉感、学校内部环境、产业环境、文化环境、政策环境共 14 个条目。学校生态影响因子与传承效果的相关性分析采用运用 SPSS 15.0 软件进行，同时运用曲线模拟分别拟合它们间的相关性，并选取最高的相关系数的拟合方程为最优拟合方程。采用多元回归分析法构建生态因子与传承效果间的作用方程，同时采用 Mplus 7.0 进行影响因子结构方程模型的拟合及路径分析。

二、结果分析

（一）样本分析

采用分层分类随机抽样的方法从湖南、广东、海南、云南四省的 6 所在绝技绝活传承有做法的学校抽取被试，得知这几所学校在绝技绝活传承实践中具代表性。本次调研共发放问卷 480 份，其中收回有效问卷 448 份，有效回收率达到 93.33%。样本的年龄阶段为 13~36 岁，平均年龄为 17.60 ± 2.15 岁。样本的平均家庭年收入为 33190.25 元。样本的基本情况见表 3 - 2。

表 3 - 2　样本分布的基本情况

	项目	频数	百分比（%）	累积百分比（%）
性别	男	184	41.0	41.0
	女	265	59.0	100.0
学校	福建湄洲湾职业技术学校	199	44.3	44.3
	海南民族技工学校	15	3.3	47.6
	湖南工艺美术职院	51	11.4	59
	湖南醴陵陶瓷学校	126	28.1	87.1
	三亚技师学校	35	7.8	94.7
	玉溪工业财贸学校	23	5.1	100.0
年级	一年级	220	49.0	49.0
	二年级	166	37.0	86.0
	三年级	55	12.2	98.2
	四年级	8	1.8	100.0
生源地	城市	130	29.0	29.1
	城镇	48	10.7	39.8
	乡镇	67	14.9	54.8
	农村	202	45.0	100.0

可见，调查对象的基本情况主要设计了性别、学校、年级及生源地四个项目。从性别上看，女性比例大于男性，占总样本数59%。这与传统手工艺特点及当前绝技绝活传承的现状是一致的。在学校教育生态系统中，旧时候"传男不传女"的习俗几乎消失，绝技绝活传承不再有性别歧视。从学校样本来看，虽然样本分布不均衡，但是这与学校里绝技绝活接受人总数相关联，比如海南民族技工学校中学习黎锦的学生总数不多，因此样本量相对较少。从年级分布来看，一年级和二年级受访人占样本数的86%，这与学校绝技绝活传承活动多集中在一年级和二年级有关系。从生源地来看，样本来源多在城市生源和农村生源，分别占总样本数的29.1%、45.2%，这与接受绝技绝活传承的动机有关，即来自城市的生源因能接触到更多绝技绝活文化或无经济压力，只为兴趣而学，来自农村的生源大多希望获得一技之长以便未来拥有高的经济收入。

（二）各变量相关性分析

各变量间相关系数如表3-3所示。从表3-3可见，绝大多数因子和性别、年龄间无明显相关性，而学习动机、学习兴趣、学习沉醉感、基本素质、传承因素、学校内部环境、家庭环境、政策环境、文化环境、产业环境和传承效果等变量之间的相关都达到了非常显著的水平（$p<0.01$），其中传承意愿和传承方法的相关性最大达到0.932，其次为产业环境和政策环境，其相关系数为0.840。基本素质与传承效果的相关性最大，相关系数为0.716，其次为传承意愿，相关系数为0.640，而收入和性别与传承效果间无显著相关性。

（三）影响因子排序分析

DCCA因为结合物种构成和生态因子的信息计算样方排序轴，结果更理想，并可以直观地把环境因子、物种、样方，同时表达在排序轴的坐标平面上，可以直观地看出它们之间的关系。这种排序图称作双序图。环境因子一般用箭头表示，箭头所处的象限表示环境因子与排序轴之间的正负相关性，箭头连线的长度代表着某个环境因子与研究对象分布相关程度的大小，连线越长，代表这个环境因子对研究对象的分布影响越大。箭头连线与排序轴的夹角代表这某个环境因子与排序轴的相关性大小，夹角越小，相关性越高。由于DCCA同时结合植被数据和环境来计算排序值，更有利于排序轴生态意义的解释，而成为现代植被梯度分析与环境解释的趋势性方法。

表3-3 各变量的相关系数表（注：*p<0.05，**p<0.01，***p<0.001）

变量	1	2	3	4	5	6	7	8	9	10	11	12	13	14	15
1 性别															
2 年龄	-0.100*														
3 收入	-0.152**	-0.016													
4 学习动机	-0.035	0.042	0.089												
5 学习兴趣	0.013	0.155**	0.060	0.623***											
6 学习沉醉感	0.043	0.144**	0.053	0.605***	0.715***										
7 基本素质	-0.086	0.163***	0.136***	0.567***	0.582***	0.579***									
8 传承方法	0.020	0.005	0.182***	0.540***	0.569***	0.589***	0.552***								
9 传承意愿	0.015	0.064	0.142***	0.586***	0.628***	0.644***	0.628***	0.932***							
10 学校内部环境	0.025	0.049	0.141***	0.570***	0.587***	0.606***	0.541***	0.623***	0.715***						
11 家庭环境	-0.018	0.074	0.065	0.555***	0.513***	0.538***	0.533***	0.576***	0.610***	0.575***					
12 政策环境	0.052	-0.020	0.149***	0.382***	0.365***	0.424***	0.394***	0.432***	0.459***	0.582***	0.436***				
13 产业环境	0.019	0.049	0.145***	0.486***	0.503***	0.505***	0.526***	0.524***	0.604***	0.705***	0.545***	0.840***			
14 文化环境	-0.013	0.078	0.098	0.452***	0.528***	0.494***	0.539***	0.521***	0.607***	0.595***	0.540***	0.428***	0.629***		
15 传承效果	-0.074	0.148**	0.075	0.518***	0.606***	0.573***	0.716***	0.573***	0.640***	0.567***	0.518***	0.461***	0.581***	0.588***	

采用 DCCA 对绝技绝活学校传承效果与学校教育生态因子的相关性进行分析（表 3 - 4），DCCA 的前两个排序轴的特征值分别为 0.236、0.010，第 1 轴的贡献率为 65.8%，两轴的累积贡献率为 98.9%。因此，采用第一二排序轴作出二维排序图，可见，各学校教育生态因子对传承效果的作用明显存在差异。其中，基本素质、传承意愿和学习兴趣在决定传承效果中所起到的作用最大，其与第一轴的相关性分别为 0.5838、0.5234 和 0.5012。除此之外，传承方法、学习内部环境及产业环境等也具有明显的作用，说明传承效果是多因子共同作用的结果，但年龄、收入及性别对传承效果的作用不是很大。

表 3 - 4　环境因子与 DCCA 排序轴的相关系数表

环境因子	排序轴	
	第一轴	第二轴
性别	- 0.0575	0.0664
年龄	0.1495	- 0.1307
收入	0.0271	0.0147
学习动机	0.4004	0.0486
学习兴趣	0.5012	0.1115
学习沉醉感	0.4309	0.1195
基本素质	0.5838	- 0.0762
传承方法	0.4652	0.0275
传承意愿	0.5234	0.0192
学校内部环境	0.4518	0.0712
家庭环境	0.3883	0.0584
政策环境	0.3541	0.1508
产业环境	0.4365	0.0520
文化环境	0.4616	0.0594

（四）生态因子与传承效果相关性分析

为进一步掌握各环境因子对传承效果的相关性，我们将表征传承效果的条目进行均值，同时将均值与各环境因子的相关性进行相关性分析。学校教育生态因子的选取以主成分分析为依据，共选取 8 个与第一轴相关性较大的环境因子，分别为传承意愿、学习兴趣、基本素质、学习沉醉感、学习动机、内部环境、产业环境和文化环境。这 8 个因子与传承效果间相关性都非常显著，但拟合曲线和相关系数不尽相同。其中相关性最强的因子为基本素质，其次为传承意愿和学习兴趣，这和上面的主成分分析是对应的。

为分析传承效果与所有生态因子间的相关性，我们将所有生态因子分为四类即传者、承者、学校内部环境和学校外部环境。其中传承效果为各条目的均值，传者因子为传承意愿和传承方法的均值，承者为学习兴趣、学习动机、基本素质和学习沉醉感的均值，学校外部环境为文化环境、产业环境、家庭环境和政策环境的均值。运用多元回归模型对生态因子及传承效果进行拟合，得出其作用方程为：

$$Y = 0.284 + 0.729X_1 - 0.090X_2 - 0.014X_3 + 0.271X_4$$

其中 Y 为传承效果，X_1 为承者因子，X_2 为传者因子，X_3 为学校内部环境，X_4 为学校外部环境。

（五）作用路径模型

结构方程模型（SEM）数据分析方法被称为第二代数据分析方法，是基于变量的协方差矩阵来分析变量之间关系的一种统计方法，实际上是一般线性模型的拓展，包括因子模型与结构模型，用来检验一系列相关关系。SEM 一般使用最大似然法估计模型分析结构方程的路径系数等估计值，能允许一变量带来的误差，因为 ML 法使得研究者能够基于数据分析的结果对模型进行修正。本书采用 SEM 对学校教育生态系统各关键影响因子与传承效果的作用关系，以及各影响因子之间的相互作用关系进行分析，目的在于了解影响传承效果的各影响因子对传承效果的作用路径及它们之间的相互关系。

1. 控制相关变量后承者自身各因素对技艺传承效果的预测作用

为了考察传承主体因素对学习效果的独立预测作用，有必要控制环境因素的影响。研究采用层次回归的方法进行分析，第一层放入控制变量，第二层放入预测变量。在控制了学校内部环境、学校外部环境和传者等因素之后，主体各因素对技艺传承效果的回归系数和回归方程均非常显著，所增加的变异解释量 ΔR^2（$p<0.01$）达到非常显著水平，即主体各因素对传承效果的独立预测作用非常显著，能解释技艺传承效果方差变异量的14%。继续考察主体各因素和传承效果的关系，各标准回归系数都达到非常显著的水平，也就是说主体的各项因素都能显著地预测绝技绝活传承效果。

2. 控制相关变量后传者因素对传承效果的预测作用

为了考察传者因素对学习效果的独立预测作用，有必要控制环境因素和承者因素的影响。研究采用层次回归的方法进行分析，第一层放入控制变量，第二层放入预测变量。在控制了学校内部环境、学校外部环境和承者等因素之后，传者各因素对技艺传承效果的回归系数和回归方程均非常显著，所增加的变异解释量 ΔR^2（$p<0.01$）达到非常显著水平，即主体各因素对传承效果的独立预测作用非常显著，能解释技艺传承效果方差变异量的14%。继续考察主体各因素和传承效果的关系，各标准回归系数都达到非常显著的水平也就是说传者的各项因素都能显著预测绝技绝活传承效果。

3. 控制传承主体因素后各环境因素对传承效果的预测作用

继续采用层次回归的方法进行分析，考察各环境因素对传承效果的预测作用。模型的第一层放入控制变量，第二层放入预测变量。在控制了技艺学习动机、技艺学习兴趣、技艺学习沉醉感、基本素质等因素之后，环境各因素对学习效果的回归系数和回归方程均非常显著，所增加的变异解释量 ΔR^2（$p<0.01$）达到非常显著水平，即环境各因素对学习效果的独立预测作用非常显著，能解释传承效果方差变异量的8%。

4. 环境因素、承者因素以及传者因素三者对传承效果影响的共同作用

在传者因素、承者因素和环境因素对学习效果都有显著预测作用的基础上，进一步探讨它们之间各要素对技艺传承效果影响的内部机制如何，我们采用 Mplus 7.0 统计软件对分别假设的模型进行拟合，假设模型 1 为环境因素、传者因素和承者因素共同预测传承效果。假设模型 2 为环境因素预测传承效果，传者因素和承者因素作为中介因素，两个模型对数据的拟合指标见表 3 - 5。从表 3 - 5 可见，模型 1 的拟合效果不太理想，而模型 2 的各种拟合指标都达到相对理想的水平，由此，我们认为模型 2 更加符合真实的情况。

表 3 - 5 2 个假设模型的拟合指标

指标	x^2	df	x^2/df	CFI	TLI	RMSEA	AIC	BIC
模型 1	614.03	205	3.00	0.84	0.82	0.078	13441.24	13698.54
模型 2	86.90	32	2.72	0.97	0.94	0.074	22048.20	22195.89

注：本研究选取常用的拟合指标评价模型拟合：CFI（Comparative Fit Index）、TLI（Tucker-Lewis）、RMSEA（Root Mean Square Error of Approximation）以及信息指数 AIC（Akaike's Information Criterion）。CFI 和 TLI 的建议参考值为大于 0.9，其值越大越好；RMSEA 的建议参考值为小于 0.08，越小越好。AIC 可用于评价多个嵌套和非嵌套竞争模型的优劣，其值越小越好。模型之间的 AIC 差值在 10 以上时，说明模型之间有实质性的差异。

5. 模型验证

我们采用最大似然估计法对假设模型 2 的中介效应进行检验，传承主体的承者和传者在传承环境对绝技绝活传承效果预测的中介效应模型路径系数都达到了非常显著的水平（$p < 0.01$）。由关键因子对绝技绝活传承效果预测的中介效应模型路径图可知，模型中的所有路径系数都达到了非常显著的水平（$p < 0.01$）。

三、总结与讨论

学校教育生态系统中绝技绝活传承受到多方面影响，既有学校外部环境影响也有学校内部环境，同时还受传者的意志和承者素质影响等方面影响。现有关于学校教育模式的研究中，多从传承主体、传承内容、传承方式、传承目的等方面的特点分析来研究模式的传承效果。本文在此基础上将绝技绝活学校传承影响因子划分为 3 大类，14 个二级影响因子，对其进行主成分分析和相关性分析，最后对生态因子作用关系进行了结构方程分析，基本反映了学校教育生态系统下绝技绝活传承的影响因子作用情况。通过数据分析，我们发现学习动机、学习兴趣、学习沉醉感、基本素质、传承因素、学校内部环境、家庭环境、政策环境、文化环境、产业环境和传承效果是相关性因素，其中相关性最强的因子是基本素质、传承意愿和学习兴趣。承者的年龄、性别和家庭收入与传承效果并无明显相关性。从关键因子分析来看，基本素质、传承意愿和学习兴趣是最关键因子，传承方法、学校内部环境及产业环境等也有明显的作用。结构方程分析发现传者因子和承者因子对传承效果有直接正向关系，而学校内部环境和学校外部环境通过传承或承者对传承效果起间接作用。

年龄、性别和家庭收入没有相关性跟目前绝技绝活传承的实际情况相符。随着经济发展和社会文明进步，男女地位日趋平等，"传男不传女"的旧俗已逐渐消失，女孩子也能传家立业的观念已经被社会接受。终身学习理念的提出使得年龄也并不是制约绝技绝活传承的因子，任何年龄阶段都可以开始学习。

从承者因子来看，基本素质和学习兴趣是最关键的影响因子。前人对绝技绝活承者的基本素质的研究很多，传承人是否拥有与绝技绝活相关的基本素质，如美术基础、审美水平、历史文化知识、创新意识、市场信息分析能力等，影响承者能否成为真正的绝技绝活人才。绝技绝活是技艺中的最高最难以掌握的那一部分，并且其本身只能以缄默知识的形式在传者和承者之间进行传递，若承者自身的综合素质高能够更快更容易领悟其中的真谛，成为技能大师的可能性更高。采访中我们也发现许多技能大师认为承者基本素质好有利于掌握绝技绝活传承，甚至能够创新发展绝技绝活，正如广彩传承人许恩福所认为的，"人的素质很重要，学习技艺的人要聪明，选徒弟要选有悟性的徒弟"。可见，如何选聘基本素质高的承者及提高承者素质和学习兴趣来有效促进传承效果，是学校教育生态模式在构建时需要重点设计的环节。

传承意愿是传者因子中最关键的因子。绝技绝活传承就是一种民族文化的传播过程，作为文化主体的传者起着重要作用。因为绝技绝活本身就是一种缄默知识，它附着在技能大师们的身上，他们以超人的才智、灵性，贮存着、掌握着，承载着绝技绝活相关的文化传统和精湛技艺。作为传者的技能大师是否愿意将绝技绝活传授给承者，是影响绝技绝活传承的关键因素。从本文数据传者因子来看，传者意愿是最相关、最关键的因子，可见本文分析结果与前人调查研究结果相近。在构建绝技绝活的生态传承模式时应该考虑通过一定途径调动传者的传承积极性和开放性，让技能大师们毫无顾忌地进行绝技绝活传承。

传承环境中产业环境和学校内部环境对传承效果的影响最为重要。国内外许多研究都认为绝技绝活产业化是实现绝技绝活持续传承的外部重要影响因素，绝技绝活是否成为商品，在产业市场中的生存状况是其生命力的一个重要标志。如果外部产业环境好，绝技绝活产业产业化程度高，那么绝技绝活产品将为社会了解和喜欢，社会需求量增大，结果使得更多的人愿意来学习绝技绝活，技能大师也不用担心"教会师弟饿死师傅"，愿意将绝技绝活传承得更广泛，发挥绝技绝活的社会效益。元朝时期，织造能手黄道婆将先进的织造技术传给乌泥泾和松江一带人民，让织造工厂迅速繁荣起来，使松江府成为当时全国最大的棉纺织中心，历史印证了产业环境对于绝技绝活传承的重要性。学校内部环境对绝技绝活传承的影响主要体现在传承场所建设、绝技绝活人才培养方案及人财物的投入等诸多方面，这些是保证绝技绝活传承的基本条件。同时绝技绝活学校传承的主场域是学校，它是协调各方资源的主导者，绝技绝活传承的各环节都发生在学校的教育教学过程中，决定学校内部环境的关键作用性。因此，产业环境和学校内部环境是绝技绝活生态传承模式的关键。

各因素之间作用非独立，而是交互相融共同作用于绝技绝活学校传承。从本文数据分析结果来看，虽然承者、传者和传承环境都对传承效果产生了重要影响，但是他们之间具有交互效应，例如传承环境通过传者和承者的中介而对传承效果发挥作用，传承主体对传承效果的影响受到传承环境因素的影响，同时传承和承者之间存在着相互影响。正如生态学中的因子定律，即在生态系统中生态因子对生物的作用是综合性的。这一结果与教育生态学前人的研究相符合。因此，绝技绝活传承学校教育生态模式构建在设计时既要考虑关键影响因子的作用，又必须考虑各相关影响因子的综合作用，只有各影响因子系统且协调地作用于绝技绝活传承，才能实现绝技绝活的高效持续传承。

第二节 宏观影响因素

技能熟化是一个复杂的身心协同发展变化的过程，近一个世纪以来，心理学、教育学、体育学等学科的相关研究都在致力于打开这个"黑箱"。综合技能学习的相关理论，在"三阶段"理论的基础上，我们总结了影响和制约职业技能学习的因素，即学习者个体年龄、性别等生理与心理方面的先天条件、学习者的后天学习基础与职业动机、教师以及技能学习的环境与文化因素等。

一、先天条件

先天条件主要是学习者之间稳固、长久、潜在的以及与生俱来的个体差异。个体差异是促进职业技能学习从单一加工机制向多重加工机制转变的关键因素。① 这些先天条件对技能熟化的影响主要体现为个体差异的变量对技能学习的进度、效率等产生的影响，进而影响到个体学习的水平和绩效。

（一）年龄因素

职业技能的年龄影响，主要是指年龄这一变量对职业技能熟化所产生的直接影响。年轻人手脚灵活，精力充沛，如果投入足够的时间，更容易掌握复杂的动作技能。相关研究表明，个体在 18 岁左右，能在操作技能的诸多方面获得巨大、系统的提高，这些方面主要包括生物力学方面的改变、力量、体态、决策和运动速度、预期与预测能力、处理复杂信息的能力、投掷准确性以及身体活动表现的知觉控制能力等。随着年龄的增加，阅历、理解能力增加，学习者的概念化活动能力逐步提升，个人年轻时所掌握的动作技能的娴熟度在一定时期内会得到持续提升，但学习者要学习新的动作技能的难度则逐渐加大。衰老研究的一个普遍结论是，随着年龄的增加，需要迅速决策、复杂程度高的任务绩效是下降的。早期的相关研究证明这是由于中枢神经系统的神经活动减慢，而后来威尔福德（Welford）的研究则证明，速度下降的原因也可能与年长者更"谨慎"有关。② 此外，某些技能过了一定的年龄段（黄金期），学习者就很难能够真正地掌握。

（二）性别因素

在性别差异上，人类学研究很早就关注到了男女的不同，比如，男女在紧握拳头时大拇指的位置差异等。在现代职业领域，尽管随着女权主义的兴起，性别歧视逐渐消除，但特定的职业的从业者依然是有性别差异的，这主要取决于与职业相关的从业技能的性质差异上。比如护士这一工作，从业者多为女性，这是因为医院的护理工作需要女性的耐心、细致、爱心以及动作的精准度；再如银行的柜员，其从业者也多为女性，这是因为女性在点钞、文字录入等要求动作技能的熟练度和精准度方面要明显优于男

---

① 郭秀艳，黄希庭. 学习和记忆的个体差异研究进展［J］. 西南大学学报（人文社会科学版），2007（33）.

② 董佼. 动作技能学习中的个体差异研究综述［J］. 山西师大体育学校学报，2011（1）.

性。事实上，诺布尔（Noble）通过一系列的实验发现，在需要感觉辨别以及在速度和重复性要求比较高的任务中，女性比男性做得更好。贝尔斯托（Bairstow）等通过研究发现，当周围环境比较安静或者比较单调时，男女在技能操作时的成绩是差不多的，男性稍优于女性，但当周围的环境变得复杂或干扰因素比较多时，女性排除环境中无关信息干扰的能力弱于男性。此外，维特金（Witkin）也指出，女性比男性更依赖于外界环境的信息。因此，可以说，男女在处理、加工信息的差异会对他们的技能学习活动中产生很大的影响。现在所不能确定的是性别差异中有多少是由于性别本身造成的，因为社会强加给男性和女性的行为标准是不同的。《技术与性别：晚期帝制中国的权力经纬》一书就从社会学的角度分析了一套包括空间科技、生产科技和生育科技在内的规训妇女地位和作用的妇女科技体系。① 此外，两性在动作操作中的很多差异也可能是由于他们不同的操作经验造成的。

（三）心理与其他生理条件

个体生理与心理条件的差异包括诸多因素。首先，从智商上，学生技能习得的过程就是一个信息处理过程，智商越高，信息加工的效率越高。因此，智商和技能学习绩效之间应该存在高度的相关性。但是，智商与技能学习的关系又及其复杂，迄今为止相关研究并没有发现两者之间的确定关系。伊斯梅尔等发现运动能力测验和学业成绩存在中等程度的相关性，但托马斯等曾证明儿童与成人在心理能力测验和运动能力测验之间的相关度很低。罗苏群研究认为精细动作障碍程度与儿童的智力落后程度成正相关，② 但对此现象的解释却存在分歧：有人认为低智商儿童缺乏运动经验导致了运动能力的低下，而不是智商低本身造成的；而有些人认为智商过低的人在中枢神经系统功能方面是存在普遍缺陷的，包括动作控制和运动学习能力等。

血型、气质类型等生理与心理方面的先天条件是个人生来就具有的心理活动的典型而稳定的动力特征，是人格的先天基础，对技能学习及职业选择的影响是众所周知的，以此为基础的人职匹配理论已经广泛地运用到个体生涯发展咨询与决策的实践中。学习者生理上的某种缺陷会对技能学

---

① 白馥兰. 技术与性别：晚期帝制中国的权力经纬 [M]. 江湄，邓京力，译. 南京：江苏人民出版社，2006：370.

② 罗苏群. 智力落后儿童精细动作训练 [J]. 中国康复理论与实践，2009 (3).

习造成直接而深远的影响，身体上的缺陷一方面可能让学习者很难或根本无法从事某一技能的学习，但另一方面他们会代偿性地拥有其他方面的职业技能学习优势，比如盲人的触觉、听觉一般都会很发达，他们多从事按摩、音乐方面职业。通过多年的解剖研究，阿费烈德为这一现象提供科学依据，即所谓的"跨栏定律"。此外，生理上的某些优势或特点，比如左撇子、双撇子，身材的高矮胖瘦、身体的灵活与协调度以及力量的差异等都会对职业技能学习产生影响。

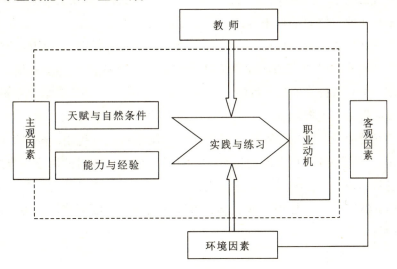

图 3 - 1　职业技能熟化的影响因素

二、后天基础

（一）知识与经验

学习者先前的知识储备和已有的工作、学生以及生活经验是职业技能发展的基础。职业技能训练把过去零碎的、暂时的知觉信息一步步转化为自觉的经验、系统的理性认识，从而不断增加学习者的长时记忆。已有知识与经验在职业技能熟化过程中是自然而然地发挥作用的，无须提前做出身体的调整，它们随时指导和控制动作，这是因为这些知识与经验是概括化的，有着广泛的适用性，它们在发挥作用的过程中不需要复杂的分析过程，无意识地直接运用，从而改善操作。[①] 当然，不排除知识的误用以及不

----

① Janet L. Starkes& F. Allard. Cognitive Issues in Motor Expertise ［M］. Amsterdam：Elsevier Science Publishers, 1993.

相关经验的误导，尤其是学习者把不相关的经验"迁移"到新的职业技能学习中去的时候，由于以往的判断、行为措施无法适应新的实践情境，这种由过去经验造成的习惯性心理倾向或动作，就会对技能熟化造成严重影响，所以有时指导老师更喜欢处于"一张白纸"状态的学生。

（二）职业动机

职业动机可以分为成就动机、亲和动机、权力动机和能力动机等，它是职业价值观中的动力成分。美国麻省理工学校施恩教授提出的"职业锚"理论是对职业价值观的形象描述，职业锚如同指南针，在个体的职业选择和发展中起到矫正方向的作用，它可以指导、约束、稳定个人的职业生涯发展。由职业动机决定的职业价值观决定了个体的职业生涯追求的目标，也决定了他获取技能的最终目的。职业动机是促使个体持续获取学习资源，坚持技能训练的重要因素，它是职业技能熟化过程中的激励因素，制约着技能学习的频率、效能、质量与后果。职业技能熟化过程中，随着时间的推移，有时需要单调重复的动作练习，有时又会面临暂时的困难，当技能发展受阻的情况下，强烈的职业动机让学习者对自己充满信心，对未来充满期望，甚至产生"顿悟"或灵感，可以帮助学习者顺利渡过难关，走向技能的熟化。

（三）习得练习

实践与练习本身是技能熟化最为关键的影响因素。无论多么优越的教学条件、多么优秀的教师，也不管学习者有多么好的先天条件和发展潜质，没有足够的实践与练习，技术本身是无法"人化"并变成学习者个人的一技之长的。"拳不离手，曲不离口"，学习者才能最终成长为领域内的行家里手。美国学者安德斯·艾利克森（Anders Ericsson）和罗伯特·普尔（Robert Pool）在研究了一系列行业或领域中的专家级人物后发现，不论在什么行业或领域，提高技能或能力最有效的方法全都遵循一系列普遍原则，他们将这种方法称为"刻意练习"。刻意练习与一般其他有目的的练习有两个方面的重要差异：其一，需要一个成熟的、得到合理发展的行业或领域，在该行业或领域内，最优秀的从业者已经达到一定的业绩水平。作者认为，特别是那些根据打分来评判业绩水平的项目更容易出成绩，而那些并不存在或者很少存在直接竞争的行业或领域，学习者无法从刻意练习中积累知识，它们并没有客观的标准来评价卓越的绩效。作者的观点不无道理，但从其列出的相关从业者的领域来看，其实质是动作技能为主的职业，往往通过刻意练习会取得更有效的成绩。其二，刻意练习需要一位优秀的导师，以提供指导和有益的练习方法。即在外界影响诸多影响因素中，作者尤其强调了导师的作用。从作者相关论述中可以看出，刻意练习的普遍性原则主要包括：第一，刻意练习发展的技能是其他人已经想出来怎样提高的技能，也是已经拥有一套行之有效训练方法的技能。训练的方案由导师设计和监管，导师应该既熟悉优秀从业者的能力，又熟悉怎样才能提高那种能力。第二，刻意练习发生在人们的舒适区之外，应以"最近发展区理论"指导，要求学习者持续不断地尝试超出他当前能力范围的事物，它需要学习者付出最大限度的努力，并且一般来讲，这并不让人心情愉快，甚至是一个痛苦的过程。第三，刻意练习的学习目标应该经过"良好定义"的，应当是有具体计划支撑的清晰目标，要让学习者看到通过刻意练习后他取得的一系列微小的改变，看到期望的更大的变化。第四，刻意练习是有意而为的，它需要学习者有意识的行动和全身心的投入，还需要紧跟导师的特定目标，适当调整，控制练习。第五，刻意练习既产生有效的心理表征，又依靠有效的心理表征。心理表征使学习者可以检测实践中工作做得如何，它们表明了实践的正确方法，并能使学习者注意到什么时候做得不对，以及如何进行纠正。事实证明，提高技能操作水平和改进心理表征是相辅相成的，随着操作水平的提高，心理表征也变得更加详尽、有效，反过来会使学习者可以实现更大程度的技能改进。①

三、文化环境

（一）物理环境

技能虽然是人类身体的一种能力，但它必须面对客体才能发挥作用，技能的练习与熟化具有高度的情境依赖性。物理环境对于职业技能学习的重要性在于，它是技能学习的基础与前提。对职业技能教学而言，实训环境的设计可以概括为三点，即硬件建设是基础，空间布局是关键，功能实现是目标。

---

① 安德斯·艾利克森，罗伯特·普尔. 刻意练习：如何从新手到大师 [M]. 王正林，译. 北京：机械工业出版社，2016：127 - 130.

首先，硬件建设是基础。职业教育是一种高投入的教育类型，发达国家对教育成本的研究结果表明，高等职业教育的办学成本是普通高等教育成本的 2.64 倍。职业教育的办学成本高就高在其对先进教学仪器、设备以及原材料的花费上。"黑板上开机床"无法培养出产业转型升级需要的高技能人才，没钱买酒的学校也很难培养出高水平的调酒师。加大对职业教育的投入，鼓励职业学校与先进企业进行产学合作一直是职业教育发展的基本政策，因为只有这样才能让学生接触到先进的设备、真实的工作对象，才能为学生提供足够的学习机会。

其次，空间布局是关键。职业技能的学习需要真实的工作环境，一般而言，技能学习环境越接近真实的工作环境，其学习效果会越理想。但学校对"真实"实训环境的建设永远都是只能无限接近于"真实"，而很难达到"真实"，这首先取决于教学与生产目的的差异性，因为企业真实的生产环境，是以生产和盈利为目的的，其并不利于初学者的技能学习，而学校才能建设"理实一体化"的技能学习场所；再者，很多学校也无法从财力和人力上建成"真实的"实训工作环境；此外，还要从教学安全性的角度考虑问题，有很多专业，比如矿井通风与安全专业、一些化工类的专业，只能通过模拟的、仿真的环境和教学软件进行教学。

再次，功能实现是目标。功能决定结构，职业技能教学环境的设计与建设最终要决定于其要实现什么样的教学功能。有研究认为，从目前职业学校的实际情况看，根据不同阶段学生技能学习的需要，实训场所从功能上划分主要有验证—体验型、理实一体型和生产教学型三种。事实上，这三种类型的技能教学场所其在仿真程度上是越来越高的，对实训设备的投入成本和管理要求也是越来越高的。学校要根据教学需要设计不同类型的、不同格局的教学环境，但在人力、物力和财力允许的情况，应以理实一体型和生产教学型实训基地建设为主，因为他们在功能上完全可以实现初学者对技能体验和技术理论验证的需要，而在整体教学效果上要优于前者。

（二）组织环境

除了技能学习的物理环境，学习过程中教师、学生之间形成的社会组织关系会对技能发展产生更大的、更有意义的影响。教育人类学家莱夫和温格在对传统学徒制研究基础上提出的"实践共同体"理论对现代技能学习仍具有很强的借鉴意义，通过"合法的边缘性参与"学习者在实践共同体中从一个观察者逐步成长为一个行家里手。[①] 但莱夫和温格并未揭示"实践共同体"得以维持的内在原因。

中国古代的学徒制主要有三种形式：第一种是家庭内部父子之间的技艺传世制度，这是最古老的技艺传承方式；第二种是民间师徒传承，起初是自主收徒授艺，明清时代还有了行会的监管；第三种是官方的手工技艺传承系统。不管是哪一种形式，学徒制中师父与徒弟之间都存在着人身依附关系，哪怕是家庭内部的父子技艺传承，其师生关系也极为严格。"生我者父母，教我者师父"，学徒"投师如投胎"，一日为师，终身为父！可以说，正是师父与徒弟之间存在着牢固的师徒关系，才确保了明言知识以及默会知识的社会化的顺利进行。这一过程中，师父不仅是专业技能的权威，也是权力关系的权威，情分、道义和伦常关系造就了徒弟对师父的绝对服从，从而构建起技能学习的"场域"，即"实践共同体"。

现代工业社会中的泰勒组织模式下，自动化、机械化的流水生产线仅需要经过简单培训的低级技能劳动者，单调重复的劳动把学习者的学习限度降到最低，技能被肢解，技能拥有者的劳动者被异化为机器的一个零件。由于复杂程度的降低，技能的学习本身变得轻而易举，这使得针对流水线进行教学的职业教育价值大打折扣，其培养的学生也极易被先进的生产工具所取代。而后工业社会中，扁平化组织逐步发展成为主要的生产经营模式，这种组织要求工人熟悉决策以及解决问题的过程，学习者在工作的轮换中练习、发展各种技能，综合化的职业能力成为这种组织中技能发展的目标。

---

① 根据对五个经典案例的人类学研究，莱夫和温格把"实践共同体"定义为"一群追求共同事业，一起从事着通过协商的实践活动，分享着共同信念和理解的个体的集合"。从这个意义上讲，实践共同体不是简单地把许多人组织起来为同一任务而工作，拓展任务的长度和扩大小组的规模都不是形成实践共同体的主要因素，关键是要与社会联系，要通过共同体的参与在社会中给学习者一个合法的角色（活动中具有真实意义的身份）或真实的任务。就"合法的边缘性参与"这一概念，他们认为，"合法"是指随着时间的推移与学习经验的增加，学习者合法使用共同体资源的程度；"边缘性"是指学习者在实践共同体中对有价值活动的参与程度与成为核心成员距离的程度。"边缘的"参与是指这样一个事实，即作为新手的学习者，他们不可能完全地参与所有共同活动的事实。本质上，"合法的边缘性参与"描述了实践共同体中，学习者沿着旁观者、参与者到成熟实践示范者的前进轨迹，即从新手成长为专家的过程。

（三）政治经济环境

不仅学习的物理和组织环境会对职业技能熟化产生深远的影响，宏观的政治经济环境也会对其产生间接作用。不管是学校的学习，还是在工作场所的训练，技能熟化都没办法逃脱其背后的社会形成性。戴维·阿仕顿把职业教育与培训的体系划分为以美国、英国、加拿大等国为主的"自由市场模式"，以德国、丹麦、奥地利为代表的"社团模式"以及以新加坡、韩国为代表的"发展型国家模式"。自由市场模式下，工业化进程是由处于优势地位的制造业界和商界精英集团领导和推进的，而政府仅提供法律支撑以保障市场的自由运行以及资本对劳动力的支配。自由市场模式下，职业教育与培训被视为个人和雇主的事情。在社团模式中，政府在促进工业化进程、劳资关系调节方面扮演了较为积极的角色，在职业教育和培训体系中具有较高的参与程度。这一模式下，技能技术人才的培养不仅仅是雇主的事情，政府、工会和雇主形成了一种共同决定的、更加宽泛的框架，也达成了更加普遍的共识。发展型国家模式下，国家制定强有力的工业政策，政府的相关政策措施促成了劳动力市场，政府在资本和劳动力关系中具有高度自主权，而企业对于培训、职业学校的实习缺乏使命感。① 作为发展型国家，我国企业参与职业教育积极性相当不足是不争的事实，企业的"短视"行为决定于其内在的当下利益诉求。就课题组调研的情况看，广大中小企业投入较多的精力深度参与技能人才培养全过程的意愿较低，而一般对于劳动密集型的工种，企业都有较高的校企合作培养积极性，因为职业学校有着丰富的劳动力资源，"毕业生上手快""上岗就能用""走了不可惜"。企业人力资源部门的负责人多是强调在学校要加强对学生社会交往能力、敬业精神等方面的培养，而对于岗位技能则认为学生到岗后很快就能学会。

四、教师指导

这里教师是泛指的，包括学校的老师、工厂的师傅以及其他技能学习的指导者，如教练、导师等。教师在技能熟化过程中的指导作用是不可或缺的，尽管不排除学习者可以通过自学掌握某种简单技能的可能，但即使

---

① S. Billett. Learning in the Workplace: Strategies for Effective Practice [M]. Sydney: Allen and Unwin, 2001.

这样，学习者往往也是在观察家长、同事、前辈等其他已经掌握了某项技能的人的基础上，慢慢琢磨、模仿而熟化的，事实上他们心中有一位"影子教师"的存在。教师在技能教学方面的能力与素质对学习者技能熟化起着关键性作用。这些能力和素质主要包括对技能的"解释力""引导力""提炼力""评价力"等，这四种能力和素质对指导教师的技能感悟能力、个体知识和经验的表达能力、归纳与提升能力以及技能学习的诊断与评价能力等提出了较为全面要求，教师只有通过长期的技能锻炼加上对技能教学的深入理解，才能逐步具备上述能力和素质。此外，教师在技能学习过程的"追加反馈"能力也至关重要。斯文（Swinnen）认为，追加反馈是指采用人工手段提供与技能操作相关的附加信息，是任务内在反馈的补充与完善。金泰尔（Gentile）将追加反馈分为两种，即"结果反馈"和"绩效反馈"。其中，前者主要是以技能操作结果或是否达到绩效目标为内容的外部信息；后者是关于动作技能特征的信息。在技能学习中，追加反馈发挥着重要作用，它被认为是除练习量以外，对动作技能学习影响最大的一个变量。教师需要掌握的一个是追加反馈的频率，另一个是追加反馈的时机。相关研究成果认为，对于简单技能任务而言，降低追加反馈频率的技能学习效果要好，但对于复杂技能，较为频繁地追加反馈的技能学习效果会更好。而追加反馈频率的适宜值受技能熟练程度、任务的难度以及任务性质等变量的左右。另外，就追加反馈的时机而言，相关研究证实结果反馈时间点适宜值是不固定的，受到个体技能熟练程度、任务复杂程度、任务性质、年龄和视觉反馈等多种情景因素影响。① 因此，教师需要在具体情境下，根据不同学习者技能熟练程度综合分析，才能在合适的时候给学习者以有效的追加反馈。

---

① 汤翠翠，王树明. 动作技能学习中追加反馈的研究综述 [J]. 四川体育科学，2010 (4).

第四章
国外非遗传统手工技艺传承的经验与启示

　　非遗传统手工技艺是人类世代相传的宝藏，是一个民族古老生命的记忆和活态文化基因。在相当长的历史时期里，手工技艺塑造了人们的衣食住行，于器物用度中表达情感、实践价值、传递风俗，成为一个民族、一个时代、一个地域人们重要的生活方式，是融合生产和生活、技术和审美、实用与天人思辨最为丰富生动的文化形态，成就了人类历史上辉煌的工艺文明和物质文明。但关键的问题是，工业化的发展、信息和商品的全球流动、快节奏的生活方式，使得传统手工技艺受到了不同生态文化的巨大冲击。因此，如何基于世界人类发展中非遗传统手工技艺传承的历史脉络、传承方式变迁等方面作简要的总结和提炼，分析典型的传承经验，并基于当前我国的传承困境提出借鉴经验，显得尤为重要。

第一节　国外手工艺传承与工匠文化概述

　　在西方国家的文化中，工匠一词的本义为"体力劳动"，来源于拉丁语中的"ars"一词，意为把某种东西"聚拢、捏合和进行塑形"，作动词用。后来随着这种劳动形式的逐渐丰富才演变为"技能、技巧、技艺"；而"artisan"作为一门特定的职业和特定的社会阶层，即工匠、手工艺人的意思，是通过 16 世纪法语"artisan"和意大利语"artigiano"的含义才确定下来的，并于 17 世纪早期开始广泛使用起来。工匠在古希腊虽然不被重视，但对古希腊城邦制社会的建设和文明作出了巨大的贡献。正如科学史家乔治·萨顿所言，在那时像现在一样，最出色的专家既不是博学之士也不是语言大师，而是手艺人——铁匠、制陶工、木匠和皮革工等，他们掌握了相当丰富的经验和民俗知识。

一、德国的工匠培育及文化内涵

早在中世纪，德国就有了"工匠"这门职业，但是用"师傅"进行指称。工匠作为手工业者因具有高超的技艺而受到社会的尊重。德国工匠不相信物美价廉，只相信物美价更高。要成为工匠就必须接受职业教育。工匠之所以需要教育培养是因为每一个人的基本素质都不一样，要想成为工匠，就必须接受职业培训并得到职业资格认定，且要接受严格的从业资格考核，连泥瓦工、水管工都需要经受这样的检验。德国工匠把产品的质量看作自己的生命，认为产品质量是他们的生命意义和生存价值的体现。真正意义上的工匠会把严格接受技术技能培养、钻研岗位技能、不断提高岗位本领等作为自己神圣的职责，决不懈怠。

中世纪开始，德国就采取师徒传承的教育模式，徒弟要学手艺必须要师傅的口传身授。师傅带徒弟做手艺，就成为德国人的职业常态。德国因工业化起步较晚，不如英法两国重视对工匠的培养教育。直到 19 世纪 90 年代初才制定应用技术型人才发展战略，整合国内外优秀科学家、工程师和技术人员，重视技术人才的培养，由此拉开了现代职业教育的序幕。德国职业教育一般分为两种类型：初级职业教育和继续职业培训。初级职业教育的受教育对象主要是从中学毕业的学生，其教育目标是帮助他们在就业之前掌握在企业工作所需要的相关技能，提高就业能力，初级职业教育是职业教育中最重要的组成部分。继续职业培训是在职教育的一种，它分为职业进修教育和职业改行教育，教育对象主要是在职人员和失业者，教育目标是帮助他们接受国内外新的技术发展特性，提高行业竞争力。德国职业教育 2015 年度报告指出，2014 年，德国青少年接受初级职业教育的比例为 66%，接受高等教育的比例为 23%，直接工作的为 3%，其他为 8%。现在，德国职业教育的"双元制"成为世界各国工匠培养的典范，树立了学习和借鉴的榜样。

德国职业教育专家克劳斯·比尔申克（Klaus Bierschenk）认为，一切都从工厂开始。工厂是学习的起点，然后才是学校的学习。学校里学到的任何知识都是基于实际操作。德国职业教育的一个基本精神就是一丝不苟照操作规程办事，容不得一点"灵活性"。学校的教学任务都是针对工厂实践过程中出现的问题，这样所有的学生都能再次在实践中找到解决方案。而正是早早接触企业和客户的经历让学生从一开始就培养了严谨、负责的态度，为"德国制造"的质量打下了铺垫。这也正是工匠精神培育的基本起点。职业学生一定要认识"质量永远是摆在第一位的"。德国的职业教育总共涵盖 300 多个职业岗位，本着在社会中磨炼、实践中成长的原则，培育精益求精的工匠精神的目的，为德国各行各业输送了大量的专业人士。他们如同分散在德国社会各个角落里"零件"，却联合成了德国经济的"秘密武器"，打造出了一个又一个的"世界一流"。

德国把"工匠精神"称为"劳动精神"。这种劳动精神即一丝不苟，照操作规程办事，一切以"严谨、负责"为中心。在世界制造的舞台上，"德国制造"一直占据高位。目前，作为机械制造业强国，德国在全球机械制造业的 31 个部门中有 17 个占据世界领先地位，进入前 3 位的部门共有 27 个。德国的汽车、刀具、钟表、建筑与家具、酿酒设备、地下排水系统等，都以耐用、可靠、安全、精密等特征享誉世界。德国哥廷根大学经济和社会历史学校院长哈特穆尔·贝格霍夫教授认为，德国中小企业具有六大特点：家族经营性、战略专注性、情感相联性、传承延续性、家庭威权性及非正式性、自主独立性。这些行业形成了"德国制造"的核心文化价值。

二、日本手艺人培育及文化内涵

在日本，"工匠"被称为匠人，也被叫作手艺人或手工匠人。日本《大辞林》字典对"匠"的解释：一是指专门运用手的技巧或工具做出物品或建筑物，并以此为生的人；二是指作出美观物品的技术、技艺。这里所谓的匠人，指的是某一种技巧行业的从业者。日文中的"职人"即"匠人"。职人所从事的工作统称"工芸"。工芸是用创意为实用品增添艺术性，使得物品本身的机能与美巧妙的融合的活动。在纪录片《日本手艺人》中，蒸笼制造大师大川良夫一直坚持用 1000 多年前的技术，即利用原始生态的方法，一针一线地把樱花树皮索缝合拢来制作蒸笼，且根本不使用黏合剂。

日式饭桶制作匠人田上定行使用当地木材做成木材香味十足的饭桶，用他的一刀一槌慢慢地将坚硬的木头塑型为圆润的造型。工匠已经成为日本文明延续的主要载体和象征符号，是工匠文化传承的命脉。

日本，"匠人"也称"职人"、手艺人。江户时代，日本的阶层固化严重，日本的手艺人阶层靠工匠精神来获得尊严。战国末期，日本的城市只有领主居住的地方才有"城"（城堡），领主住城内，武士和市民住城下（町）。人口集中于都市之后，为满足上流社会的需要，日本的手艺人阶层逐渐从农民中分化出来，与商人混居在一起，并称"町人"。现代日本的许多都市都是由那时的"城下町"发展而来的，不少还保留了町名，如丝屋町、木上町、衣橱町、桶屋町等。"子承父业"基本上是当时"职人"的培养模式。手艺人的儿子通常会子承父业，数代人只做一件事，父传子、子传孙的方式延续着手工业制造技术。该模式当时之所以盛行，主要是因为世袭制度的影响。但随着社会制度的不断完善，手艺人学徒制教育培养模式逐渐形成。学徒必定要经过 4~7 年的刻苦学习，通过师傅的考察允许后，方可自立门户，独自经营。他们一般 10 岁左右进入师傅店铺学习手艺，要经历"丁稚"（小伙计）、"手代"（领班者）、"番头"（掌柜）、"支配人"（经理）等阶段的实践与学习。现在，手艺人成为了日本社会受人尊重的职业。日本政府为了保护大师级的匠人、手艺人，于 1955 年设立了"人间国宝"认定制度。

自明治维新以来，日本人就推崇"匠人文化"，即"工匠精神"，"匠人精神"不仅是日本社会走向繁荣的重要支撑力，也是一份厚重的历史沉淀。匠人文化的本质，一是细致认真，二是敬业奉献。《什么支撑着今日的日本》一文介绍，日本对匠人文化的重视，是在社会各个层面展开的。首先，他们在 1950 年颁布了《文化财产保护法》，并对那些身怀绝技的匠人或艺人实行"人间国宝"认定制度。"人间国宝"认定分三种方式："个体认定""综合认定""维持团体认定"。其次，对那些"重要的无形文化财富"，国家在记录、整理和公开资料方面提供直接的资助，并在税收方面给予各种优待政策。再次，日本的文化厅有可观的年度专门预算，用来保护国内重要的有形文化财产和无形文化财产（人间国宝）。旧书修复被人们认为是没有前途和希望的职业，且薪水不高，但对冈野信雄来说是一项值得追求的事业。他多年一直只做这一件事，还乐此不疲，最后做出了奇迹：任何污损破烂的旧书，他都能修复。

日本古代工匠的教育与我国基本相似，自从唐代以来，就采用子承父业、家庭或家族培养的生态模式，使得技艺传承按直线发展，如出现变故，很可能出现技艺失传消失的局面。于是，又演化为行会（株式会社）培养模式。株式会社既是产业机构，也是教育机构，工匠职前和职后教育基本在株式会社进行。在现代，日本工匠教育生态又出现了新的演替局面。工匠职前教育在学校和企业的合作中完成，工匠职后教育在终身教育理念下通过在职培训和脱产学习的教育形式进行。当然，师徒传承的教育模式还一直融合于现代工匠教育中。目前，日本职业教育系统为日本制造产业培养了许多优秀匠师。

三、英国的工匠培育及文化内涵

在英国，工匠是指一生专注于把某一技巧做成品牌的手艺人。1906 年，劳斯莱斯（Rolls-Royce）公司成立，公司创始人为亨利·莱斯（Frederick Henry Royce）和查理·劳斯（Charles Stewart Rolls）。劳斯莱斯汽车靠工匠们手工打造，是他们用手一锤一锤敲打出来的，所以劳斯莱斯成为了当今世界顶级超豪华轿车品牌的代表。做极品汽车是劳斯莱斯工匠们的最高理念。最初的劳斯莱斯在激烈的竞争市场凭借两大优势：制造工艺简单、行驶时噪声极低，成就了其经典的历史地位。大量使用手工劳动，重视工匠的手工技艺，是劳斯莱斯最引人注目的地方。尤其是劳斯莱斯的发动机，直到现在，还全部用手工制造。更让人惊叹的是，工匠师傅在做劳斯莱斯车头散热器的格栅时，不用任何测量工具，完全依靠他们的脑、眼和手来进行。而一台散热器的制造和打磨就需要花掉一个工人 13 个小时的时间。目前，劳斯莱斯汽车每年的产量只有几千辆，在全世界供不应求，缔造了一个劳斯莱斯汽车品牌帝国。一直秉承英国传统的造车艺术（精细、精练、精美、恒久、坚守）是其品牌成功的关键。令人难以置信的是，自 1906 年到现在，超过 60% 的劳斯莱斯汽车性能仍然良好。

英国把"工匠精神"称为"执着精神"，即精准、精美、精炼、坚守。早期，英国航海钟发明者约翰·哈里森（John Harrison）——工匠精神的代表人物一直孜孜不倦地致力于航海钟制造。他花 40 多年的时间，先后造出了 5 台航海钟，其中以 1759 年完工的"哈氏 4 号"航海钟最为显眼，航行了 64 天，仅只慢了 5 秒钟，精准度在当时的航海钟中最高。哈里森在制作航海钟的过程中，不为其他公司的高额薪酬所打动，认真细致，坚持标准，耐得寂寞，几十年如一日，潜心钻研制作，完美解决了航海经度定位问题。约翰·哈里森的这种执着、坚毅、坚守的精神正是英国"工匠精神"的缩影。

从这些国家的研究和解释可以看出，工匠具有以下一些特性：一是在某一行业工作或以此谋生，二是在本行业技艺水平高，三是具有现代性、艺术性和创造性，四是持之以恒。现代工匠已成为世界各国各行业生产的杰出代表，是社会事业发展的精英，是推动社会不断发展和创新的动力，是创作人类文明成果的英雄。

第二节　国外非遗传统手工技艺传承方式的历史变迁与模式

非遗传统手工技艺是存在于民间广大民众中知识和智慧的结晶，是与人民群众生活密切联系的各种传统文化的表现形式和文化空间，展现了广大民众的高超技艺和才能。进一步分析，我们发现其传承方式的历史变迁背后隐藏着的是社会形态和生产组织方式的深刻变革。

一、非遗传统手工技艺传承方式的历史变迁

（一）传统学徒制

学徒制是职业教育的最早形态，[1] 源于人类文明初始父母教自己的孩子以模仿等方式学习基本生活技能的劳动教育，后指徒弟跟随师父通过共同参与实践生产活动，并在师父的指点和帮助下习得知识和技能的过程。传

---

① Scoot, John L. Overview of career and technical education (4th ed) [M]. Orland Park：American Technical Publisher, Inc. 2008：27.

统学徒制的传承培养了大批能工巧匠，对于非遗传统手工技艺的传承具有不可替代的作用。本文所涉及的传统学徒制传承方式主要涵盖家族传承、行帮师徒传承。

1. 家族传承

在远古时代，还没有出现现代意义上的"职业教育"，所谓"上古之时，人民无别，群物无殊"。[1] 与家族传承方式相对应的经济形态是手工业经济时代，这是一种个体经济制度，生产力规模较小，生产力水平较低，因而大多技术活动都以家庭或家族为基础组织起来的，技艺在一定程度上被视为家族的无形资产。因此建立在血缘关系上的手工技艺传承，自然而然地走向家庭化，子承父业成为一种传统、广泛且延续至今的传承方式。它主要围绕着责任和权利来维系技艺的继承，较完整地保留了手工技艺的历史，以及技艺风格的发展脉络。当下尽管家族式传承日渐式微，但它却没有消亡，甚至在民间仍存有生机和活力。

2. 行帮师徒传承

生产力的发展加速了社会形态的变更。得益于手工业经济的发展，最初传统的以父传子形态出现的手工技艺传承，由于自身的局限性未能满足社会分工和生产的需要，逐渐淡出历史舞台。与此同时，传统的学徒制开始走出家族的范畴，逐渐演变成一种广泛的技术技能传承方式。特别是行会组织的建立和行会规约的制定，为传统学徒制由私人性质向公共性质过渡提供了组织保障和制度基础，进而形成"学徒工—帮工—师傅"的身份等级体系，开启了学徒制教育的新阶段。虽然行帮师徒传承与家族传承有所不同，但师徒缔结的关系往往情同父子，因而在一定程度上也是家族传承的有机延伸。这一时期的学徒制技艺传承有了严格的制度性规范和要求，这些规范和要求不仅仅体现在技艺水平上，更是职业信仰、道德规范和精神追求的体现。为了保证技艺的一脉相承和胜人一筹，学徒的出师考核是比较严苛的。因为，这是事关各个传统手工技艺发展的公共事业，容不得丝毫马虎，也为传统手工技艺行业的延续和发展奠定了职业标准。

---

① 米靖. 中国职业教育史研究 [M]. 上海：上海教育出版社，2009：3.

（二）学校（职业）教育

学校（职业）教育的产生是社会分工的客观结果。它之所以取代原先家族传承和行帮师徒传承的根源在于生产方式的变革，即工业化大生产逐渐取代了原先的手工作业形式。这可以追溯到 18 世纪下半叶工业革命生产体系的建立，这种流水线式分工合作的机械化大生产催生了巨大的劳动力需求，加剧了传统学徒制与规模化人才培养的矛盾，因而传统的学徒制日渐走向崩溃，迫切呼唤一种新的教育形态的出现。于是，以职业分类和劳动分工为依据的学校形态的职业教育应运而生，并在人力资本理论的助推下逐渐发展成为技能人才培养的主体。以美国为例，1964—1968 年，职业类学生总数几乎翻了一番，由 450 万增至 800 万。各类职业教育机构迅速发展，其中职业技术学校就由 1965 年的 405 所增至 1975 年 2452 所。[1] 作为一种近代制度化的产物，它在瓦解了传统学徒制传承体系的同时，也实现了自身办学形态的历史性变革，传统工作现场的学习也逐渐被班级授课制所替代。这是生产力发展的客观结果，亦是职业教育自身发展的历史必然。实际上，在民族传统文化的传承中，不仅需要专业的研究和探索，更需要大量的支持者和参与者，而学校教育正是参与传承者的主要培育场所。[2] 19世纪末，西方人因手工艺生产的需要，开始在中国设立了一些手工艺传习所。比较有影响力的是 1864 年上海徐家汇天主教堂在土山湾开设的习艺所，主要收养社会孤儿，教授他们学习金属工艺、木雕、泥塑等，在学人数达190 人。[3]

（三）现代学徒制

非遗传统手工技艺传承与现代学徒制结缘是多种社会因素综合作用的产物。一是已有传承模式的局限。一方面现代化进程打破了传统社会的组织结构，引发了思想观念、文化意识和风俗习惯的改变，使得传统学徒制

---

① 贺国庆，朱文富，等. 外国职业教育通史（下卷）［M］. 北京：人民教育出版社，2014：110.

② 钟志勇. 学校教育视野中的民族传统文化传承［J］. 民族教育研究，2008（1）：109 -112.

③ 郭艺. 留住手艺：手工艺活态保护研究［M］. 杭州：浙江摄影出版社，2015：119.

后继乏人；另一方面学校教育传承因倾向显性知识的传输也面临巨大挑战。二是传统手工艺的复兴。19 世纪早期，国外兴起了以复兴传统文化为目标的手工艺运动，尽管这无法改变社会发展的主流趋势，但唤醒了人们对于传统手工价值的重新审视。无论多么精密的机器也无法取代手工而进行最能体现技艺与价值的细节操作，更不具备手工技艺无可比拟的文化特性和情感温度。再加上 20 世纪 90 年代以来，世界上很多国家开始重新思考学徒制的回归。于是，充分汲取传统学徒制和学校教育传承优势的现代学徒制，成为非遗传统手工技艺传承的重要尝试，并呈现以下主要特征。其一，基于理论知识和实践经验的技能习得。现代学徒制是学校本位教育与工作本位教育紧密结合的一种新型技术技能人才培养制度，它能够以教育性的结构化内容组织学习内容，使得以理论知识为代表的显性知识和以实践经验为代表的缄默知识得以形成良好的技术知识结构，促进"应知"和"应会"知识的贯通。其二，基于情境的技能形成。现代学徒制本身就是一种基于真实情境的即席实践，学校和企业的联结呈现出教学场所情景化、教学过程生产性、教学组织工学交替的特点，边模仿边实践边思考，体现了非遗传统手工技艺传承的活态性要求。其三，基于实践共同体的技能内化。实践共同体是个人对活动系统的自主认同与行动参与，具体表现为对价值和信念的认同和追求。实践共同体可以由学生（徒）、师傅、教师三者构成，也可以由学生（徒）与学生（徒）两者构成。无论是哪一类型的实践共同体，均为非遗传统手工技艺内化提供了学习交互的对话空间。可见，现代学徒制契合非遗传统手工技艺生成特点和传承机制。

二、非遗传统手工技艺传承方式的演化趋势

非遗传统手工技艺传承本质上是一个教育问题，涉及目标、内容、方法等教育要素。但同时也是一种系统的人才培养培训制度，承载着文化传承与创新的社会重任。因而，本研究中，笔者结合相关理论和实践，从教育要素、制度要素和功能要素三个维度建构了非遗传统手工技艺传承模式的分析框架，内在暗含了现代学徒制传承模式的价值优势，如表 4 - 1 所示。

表 4 – 1　三种典型非遗传统手工技艺传承模式的要素比较

分析维度		传承模式		
		传统学徒制	学校（职业）教育	现代学徒制
教育要素	教育目标	重在解决如何做的问题	重在解决为什么这样做的问题	兼顾解决为什么这样做及如何做的问题
	教育主体	师傅	教师、学生	企业（师傅）、学校（教师）、学生（徒）
	教育内容	以缄默知识为主（零碎、直接的实践经验）	以显性知识为主（系统、间接的理论知识）	理论和实践结合、缄默知识和显性知识并重
	教育环境	手工作坊	学校	学校和工作场所
	教育方法	偏向实践性教学	偏向理论性教学	理实一体化教学
	教育途径	生产实践中反复模仿、练习	课堂学习和社会实践	工学交替
制度要素	培养规模	少量	批量	按需培养
	考核标准	技能的熟练度、技艺的高超性	学业考核、资格认定	过程化、规范化、多元化
	利益相关者	师傅、学徒	教师、学生	政府、行业企业、学校、师傅、教师、家长、学生（徒）等
	身份特征	单一学徒身份	单一学生身份	学生、学徒双重身份
	师生关系	建立在私人关系上的契约	建立在教学关系上的契约	建立在合作协议关系上的契约
功能要素	经济功能	侧重生产性和生活性统一	生产性和生活性统一	兼顾生产性和生活性统一
	教育功能	技艺传承	侧重技艺传承	兼顾技艺传承、工匠精神回归
	社会功能	家庭关系延伸、文化传承	侧重个体社会化、文化传承	兼顾个体社会化、文化传承

（一）教育要素趋向融合

从教育要素来看，非遗传统手工技艺传承模式从传统学徒制到现代学徒制的演变是一个教育要素不断融合的过程。

1. 教育目标的融合

传统学徒制由于受当时社会生产力发展水平的限制，其技能传授旨在解决"如何做"的问题。学徒在模仿中逐渐熟练，在熟练中逐渐开悟；学校教育偏向于"为什么这样做"的深层次问题探讨，在培养传承者"如何做"方面存在一定欠缺；源于非遗传统手工技艺精湛的要求，现代学徒制在非遗传统手工技艺传承理念上融合了"如何做"及"为什么这样做"两个方面内容，注重培养传承者的综合文化素质、高超技术技艺和独具匠心的创作能力，即既知其然还应知其所以然。事实证明，非遗传统手工技艺人才培养需要厚实的文化素质与人文素养奠基，也只有知其所以然，才有可能实现非遗传统手工技艺制作工具、制作工艺、制作流程、制作材料等多方面的传承创新。

2. 教育主体的融合

教育主体即教育实践活动的组织者、实施者和参与者。在传统学徒制传承中主要以师傅为主体，师傅的主体性地位尤为明显，学徒主要依附于师傅而存在；到了学校教育传承阶段，师生平等的关系取代了传统师傅和学徒之间的依附关系，教师和学生的主体性地位以法律的形式得以明确和保障；现代学徒制传承将传统学徒制的师傅和学校教育的教师同时纳入非遗传统手工技艺传承的教学主体，并在师生平等关系的基础上重构传统师徒关系。

3. 教育内容的融合

教育内容是教育最为基础和核心的素材，直接影响教育效益。在传统学徒制中，师傅所传递的内容以零碎、直接和具化的生产经验为主，但这是一种高度依赖经验的个体知识，碎片化和零散性特征较明显，再加上传统学徒制教学的发生具有较大的随意性和松散性，使得知识只能停留在一般的总结性认识层面，无法上升为系统化的知识体系。与传统学徒制相反，学校教育是一种有目的、有计划、有组织的培养人的社会实践活动，在教学内容上以显性知识为主，主要表现为一些系统、间接、抽象的理论知识，重在培养学生的学科知识和理论素养，却无法摆脱非遗传统手工技艺传承理论和实践相脱节的弊病。为了既偏向直接实践经验的习得，又注重系统理论知识的传授，现代学徒制传承模式则有效实现了非遗传统手工技艺教学内容由非系统化非结构化向系统化结构化的重大转变。

4. 教育手段的融合

教育手段是指教育者将教育内容作用于受教育者所借助的各种形式与条件的总和，涵盖教育方法、教育环境和教育途径等。传统学徒制的教学主要依托于生产实践的载体，以手工作坊为主。一般而言，"做中学"是传统学徒制核心的教学方式，师傅几乎是朝夕相处地全天候参与，通常从事具有复杂劳动性质的主导工作并兼传授技艺，而徒弟一般从属简单劳动形式的辅助工作兼技艺练习。但传统学徒制把模仿和训练作为主要的教学方法，始于实践，终于实践，这虽然有利于学徒积累丰富的实践经验，但是其教学过程缺乏以理论为基础的有目的的设计而效率不高；学校教育则以学校为主要教学场所，辅之以社会实习实践，但学校教育主要以理论性的知识传授为导向，重在考察大量抽象概念、原则的识记，这与掌握实践知识最佳、最有效的途径是参与制作过程和工作实践相佐；现代学徒制传承则是对传统学徒制传承和学校教育传承扬长避短基础上的兼容并包，它架起了学校和工作场所联系沟通的桥梁，以实践性问题为纽带联系知识与工作任务使得工与学的交替顺利开展，并遵循合法的边缘性参与规律，为理论知识和实践知识的整合转化创设了具体的实践情境。

（二）制度要素日益规范

非遗传统手工技艺传承模式由传统学徒制到现代学徒制的过渡是一个完整的制度体系不断规范的过程。

1. 培养规模逐渐适度

传统学徒制在制度上规定了师傅带徒弟的数量，通常以"一对一"或"一对少"的模式进行，使得传统学徒制在非遗传统手工技艺传承过程中的较高成本、低效受众特征尤为突出；以班级授课制为基本教学形式的学校教育传承在批量培养非遗传统手工技艺人才的高效率使传统学徒制相形见绌；现代学徒制则凸显了按需培养的要求，兼顾考虑规模效益和市场需求，推动了由师傅带徒弟的作坊模式向职业学校正规化、规模化、系统化培养的转变。但由于非遗传统手工技艺自身小而精的发展特质，必然要求现代学徒制传承规模的适度和传承品质的优化。

2. 培养标准逐渐规范

传统学徒制在培养标准方面已经形成了较为完善的体系，如在行帮师徒传承中，学徒期满出师需要向行会申请，得到审批才具备结业的合法证明，其判断的依据主要是技能的熟练度和技艺的高超性；到了现代学校教育阶段，学业考核取代了传统的技能评定而成为非遗传统手工技艺主要的评价标准。这样的考核方式最大的特点就是方便快捷，但很难真实地反映传承者的技艺技能水平；现代学徒制的考评标准则更为权威和规范，培养前期有一套完整系统的人才培养方案，培养中期贯穿学徒训练项目、质量标准和能力标准等明确的专业要求，培养后期按照行业标准和规范或者采用国家职业资格证书的形式进行技能认证。而且非遗传统手工技艺现代学徒制传承的人才培养考核方式也越来越多元化，坚持终结性评价和过程性评价、自我评价和他人评价、刚性评价和柔性评价统一的原则，既通过统一的考试或资格认证方式考察学生（徒）知识、技艺、技能的掌握程度和熟练程度，同时侧重个人品德、性格和努力程度方面的考量。

3. 师生（徒）关系逐渐公共化

契约的完成是权利义务的清算。[①] 分析可知，传统学徒制是建立在私人关系上的契约，为降低管理风险，这一时期"师"与"徒"是建立在与生俱来的血缘、亲缘或可信承诺关系基础上形成的；学校教育传承所建立的教学关系具有明显的公共性质，并使得原有的"师"与"徒"关系在一定程度上变成了法定的"师"与"生"关系。但这种关系并未涉及强制性的义务履约，更多的是教师或学生个人的自我遵循和自我规范；现代学徒制传承通过签订合作协议的形式确立师傅、教师、学生（徒）之间的关系。合作协议的签订意味着师生（徒）关系的合法化和公开化，任何一方的违约行为造成合作关系的破裂，均须承担相应的法律责任。无疑，在合作协议框架下，现代学徒制师生（徒）关系更具民主化、公共化和现代化的特征。

（三）功能要素侧重点不断转换

非遗传统手工技艺传承模式的不同阶段，其在经济、教育、社会等方面的功能略有偏向。传统学徒制传承侧重经济功能，强调生产性和生活性的统一。一直以来，从事手工技艺的人群很大程度上属于社会的弱势群体，

---

① 费孝通. 乡土中国 ［M］. 上海：上海人民出版社，2013：70.

通常是为生活所迫求"一技之长"的生存选择。但在社会功能方面也承担了家庭关系的世代延伸及文化的代代相传；学校教育传承阶段，生产性和生活性的统一经济功能开始减弱，让位于技艺传承的教育功能和个体社会化、文化传承的社会功能，更加重视学校的教化作用；而当学徒制在现代社会重生时，则更加注重经济功能、教育功能和社会功能的统一。其中经济功能是基础，如果非遗传统手工技艺传承无法解决传承者更好生活保障的问题，那么也很难吸引更多年轻一代加入非遗传统手工技艺传承行列，其教育功能和社会功能便失去了发展根基。此外，教育功能也服务于社会功能，因为非遗传统手工技艺传承和工匠精神的培育本身也是社会文化传承的重要方面。

第三节　典型国家非遗技艺传承的经验
——以"匠人之国"日本为例

日本是太平洋西岸的一个岛国，独特的地理环境将日本与其他国家、其他民族隔离开来，使之有一种彻底的孤立感，再加上频繁的地质灾害，日本形成了独有的"岛国文化"。狭窄的空间和猖獗的自然灾害更是把日本人彼此间的距离拉近，外部的距离和内部的亲近使其获得一种其他民族不易产生的、强烈的自我认同感和一体感。[①] 这种强烈的单一感使得日本人对于本国的文化有着很高的认同感；同时，频繁的自然灾害导致了日本人强烈的危机意识，这种危机意识和强烈的自我文化的认同感使得日本在意识到自己的文化将会受到毁坏时，会激起日本人内心高度的自觉性来保护国家的文化。

再者，作为世界上较早关注到非物质文化遗产保护的国家，日本在非物质文化遗产保护方面相对来说有着较为系统而全面的保护措施。

一、日本非物质文化遗产保护传承的历史脉络

（一）"神佛分离"运动激起日本百姓的文化遗产保护意识

日本作为世界上较早关注到非物质文化遗产对于一个国家重要性的国

---

① 赵长峰. 试论日本文化对齐外交的影响 [D]. 石家庄：河北师范大学，2003.

家，其对非物质文化遗产的保护最早可以追溯到 1871 年（即明治四年）。
19 世纪中叶，日本同其他亚洲国家一样，在西方列强的侵略下被迫打开了
国家大门，签订了一系列不平等条约，这激起了日本天皇以及日本民众的
愤怒，从而也唤醒了他们的民族意识，1867 年明治天皇登基，为了巩固新
政权，重新强调"君权神授"的思想，在宗教方面进行了改革，但是这一
改革却遭到了地方的误读，认为印度传来的佛教思想不利于明治天皇对于
国民的统治，遂而进行了"神佛分离"运动，导致大量的佛教文物被毁坏，
也正是这个时候唤起了日本政府对于文化遗产的保护意识。1871 年日本政
府颁布了《古器旧物保护法》，以此来挽救在"神佛运动"中惨遭毁坏的文
物，这是日本历史上颁布的第一部对于文化遗产保护的法律，也是最初的
文化财保护制度。

明治维新开始之后，日本掀起了一阵西化之风，导致国内的旧文物受
不到应有的重视，再加上明治初年的"神佛分离"分离运动带来的负面影
响尚未消除，日本一些有识之士呼吁民众提高对国内文化遗产的保护意识，
日本政府遂设立临时宝物取调局对全国具有历史以及艺术价值的宝物进行
取调进行保护，1897 年（明治三十年）日本政府又颁布了《古社寺保存
法》，这一法令也成为日后日本文化财遗产保护的原型，同时日本在内务省
设立古社寺负责古物的维护、鉴定工作。

这两个法律的颁布在一定程度上保留下来了大量的古文物，截至 1928
年（昭和三年），被列入特别保护之建筑达 1000 余座、国宝 3600 余件，但
是这些法律的保护对象也只是限于神社寺院的文物保护和鉴定，并没有涉
及其他文化遗产的保护，具有一定的局限性。

（二）"明治维新"运动后西化的社会引起的文化遗产保护

"鹿鸣馆"时代①是日本明治时期西化最为严重的时代。日本社会也在

---

① 1883 年（明治十六年）英国建筑师乔赛亚·康德在日本东京设计建造了一座兼有英国韵味
的意大利文艺复兴式风格的砖式二层洋楼，日本人将其命名为鹿鸣馆，供西方来宾和日本上流社会
人士舞会宴会所用，是专门供外事所用的国宾馆。在这个时期，日本人想要进入鹿鸣馆必须着西
装、说英语，在这些人的影响下日本上层社会中形成了吃西餐、穿西服、留分头、跳交谊舞、盖洋
楼等欧化风潮，并风靡一时。参与鹿鸣馆活动的大部分政府官员参与制定了对日本艺术、法规、制
度等多方面西化改革，甚至还有人（森有礼）提出了用英文、罗马字代替日文，鼓励日欧人通婚来
改善人种等激进的欧化主张。

这个时期走上了全面西化的道路，导致拥有悠久历史的日本国粹"相扑"①"剑道"② 纷纷衰落，随之而来的就是日本社会在政治、军事、经济等各方面的西化，受到西方文化影响的日本国民在思想上也越来越推崇西方自由的民主观念，对于明治天皇的统治也越来越不满，社会上出现了宣扬推翻日本天皇制度的浪潮，这引起了日本天皇的恐慌，由此西化主义也渐渐失去了日本天皇的支持。加上 1886 年 10 月 24 号的"诺曼顿"号事件③，明治天皇觉得通过西化日本社会来引起西方认可从而收回国家主权的道路是行不通的。最后随着西化政治家井上馨的退位和被宗教狂徒刺杀的文部大臣森有礼的去世，日本的西化主义势力渐渐衰落，相反日本国粹主义、国家主义势力逐渐高涨起来。

由于明治时代前期全盘西化的政策，日本的很多传统文化、传统习俗被改变、被破坏，引起了日本社会强烈的不适应，之前有日本天皇想要通过西化主义来废除与西方列强签订的不平等条约，因此对西化政策很支持，社会上对于西化主义的指责声便被压了下来，但是随着日本天皇地位的岌岌可危，日本天皇想要重新巩固地位，也不再支持西化主义，反而开始支持保守派的主张。从这个时期开始，日本社会上许多反对欧化主义的民间势力，如：1888 年（明治二十一年）由三宅雪岭、志贺重昂、杉浦重刚、井上圆了等人共同组成的从批判政府的西化主义及内外政策的立场出发提倡国粹主义、提倡在保留日本原有文化的基础上融合西方优秀的文化，形成新的日本文化的政教社；1887 年（明治二十年）由德富苏峰创办的反对国粹主义、西化主义，主张平民主义的民友社等。在这些思潮的影响下，日本民众要求将日本传统的文化、宗教、民俗、道德、生产制度等加以保存，这也从侧面反映出在西化主义的影响下，日本的文化遗产遭到了严重的冲击，而日本民众也意识到了这些传统的文化遗产的重要性。而这些文

---

① 1871 年（明治六年）日本政府出台了《裸体禁制令》，规定力士如果裸体则要处以鞭刑并向政府缴纳窃金。

② 1871 年（明治六年）日本政府出台《废刀令》，它的出台使得许多武士以及剑术家纷纷失业，最终导致日本历史上最大的一次内战——西南战争。

③ 1886 年 10 月 24 日，英国货轮"诺曼顿"号在行驶到纪州大岛海面的时候发生事故沉没，船长和 26 名船员乘救生艇全部脱险，而 25 名日本乘客全部溺死并且没有得到任何赔偿难。11 月，英国神户领事海事裁判所判德莱克船长等英国人无罪，激起日本人的愤怒，明治政府也对神户英国领事馆提出控告。12 月，横滨英国领事法庭再审，只判处英船长监禁三个月。

化遗产，也恰恰是在"神佛分离"运动后所忽略的非物质文化遗产，也表明了日本国家对非物质文化遗产保护意识的初步形成。

　　随着日本国势的强盛和越来越迅速的现代化进程，在开拓土地、新建道路、开通铁路、修整市区、开设工厂等国土开发过程中，不可避免地带来了对史迹、天然纪念物等的破坏。① 所以仅仅对神社寺庙的文物进行保护已经远远不够。1919 年 4 月 10 日，日本政府颁布了《史迹名胜天然纪念物保存法》，相较于 1897 年颁布的《古社寺保存法》，《史迹名胜天然纪念物保存法》除了将《古社寺保存法》中明定保护的神社寺院外，还包含了历史建筑、历史遗迹、旧址、纪念碑、古城址，并涵盖稀有的自然物种，如动物、植物或矿物等。这一法令扩大了对文化遗产的保护范围。

　　同时为了防止日本旧幕府制度崩溃后，日本旧贵族家里宝物的流失以及旧城郭建筑被毁坏，1929 年日本政府又颁布了《国宝保护法》，同时废除了 1871 年颁布的《古器旧物保护法》。《国宝保护法》规定，除了神社寺院的文物需要保护外，国家、市町村、个人所持有的文化财也可被指定为国宝。② 在《国宝保护法》的引导下，法隆寺、名古屋城（1934 年）、姬路城（1935 年）被指定为国宝。至 1950 年底，根据此法而被指定的建筑物达到1057 件，美术工艺品 5790 件（绘画 1153 件、雕刻 2118 件、工艺品 1018件、墨迹 1410 件、考古资料 91 件)③。

　　1929 年到 1933 年，资本主义国家爆发了经济大萧条，这对日本的国内经济产生了极大的影响，从 1929 年到 1931 年之间，日本出口下降 76.5%，进口下降 71.7%，日本经济极不稳定，日元贬值，再加上由于日本政府在文物的认定过程中，有大量的文物艺术品没有被认定，使得国内一些古代美术艺术品不断流向海外。鉴于此，1933 年日本政府颁布了《重要美术品保护法律》，此法律规定具有特别重要历史价值或美术价值的未指定美术品需要经过主管大臣批准才可被出口到海外或转移到国内其他地区。④ 递交出口许可申请后，在一年内没有获得批准的情况下，需要指定为国宝或取消

---

　　① 吴凌鸥. 日本文化财保护体系解析［J］. 黑龙江教育学校学报，2009，28（6）：6 - 8.
　　② 吴凌鸥. 日本文化财保护体系解析［J］. 黑龙江教育学校学报，2009，28（6）：6 - 8.
　　③ 川村恒明. 文化财政策概论——文化遗产保护的新的遗产［M］. 东京：东海大学出版社，2002：45 - 50.
　　④ 吴凌鸥. 日本文化财保护体系解析［J］. 黑龙江教育学校学报，2009，28（6）：6 - 8.

认定（第 3 条）。到 1950 年为止，被认定的美术工艺品为 7983 件①。

这三台法律的颁布，使得日本对文化遗产的保护渐渐从神社寺院扩充到国家其他方面，从建筑文物扩充到民用器物、艺术作品等，从无生命体文化遗产扩充到有生命文化遗产，一步步扩大了日本文化遗产的保护范围。

（三）二战之后文化遗产的保护运动

1945 年 8 月 15 日，日本天皇向全日本广播，接受波茨坦公告、实行无条件投降，到 1945 年 9 月 2 日，二战终于结束。此时的日本社会动荡混乱，急于想要发展国家，轻视传统的风潮和国民保护意识的丧失使得文化遗产面临严重的危机。1949 年 1 月 26 日发生了震惊日本全国的法隆寺金堂失火事件，创于 7 世纪的壁画被大火毁于一旦。此后的一年半时间内又相继发生了另外四起国宝建筑物遭遇火灾的事故。在如此急迫的情况下，国内要求采取根本性措施保护传统文化的舆论高涨，文化遗产保护的综合立法最终得以实现。② 1950 年 5 月，日本颁布《文化财保护法》，这是一部集合了《国宝保存法》《史迹名胜天然纪念物保存法》《重要美术品保护法律》三部法律为一体的综合性法律，并在这个法令中首次提出了"文化财"③ 的概念，其涵盖了文化、历史、学术等人文领域，也包含动物、植物、景观等"自然遗产"，大力扩充了日本对于文化遗产的保护范围。

而《文化财保护法》自 1950 年 8 月实施开始至今，经历了六次修订：1954 年的修订充实了无形文化财、埋藏文化财、民俗资料的相关制度；1968 年的修订成立了文化厅并新设文化财保护审议会；1975 年的修订整理了有关埋藏文化财的制度，充实了民俗文化财制度，制定了传统建筑群保存地区制度和文化财保存技术保护制度；1996 年的修订制定了文化财登记制度；1999 年的修订对文化审议会进行改革，向都道府县、指定城市实行权限转让；2004 年的修订制定了文化景观保护制度，扩充文化财登记制度，新增民俗技术为保护对象。多次长期的修订使得《文化财保护法》这部日本有关文化财保护的重要法典不断完善，更具全面性和系统性。

---

　　① 　川村恒明. 文化财政策概论——文化遗产保护的新的开展 [M]. 东京：东海大学出版社，2002：45 – 50.

　　② 　吴凌鸥. 日本文化财保护体系解析 [J]. 黑龙江教育学校学报，2009，28（6）：6 – 8.

　　③ 　文化财即文化遗产，是日本为了保护文化遗产、自然遗产所建立的标准。其资格依日本《文化财保护法》订立。

　　《文化财保护法》的不断修正，一方面体现了日本对非物质文化遗产保护的高度重视，另一方面也体现了保护工作并非一成不变，而是灵活务实、与时俱进的。从保护对象的形态上看，该法律修订从侧重有形文化遗产逐渐到有形和无形文化遗产并重；从保护对象的层次上看，该法律修订从注重审美文化逐渐扩充到注重日常生活的文化；从对文化遗产的理解上看，该法律修订从物质形态文物保护，逐渐扩展到依附于人的艺能、技术的保护，进而再扩展到文化遗产所依赖的环境的保护。其保护范围随着修订完善而不断充实和扩大；保护工作的实施主体从政府主导逐渐到国家、各种社会团体、非政府组织、文化遗产持有者及管理者、普通公民等部门协作配合的状态。①

　　从 1871 年开始至今，日本文化遗产的保护历经了 100 多年的历史变迁，形成了较为系统且全面的文化遗产保护模式。

二、日本非物质文化遗产保护传承的特点

（一）民间个人、团体在非物质文化遗产传承中发挥重要作用

　　日本对于非物质文化遗产保护的具体措施主要是在通过认定的个人及团队来进行，政府在这个过程中主要是提供资金支持和采取各种手段进行记录。② 这些民间个人、团队在传承的过程中或坚持原有的文化，或随着时代的变迁在原有文化基础上进行创作，将日本的文化很好地保存下来。

　　漆艺"人间国宝"松田权六 7 岁随兄学习漆艺技术，1917 年进入东京美术学校进行深造，有幸得到了六角紫水教授的赏识和指导，"草花鸟兽纹莳绘小手箱"是松田权六在大正八年的时候创作的充满艺术青春活力、传承彰显大和绘画精神的佳作，至今保存在东京美术学校。1944 年，"蓬莱之棚"出现在第六届新文展，此作成为松田权六生涯中关于人生、命运与时代的尖锐冲突之作。③

　　1912 年出生的寺井直次在小学六年级首次接触到漆艺之后，便立志想

　　① 王丽莎. 日本怎样进行非物质文化遗产保护 [J]. 人民论坛，2016 (19)：104 - 106.
　　② 王丽莎. 日本怎样进行非物质文化遗产保护 [J]. 人民论坛，2016 (19)：104 - 106.
　　③ 周剑石. 漆艺文化的传与承——日本漆艺"人间国宝"及其作品 [J]. 装饰，2012 (2)：42 - 51.

要学习漆艺。待他从小学毕业，进入东京美术学校之后，有幸师从松田权六、六角紫水等漆艺大师学习漆艺，在学成毕业后，寺井直次选择到一家金属研究所工作，在工作的过程中解决了木胎因干湿变化而导致变形的问题。他先用油粘土创作出最早的器型，再制成木胎，请钣金工依木胎用铝板成型，经硫酸电解水的腐蚀，浸生漆褙裱牛皮、麻绳等工艺后，髹漆莳绘。① "莳绘鸻鸟香盒" 也成为他的代表之作。寺井直次也因此在漆艺工艺，特别是在莳绘上作出了巨大贡献，他也因此被称为漆艺界的 "人间国宝"。

1916 年出生的大场松鱼在石川县立工业学校图案科打下了良好的基础后，随父宗秀研习漆工艺基础。1943 年起的两年时间内，他师从松田权六学习漆艺工艺。他的作品漆润色饱，光鲜亮丽，而他本人也如同他的作品一样，成为漆艺莳绘领域的 "人间国宝"。

1923 年出生于东京的田口善国师从松田权六学习漆艺工艺，又师从奥村土牛学习日本画，虽然不是东京美术学校本科出身，但是却成就斐然，他的作品注重大胆的设计，"莳绘日蚀饰箱" 便是他最具代表性的一件作品。而他也因不同的漆艺风格被称为 "人间国宝"。

1938 年出身于漆艺世家的北村昭斋不仅仅是一位漆艺大师，更是一位文化财保护修复专家，在从东京艺术学校毕业之后，在奈良国立博物馆文化财产保护修理工作三十余年。1994 年，被日本文化厅评定为漆工艺品保存技术保持者。② 而修复文物所积累的经验也体现在北村昭斋的作品中，在作品 "玳瑁螺钿花纹饰箱" 中，他将玳瑁、玛瑙、厚螺钿等材料与熟练的莳绘技术完美巧妙地结合，令其作品具有材料质地优美自然的存在感，从而获得了 1997 年第四十四届 "日本传统工艺展" 文部大臣奖。1999 年，北村昭斋被日本文化厅评为日本现在唯一一位螺钿无形文化财产保持者的 "人间国宝"。③

1941 年出生的增村纪一郎也出身于漆艺世家。2008 年，67 岁的他在从东京艺术学校退休之际，被评为 "人间国宝"。而他的父亲增村益城也是

---

① 周剑石. 漆艺文化的传与承——日本漆艺 "人间国宝" 及其作品 [J]. 装饰，2012（2）：42-51.

② 周剑石. 漆艺文化的传与承——日本漆艺 "人间国宝" 及其作品 [J]. 装饰，2012（2）：42-51.

③ 周剑石. 漆艺文化的传与承——日本漆艺 "人间国宝" 及其作品 [J]. 装饰，2012（2）：42-51.

"人间国宝"。

这些有着传承、有着创新的"人间国宝"们，在日本备受尊重。除以上6位"人间国宝"外，还有16位漆艺"人间国宝"①，在他们当中亦不乏几对父子，而松田权六确是当之无愧的"人间国宝"中的"国宝"，"人间国宝"中的老师，他们中近十人都曾受教松田权六或作为他的助手一起工作。北村昭斋、增村纪一郎虽相对为小辈，但他们与松田权六一样都是漆艺界的兢兢业业者、辛勤耕耘的劳动者，日本传统漆艺的坚守者、传承者和拓展者。②

日本以这样的方式，从一个人、一个家庭，到一个团体、一个民族、一个国家，传承着、发展着民族的漆艺文化。他们每个人传承并创作着自己所理解的漆艺，而恰巧也是这样一代代人对漆艺的传承与保护，形成了漆艺的一个团体，在这个团体中，他们的作品和而不同，散发着独特的魅力。

（二）学者对于非物质文化遗产保护的坚持追求

日本相关学者在面对西方文明的冲击时，坚持保护和发扬本土文化的立场，吸引了众多学者展开关于日本传统文化的研究，学术成果丰富，并把自己的学术理念付诸实际行动，产生了深远的社会影响。③ 例如，冈仓天心（1862—1913）是日本近现代文化史上重要的人物之一。作为明治维新时期一个觉醒的知识分子，冈仓天心并没有被西方所谓的"高级"文明迷惑，而是站在民族文化的立场上，在剖析西方不断膨胀的物质文明的局限性及其在精神上的空虚和破坏性基础上，提出日本文化存在的价值，试图在东西方之间找到一个交叉点。④ 在他的主持下，日本明治维新时期的美术教育抛弃了优先西洋绘画（油画）的特点，将一切发展创新都建立在日本传统的绘画基础之上，最终使得日本的美术教育没有在明治维新时期全盘

---

① 16位"人间国宝"分别是：高野松山、黑田辰秋、音丸耕堂、矶井如真、矶井正美、太田寿、赤地友哉、增村益城、大西勋、川北良造、田口善国、前大峰、前史雄、盐多庆四郎、小森帮卫和室濑和美。

② 周剑石.漆艺文化的传与承——日本漆艺"人间国宝"及其作品［J］.装饰，2012（2）：42-51.

③ 钱永平.日本非物质文化遗产保护研究综述［J］.湖北民族学校学报（哲学社会科学版），2010，28（5）：89-94.

④ 顾军，苑利.文化遗产报告——世界文化遗产保护运动的理论与实践［M］.北京：社会科学文献出版社，2005：91.

西化，日本传统的美术教育因此得以保留，日本也走出了一条美术自主创新创作之路。1888 年，日本政府展开文物保护史上的第一次文物大普查，在冈仓天心等人的参与下，用了近 10 年的时间，对全国寺庙的绘画、雕刻、工艺品、书法、古文书等进行了较为深入的调查，调查到各类宝物共215000 件，政府对其中的优秀作品颁发了鉴定书，并登记造册，成果丰富。① 除此之外，还有日本民俗学之父柳田国男对民俗学的坚持和保护，日本民艺之父柳宗悦对日本传统民间工艺作出的杰出贡献等。这些学者都对保护日本的传统民族文化有着坚持不懈的追求，促使其可以保全下来。

（三）民众在非物质文化遗产保护中的高度自觉

日本的国民教育是世界上最为发达的国家，也是现代化进程颇为迅速和成功的国家，这就使得日本国民对于自己国家的传统文化遗产有着高度的危机感，至今为止，日本不但保存了许多古代的建筑物，还保留了许多古代文物。与大多数出土文物不同，日本的文物中更多的是传承文物，也就是说许多文物是从古代经过人们世代相传到今日而成为文物的物品。② 1929 年，日本政府为了防止日本旧贵族家里宝物的流失以及旧城郭建筑被毁坏而颁布了《国宝保存法》，对于旧贵族家里的宝物进行保护，而这也让日本人形成了世代相传文物的传统，也使得日本人对于文物保护有着高度的自觉性。同时也由于日本国民有很强的法律意识，故对国家通过立法保护文化遗产有着高度的认同感。

日本民众在非物质文化遗产保护中的高度自觉性不仅仅体现在他们对旧文物的认同和尊崇上，在其他方面也有着体现。20 世纪 60 年代，随着日本现代化进程的加快，日本经济迅速发展，城乡差距也越来越大，这对日本传统的手工艺生产方式造成了很大的冲击，乡村传统的生产方式遭到了严重的威胁，在城市化的进程中渐渐走向没落。在这个时候，日本民众各方的力量都集中了起来，在日本历史上掀起了"造乡运动"。"官办的运动，反而会使运动变得软弱"③，由此在没有日本政府资金的支持下，日本民众围绕着"如何让一乡一村挖掘富有乡土特色的人文资源转化为乡村持续发

---

① 柳宗悦. 日本手工艺 [M]. 张鲁，译. 徐艺乙，校. 广西师范大学出版社，2006 (11)：3.

② 李致伟. 通过日本百年非物质文化遗产保护历程探讨日本经验 [D]. 北京：中国艺术研究院，2014.

③ 刘永涛. 日本"造乡运动"对我国民间文化保护的启示 [J]. 电影文学，2008 (6)：116.

展的动力，营造一个优美、自然、富有人情味的故乡"这一中心，经过 20 多年的努力，终于取得了成功。

二战过后，日本急于恢复因战争而造成的经济低迷，因此日本人口急速向城市集中，这使得日本经济飞速发展的同时，也对日本的城市环境、近现代传统建筑带来了一定程度的伤害，为了保护和拯救日本的人文历史和建筑物群，20 世纪 60 年代，日本许多小镇兴起了由地方居民参与的"造街运动"。历史街道的保存维护运动是由民间学者、市民自发组织起来的行动，他们组成协会（或委员会）、研习会、公益信托基金组织等，就地方文化历史、街区景观的保护与改造举行形式多样的讨论会、宣传活动、筹款（如义卖）活动，在基层民间力量的参与热潮中，官方、学者扮演了较为恰当的角色，许多小镇历史街区、建筑、景观得到了保护，融入了现代生活。① 经过民间学者、市民自发组织起来的"造街运动"使得日本的这些街道变得充满了历史人文味道，从而变成了人们争相游玩的历史文化街区。这种草根社区积极参与地方文化保护与发展的模式，被日本学者称为"社区营造"。②

随着这些著名的由民间团体自发组织的对传统文化保护的组织的出现，普通民众对保护传统文化的意识也逐渐被唤醒，他们对文化保护的积极参与成为日本文化遗产保护的显著特点。在 20 世纪 90 年代之后，日本还涌现出了大量的民间保护团体，有的甚至在全国都有一定的影响，如城镇运动的"御三家"（奈良县橿远市、琦玉县川越市、名古屋市）、"全国历史的风土保存联盟""全国历史城镇保护联盟"等。③ 这些联盟的兴起也对日本《文化财保护法》的修订起到了积极作用。

（四）日本在非物质文化遗产保护过程中的原真性

日本人对物质文化遗产保护传统的形成与其民族文化有着很深的联系。众所周知，日本大街上尽是蓝白灰这种冷色调居多，体现出日本文化的凝重与朴质的氛围，同时日本受岛国地理的限制，自古以来生活物资长期不足，这导致了日本人的生活均较为朴素。在日本人的生活中，物品的更新

---

① 钱永平. 日本非物质文化遗产保护研究综述［J］. 湖北民族学校学报（哲学社会科学版），2010, 28（5）：89-94.

② 宋振春. 日本文化遗产旅游发展的制度因素分析［M］. 北京：经济管理出版社，2009.

③ 钱永平. 日本非物质文化遗产保护研究综述［J］. 湖北民族学校学报（哲学社会科学版），2010, 28（5）：89-94.

速度不快，常有许多具有很长年份的旧物相伴，这使得日本人对旧东西产生了一种强烈的依恋。① 日本人会站在物的角度上来体会物的情感状态，日本人称之为"物哀"，这种思维方式是日本传统且普遍的思维方式。而这种思维方式也直接导致了日本人在看到旧的物体时会产生强烈的保护情愫。

　　也恰恰是日本人"物哀"的思维方式使得他们以一种崇敬与怜悯的心情看待旧物，这也直接导致日本人在保护非物质文化遗产过程中的原真性：尽量以旧物原有的姿态去保护它，去维护他们原来的样子，而不是去改变。这种特点对日本人保护文化遗产传统的形成有很大促进作用。

（五）日本将非物质文化遗产保护意识融入学校教育

　　日本始终非常重视传统文化与学校教育的结合，在制定相关政策的基础上，政府推出了许多促进青少年学习和继承民族传统文化的项目，采取了许多措施，为保证项目顺利进行，国家在财政上给予支持。② 例如，每年1月第二周的星期一是日本规定的成人节，在这一天，年满20岁的当地年轻人都要穿上传统的服装，到神社进行拜谒，感谢神灵、祖先的庇佑，请求继续"多多关照"。在这一天，全国放假，各地都为年满20周岁的年轻人举行庆祝仪式。日本的成人礼受中国古代男子的"弱冠之礼"③ 的影响，但是随着现代化的发展，中国反而对这种传统的文化渐渐失去了传承。日本成人礼的举行，不仅仅向学生们展示了传统的民俗文化，也向学生展示了国家的服装文化、礼仪文化等，而这些也正好是非物质文化遗产的重要部分。再如，1981年，日本中小学社会科设立了传统工艺品课程，让中小学的学生从小就接触日本的传统文化，培养他们对自己国家传统文化的认同感、尊重感，丰富他们对自己国家的认识。从1996年开始，文化厅每年都要在全国举办两场主题为"日本的技能和美——重要无形文化遗产及其传承者们"的展览；从2001年开始，举为了以中学生为对象的"歌舞伎讲习会"，从2002年起，该项目拓展到小学阶段，并且每年都要实施。④

　　除了政府的支持以外，日本的科研机构也高度关注非物质文化遗产在

---

　　① 李致伟. 通过日本百年非物质文化遗产保护历程探讨日本经验 [D]. 北京：中国艺术研究院，2014.

　　② 王丽莎. 日本怎样进行非物质文化遗产保护 [J]. 人民论坛，2016（19）：104 - 106.

　　③ "弱冠之礼"是指男子到了20岁之后便要行加冠之礼，代表着自己已经成年。

　　④ 陈又林. 从日本经验看非物质文化遗产的活态传承 [J]. 神州民俗（学术版），2012（3）：9 - 12.

青少年学生中的传承情况。例如，1999 年，东京文化财研究所召开的第二次民俗艺能研究协议会的议题为"学校教育与民俗艺能"，2009 年度第四回无形民俗文化财研究协议会的议题为"无形民俗的传承与孩子们的关系"，并分别于次年发行了同题的会议报告书。

在学校中推进传统文化教育，是日本教育的一个重要特点。2002 年起，日本中小学在普通课程之外增设综合学习时间，传统民俗文化学习大多在综合学习时间以及国语课进行。综合学习有专门的指导教师、专用教材、教学计划和相对固定的教学时间，当地的传统文化、民俗艺能的学习，是综合学习的重要内容。①

三、日本政府对非物质文化遗产的保护措施

（一）颁布各种法令来保护文化财

1. 有形文化财

1871 年 5 月《古器旧物保护法》——对以古代美术工艺品古代建筑为核心的门类有形文化财进行登记保护；

1897 年 6 月《古社寺保护法》——保护古寺社内所有的建筑及宝物；

1929 年 3 月《国宝保存法》——将古社寺以及现存国有、公有、私有的器物全部纳为指定对象进行保护；

1933 年《重要美术品等的保护法律》——进一步完善了国宝及重要美术品的认定制度，特别对控制重要美术品的海外流出起到了重要作用。

2. 纪念物

1919 年 4 月《史迹名胜天然纪念物保存法》——政府将对历史遗迹、人文、自然景观的保护程度放在与国宝同一水准上。

3. 埋藏文化财

1874 年 5 月《古坟发现时的申报方法》——法律规定全国各府县内带有传说色彩的古坟不得挖掘；

1880 年《人民私有地内古坟发现时的申报方法》——法律规定在土地开垦的过程中发现古坟遗迹后必须向宫内省申报并绘制图面和标明地点名称；

---

① 王丽莎. 日本怎样进行非物质文化遗产保护［J］. 人民论坛，2016（19）：104－106.

1899 年《遗失物法》——与学术、考古学研究有关的器物也同样被列入保护对象。

4. 综合立法

1950 年 5 月《文化财保护法》——提出了"文化财"的概念，内容涵盖了文化、历史、学术等人文领域，也包含动物、植物、景观等"自然遗产"；

1954 年《文化财保护法》——丰富了无形文化财、埋藏文化财、民俗资料的相关制度；

1968 年《文化财保护法》——修订成立了文化厅并新设文化财保护审议会；

1975 年《文化财保护法》——修订整理了有关埋藏文化财的制度，充实了民俗文化财制度，制定了传统建筑群保存地区制度和文化财保存技术保护制度，规定对于选定的保存技术要有对该技术的完整记录，并对该项技术的传承和经费支持作出要求；

1996 年《文化财保护法》——修订制定了文化财登记制度；

1999 年《文化财保护法》——修订对文化审议会进行改革，向都道府县、指定城市实行权限转让；

2004 年《文化财保护法》——制定了文化景观保护制度，扩充文化财登记制度，新增民俗技术为保护对象。

从日本出台的法律可以得知，从开始保护的有形文化财到现在扩充至的无形文化财、纪念物、埋葬文化财等，日本政府正在一步步扩大其对文化遗产的保护范围。有了法律的硬性规定，其保护便有了保障。

（二）建立各类保护传承制度

1. 宝物调取制度

日本文化财保护体系是建立在对物质文化遗产保护的基础之上，其最初的保护方法是从宝物取调制度开始的。当时日本政府确立宝物调取制度在很多领域都有所涉及。

首先是在国家宝物的保护方面。从上文可知，"神佛分离"运动的错误理解，导致日本神社寺院很多文物都遭到了毁灭性的打击，鉴于此，1871 年日本颁布了《古器旧物保存护法》要求对全国的宝物进行鉴定、修复和保护。虽然宝物在法令的颁布下受到了一定的保护，但是储存这些宝物的寺院却存在着严重的经济问题。例如，1878 年（明治十一年）法隆寺将 300 多件宝物以捐献给皇室的方式换取了天皇的赐金。① 这种现象引起了日本政府的重视，为了防止地方上登记宝物的散佚，宫内省先后向日本全国的主要神社及寺院发放数额较大的古寺社保存金，利用基金利息对其建筑进行保护维修，作为宝物的维持费用。

其次是在地下埋藏物方面。1874 年（明治七年）5 月，日本政府颁布了对古墓发掘制度的法令《古坟发现时的申报方法》，1880 年（明治十三年）日本政府又颁布了民众意外发现古墓与出土文物的申报制度《人民私有地内古坟发现时的申报方法》，1889 年制定了与出土文物相关的《遗失物法》。通过这些法令，日本也实现了对地下埋藏物与发掘物进行取调登记的可能。

最后是在博物馆建设方面，文部省于 1884 年（明治十七年）开始任命冈仓天心与美国学者菲诺罗萨（Ernest Francisco Fenollosa）调查国内古社寺，宫内省也于 1888 年（明治二十一年）至 1897 年（明治三十年）间设立了全国宝物取调局，任命九鬼隆一为委员长协助上述二人对以全国的古社寺为中心的宝物进行调查。其调查内容涉及了古书画、绘画、雕刻、美术工艺品、书迹等，数量多达 215091 件。此次调查基本摸清了京都与奈良的古社寺内收藏宝物的情况，这也为后来帝国奈良博物馆（1895 年）、帝国京都博物馆（1897 年）的成立奠定了基础。

2. "人间国宝"制度

日本非常重视非物质文化遗产的保护，在其文化财保护体系中，重要无形文化财指的是非物质文化遗产中特别重要的部分，其中拥有官方认定技能技术的个人，通常称为"人间国宝"。从"人间国宝"制度设立至今，日本共有 114 人被评为"人间国宝"。

《文化财保护法》中第 3 章第 56 条规定了日本文部科学大臣"认定"及"解除认定"无形文化财产中重要无形文化财产即"人间国宝"的权限

---

① 李致伟. 通过日本百年非物质文化遗产保护历程探讨日本经验 [D]. 中国艺术研究院，2014.

和程序①，还规定了被认定的"人间国宝"享受的权利和负有的责任及义务（法律规定，如果被认定为"人间国宝"就有义务将其技艺、技能及其作品等进行公开和传承给后世，如果拒不外传，或者因为其他原因不传承其技能，将被解除或者取消其资格。）。之所以特别需要重视对传承人和传承群体或保持者和保持团体的扶持，乃是因为非物质文化遗产具有"传承性"的特点，其传承机制是以人为本、口传身授。②

"人间国宝"制度的确立以及评选，不仅仅是对日本具有高价值或者历史传统技艺文化的肯定，也是对其艺德、职业道德和高尚人格的赞许③。而其对技艺传承人的支持以及法律规定的"人间国宝"人应有的义务，也进一步促进了技艺的不断传承，对于"无形文化财"的保护有着非常重要的作用。

3. 文化财登录制度

1975 年，日本在对《文化财保护法》进行修订的时候，采用了欧美国家对文化文物保护的"登录制度"。2004 年，日本对《文化财保护法》进行了第六次修订，在保持原有规定的基础上，又扩充了文化财登录制度。所谓登录制度就是将文化遗产进行注册和登记，以此来认定其资格，确定历史文化价值，然后用一定的法律、法规加以约束，并通过媒介公布于众，进行大量的舆论宣传，来提高民众的保护意识。④

文化财登录制度是与采用了一个世纪的文化财指定制度⑤相对应的新的保护制度，与严格控制的指定制度相比，其保护方法要灵活得多。文化财

---

① 重要无形文化财产有 3 种认定方式，即"个项认定""综合认定"和"持有团体认定"。"人间国宝"属"个项认定"中的"身怀绝技者"。一般是先由办事机关———日本文部科学省下属文化厅在咨询文化财专门调查会成员的基础上筛选出认定名单，提交文化审议会审议，经审议通过后，由文部科学大臣最终批准并颁发认定书。文化厅长官负责监督被认定的"人间国宝"在传承"绝技"时，要进行记录、保存并公开，使他们"实现艺术价值，负起历史责任"。被评选为"人间国宝"者每年可从国家得到 200 万日元补助金，用于磨练并继承"技艺"，培养继承人，但须向国家报告该款用途。

② 周超. 日本对非物质文化遗产的法律保护［J］. 广西民族大学学报（哲学社会科学版），2008（4）：45 – 50.

③ 廖明君，周星. 非物质文化遗产保护的日本经验［J］. 民族艺术，2007（1）.

④ 夏磊. 日本《文化财保护法》对我国非物质文化遗产保护的启示［J］. 现代商贸工业，2011，23（1）：234.

⑤ 文化财指定制度是指制定少数优秀的历史文化遗产进行保护。

登录制度扩展了文化遗产保护的范围，作为保护对象的建造物也从寺院、神社等宗教建筑扩大到居民、近代建筑、近代土木建筑、产业遗址等多种类型，并将历史遗产的保护与日常生活环境的改善结合起来，将文化遗产与现代生活联结起来，对防止建设性破坏、开发性破坏，维护城市的特色和个性的延续，历史环境的再生，建设高文化品位的都市、安静宜人的家园有着特别的意义。

文化财登录制度让人民大众知道身边存在的文化遗产，激发大众的保护意识，曾经不引人注意的物件也将被重新回到人民的视野中，被严格保护。而已登录的文化遗产，在其将要被拆除或被毁坏之前，必须向有关部门申报，这样国家或地方政府可以采取相应的保护措施，以避免出现建筑拆除规划已定，或正在拆除之际方才知晓其价值的情况。① 这种制度无疑为文化遗产的保护带来了极大的优势。

4. 传承人制度与传承人补助制度

传承人制度是日本非物质文化遗产保护中非常重要的一种制度，只要国家认定了传承人（传承的也可以是个人，也可以是集体），那么该项传统文化便可以得到传承。而确定为重要无形文化财传承人的个人或者团体，日本政府每年都会给予 200 万日元的扶助金作为其经费。在一定程度上来说，传承人制度保护了传统文化的顺利流传，使其不因缺少资金的流转而失传。例如，作为日本重要无形文化财的手工纸制造技术的传承人中先后有 5 人被评为重要无形文化财传承人（即"人间国宝"）。浜田幸雄祖上从 1835 年开始造纸，到了他这一代已经将近 100 年，由于工业时代的到来，机器造纸和其造纸使用领域的局限性使得日本的造纸业遭受到了严重的打击，到 1971 年浜田幸雄所在的县城便只剩下他们一家造纸坊。随后，浜田幸雄被日本政府评选为"人间国宝"，在日本政府的扶持下，其造纸技艺（土佐典具贴纸）也传承至今。

四、日本非物质文化遗产保护传承经验对我国的启示

（一）提高国民非物质文化遗产保护的意识

中国的传统文化虽然历史悠久，但是在传承上面却没有日本做得好。

---

① 张松. 国外文物登录制度的特征与意义 [J]. 新建筑, 1999 (1)：31 - 35.

而归根到底确是中国人缺少对于传统文化的保护意识，甚至有少数人认为传统文化就等同于封建旧物，应该抛弃。日本人对于自我的文化有着深深的认同感，每逢过节，他们便会穿起传统的服饰——和服，以此来彰显对此文化的重视。服饰文化作为传统文化的一种，在我国大众的心中似乎并没有受到重视，面对少数穿着汉服出行的国民，大部分人甚至会投出异样的目光。

而随着西方节日的涌进，中国人似乎对中国传统的节日也没有之前所重视。"春节"作为中国独有的节日，在古代自从进入腊月便开始为它的到来做准备，到了除夕夜，更是一家人团聚在一起熬年夜，但是到了现在，春节似乎就跟平时里普通的一天没有差别，春节的年味儿也越来越淡。不仅仅是春节，端午、中秋，元宵等节日也渐渐失去了往日的样子，倒是西方传来的情人节、万圣节、圣诞节却越来越受追捧。

国人对作为重要非物质文化遗产的传统节日的漠视，从一定程度上也反映出对于传统文化的保护意识不够强，没有认识到传统文化对于一个民族、一个国家的重要程度。为了保护非物质文化遗产，提高国民的保护意识是非常重要的，也是最基本的。

日本的法律有明确的规定，学校教育中必须融入日本的传统文化教育，让学生从小就对传统文化有深切的感悟。2017 年 3 月 3 日，我国教育部部长陈宝生提出"传统文化进校园"。他认为：首先，文化进校园需要覆盖到教育的各个阶段，从小学到大学都需要进行传统文化的教育；其次，传统文化教育需要融入到教材体系中去；再次，在校园文化中也要加强对传统文化的建设，例如传统戏曲进校园等。

只有从小培养传统文化认同感，学生才会在潜意识里对中国的传统文化有一种保护意识。但是，"高考至上"的学习观念又会妨碍到传统文化进校园的实施情况，所以如何将其落实也是一个重要的问题。

（二）推动国家立法来保护非物质文化遗产

目前，我国对非物质文化遗产的法律界定与分类，主要参考《非物质文化遗产保护国际公约》中的界定分类，我国《国家级非物质文化遗产代表作申报评定暂行办法》对于非物质文化的分类也不是很明确，这也极易导致国人对于非物质文化遗产的界定模糊不清，从而难以认定到底何为中国的非物质文化遗产。再者，我国目前的文化遗产保护工作，基本上是分别由不同部门来对应的。① 这就导致了我国非物质文化遗产保护体系的分裂，一些界定与分类比较模糊的非物质文化遗产就很易被忽视。

所以我国需要相对系统的法律来对非物质文化遗产进行界定分类，从而对其进行保护。此外，我国的很多传统手工技艺也面临着无人继承的形势。因为手工技艺本身需要耗费大量的时间、精力才能完成较少数量的作品，付出与收获不成比例，较低的收入使得很多人不愿意从事手工技艺工作。云南昭通端公戏面具是一种独特的文化，从端公戏出现的便有了端公戏面具，至今已有 600 多年的历史。其蕴含的已不仅是艺术文化，更是一种精神寄托。不仅仅是手工技艺，我国的戏曲（京剧、豫剧、曲剧、越剧、黄梅戏、昆曲等）、相声等传统文化表演也需要立法保护起来。对此类重要文化的保护刻不容缓。

第四节 国外启示与我国非遗传统手工技艺传承实践

综观历史，非遗传统手工技艺历经了传统学徒制传承、职业学校教育传承的历史更迭之后，逐步进入了以现代学徒制为主的传承时代。但无论处于哪个传承阶段，各国文化传承都面临着如何更好地传承和保护非遗传统手工技艺的共同问题。因而，在文化强国战略建设背景下，基于当下我国非遗传统手工技艺传承的现状，抓住历史发展契机，结合国外传承经验，探寻我国非遗传统手工技艺传承路径，具有重要的文化意义。

一、我国非遗传统手工技艺传承的现状

为了客观真实地描述我国当前非遗传统手工技艺传承的现状，笔者基于对文献、非遗传承人纪录片、采访录等充实资料的基础上，访谈了杭帮菜烹饪技艺（叶杭胜、张勇）、西湖龙井茶制作技艺（樊生华）、泥金彩漆技艺（黄良才）、绍兴黄酒酿造技艺（潘兴祥）、泸州油纸伞制作工艺（毕六福）等多位国家级、省级非遗传承人，并走访了杭州职业技术学校、浙江农业商贸职业学校、杭州市中策职业技术学校、宁海县第一职业中学、

---

① 周超. 中日非物质文化遗产传承人认定制度比较研究 [J]. 民族艺术, 2009 (2): 12 - 20.

绍兴市中等专业学校、瓯海职业中专集团学校等众多开设有非遗专业的职业学校。此外，笔者借全国职业学校技能大赛之机，了解了湖南科技职业学校醴陵釉下五彩瓷烧制技艺、海南民族技工学校黎族传统纺染织绣技艺等，并重点访谈了非遗传统手工技艺传承人及职业学校专业建设的负责人，旨在如实了解当前非遗传统手工技艺传承的现状。

（一）传承人：高龄化严重

大多数非遗传统手工技艺传承人的高龄化问题较为严重，普遍面临人亡艺绝的濒危处境。2017年初，文化部公布的《各地贯彻落实〈中华人民共和国非物质文化遗产法〉情况评估报告》指出，非遗传承人队伍高龄化问题形势堪忧，据统计，在世的国家级代表性传承人中约50%以上超过70周岁。以景德镇手工制瓷工艺为例，《景德镇手工制瓷工艺项目申报书》中专门列出了陶瓷传统技艺的"传承谱系"。据老艺人的考证，列出了拉坯、利坯、施釉、画坯和烧窑等5项手工制瓷工艺的传承谱系，共13位老艺人。但这仅存的13位老艺人中，健在的仅6人，其中2人已转行。更令人担忧的是，古窑瓷厂集中保护的老艺人平均年龄接近70岁，且大多数都没有收授徒弟，使得青花玲珑、彩色釉等景德镇传统的制瓷工艺走向了消亡的边缘。事实上，作为传承人，他们觉得担负起非遗传统手工技艺薪火相传的重任是使命也是本分，也希望自己钻研一辈子的技艺能够被更多人知晓，被更广泛地流传。但同时，他们也异常焦急，因为学的人越来越少，会的人越来越少，而自己的年龄却日益渐长。即师傅有心教，但徒弟没心学或没人学。因而，非遗传统手工技艺传承是一项是与时间赛跑的竞技，开展传承人抢救性记录工作迫在眉睫。

（二）传承观念：因循守旧

在血缘社会里，社会变动的速率较低，农之子恒为农，工之子恒为工，商之子恒为商，为非遗传统手工技艺的代际传承提供了较为稳定的社会结构，同时也带来了传承观念的固化。一是传内不传外。非遗传统手工技艺往往被视为家族的无形资产，是家族兴旺繁荣的根本保证。费孝通写道："拥有财产的群体中，家是一个基本群体。它是生产和消费的基本单位，因此它便成为群体所有权的基础。"① 因而，技艺的保护和垄断成为必然，这

① 费孝通. 江村经济［M］. 上海：上海世纪出版社，2007：55.

种重视技艺血亲种系代际延续的非遗传统手工技艺以子承父业、家传世学的方式传承着，但往往因尽可能缩小传承范围的封闭性使得某些非遗传统手工技艺因不可控因素而面临失传的风险。二是传男不传女。除去织染、刺绣等偏向女性传承的技艺，大多数非遗传统手工技艺秉承这样的传承理念，有其内在的合理性。一方面源于男女社会地位的不平等，在中国传统家族观中，婚姻关系不是夫妻之间的横向对等，而是偏向父子之间的纵向传递，这寓意着女性并非独立的社会个体，而是依附于男性的附属存在；另一方面，源于技艺保护的考虑，如果不对女性技艺传承进行限定，那么技艺很可能伴随着女性出嫁而外流。不可否认，这样的传承观念确实较完整地保留和延续了非遗传统手工技艺的历史脉络，但由于家庭结构、社会文化的变迁，原有的传承观念难以为继，更在相当程度上加深了非遗传统手工技艺传承后继乏人的矛盾。

（三）传承队伍：后继乏人

人是非遗传统手工技艺传承的根本要素，后继乏人是传承面临的最大问题。当前，年轻人不愿意从事非遗传统手工技艺的原因是多方面的。一是社会认可度和自我认同度不高。由于社会地位和收入等因素的影响，人才队伍状况不容乐观。据统计，专业学校毕业生加入到传统工艺美术领域的不足1%，高级工艺美术师仍在从事传统工艺的不足20%。① 在访谈中也发现，很多家长在为孩子做成长规划和职业选择的时候依然深受传统文化氛围的影响，倡导学历教育而轻视从事非遗传统手工技艺的发展空间。二是技艺习得是一个艰苦卓绝的过程。大凡是足够高深之技术，都与魔法无异。纯熟的非遗传统手工技艺并不是一蹴而就的，而是日复一日、年复一年单调反复练习的结果。通常技艺的繁复、长期和辛劳使得很多学习者望而却步。如黄酒酿造技艺不仅是一个技术活，更是一个体力活，工作环境不好，工作强度偏大，太过劳累，太过辛苦。反之，也只有真正热爱非遗传统手工技艺的学习者才会凭借浓郁的兴趣和深厚的情感，乐此不疲地攀登技艺的高峰。三是多元文化影响下的选择多样化。生产方式、生活方式和行为习惯的改变带来思想观念、文化意识、风俗习惯的改变。兼容并包的现代化社会为年轻一代提供了更为宽广、丰富的职业选择和就业机会，

---

① 潘鲁生.手艺农村手艺创意 [M].深圳：海天出版社，2011：160.

非遗传统手工技艺不可避免地被整体边缘化，难以赢得年轻一代的青睐。

二、我国非遗传统手工技艺传承的历史契机

在相当长的时间内，现代化和机械化大工业生产给非遗传统手工技艺传承带来了致命性的冲击，致使许多技艺濒临失传或已经失传，但人们对非遗传统手工技艺保护与传承的努力从未停止。

（一）民族传统文化的复兴

非遗传统手工技艺承载着中华优秀传统文化的精髓，构建了整个国家文化自信的基础，是一个国家、一个民族、一个社会弥足珍贵、不可代替的文化特质和精神财富。其传承的过程也是弘扬和彰显民族优秀文化、民族文化特质和民族文化品格的过程。丧失现代化将意味着民族的贫困，而丧失文化传统则意味着民族的消亡。[1] 早在 19 世纪初，英国就兴起了手工艺复兴运动，虽无法改变社会发展的主流趋势，但唤醒了人们对于传统手工技艺价值的重新审视。我国在现代化的进程中也逐渐意识到挖掘优秀传统文化价值内涵的重要性，2017 年 1 月，《关于实施中华优秀传统文化传承发展工程的意见》印发，明确了非物质文化遗产传承发展工程和传统工艺振兴计划的实施要求和推进举措。同年 3 月，国务院办公厅转发了文化部等部门《关于中国传统工艺振兴计划》，站在国民经济和社会发展规划的战略高度全面部署传统工艺和传统文化的传承创新工作，着力构建中华优秀传统文化传承体系。因而，从社会整体传承环境来看，非遗传统手工技艺迎来了发展的历史机遇期。国家越来越注重延续和弘扬民族文化、民族精神、民族品格，也越来越重视非遗传统手工技艺社会经济价值和历史文化价值的挖掘和保护。可见，民族传统文化的复兴既是非遗传统手工技艺传承的历史契机，也是最终归宿。

（二）工匠精神的培育推崇

工匠精神是工作世界与人的内心世界的契合，[2] 其本质是将所从事职业作为一生志向、理想和情感的寄托，追求"技""艺""道"融会贯通、手

①　滕星. 族群、文化与教育 [M]. 北京：民族出版社，2002：286.
②　庄西真. 倡导劳模工匠精神　引领劳动价值回归 [J]. 中国职业技术教育，2017（34）：105-109.

到心到神到出神入化的境界。自古以来，工匠精神就一直深藏在我们的文化内蕴中。虽然工匠精神随着非遗传统手工技艺的式微而日渐隐匿，但从未消解。特别是当下，工匠精神从学术话语转变成政策话语，被写入国家纲领性文件而备受各行各业推崇，非遗传统手工技艺领域也不例外。一方面，工匠精神是非遗传统手工技艺精湛的精神内核。工匠之德统帅工匠之才，既是精湛技艺非物质化的高度凝练，传递了精雕细琢、精益求精、专注执着的精神理念，也涵盖了对所从事职业的热爱、承诺和智慧；另一方面，工匠精神是非遗传统手工技艺传承的重要内容，其培养过程诠释了工匠精神的深刻内涵。师傅向徒弟传授的不仅仅是技艺本身，更重要的是传递技艺之外的持匠心、铸匠魂、守匠情和践匠行的精神追求。这是匠人独具一格的气质，是匠人非凡成就的底色，是判断和决定传承者技术水平和技艺成就的重要标准。此外，国家从政策层面推崇工匠精神，积极培育工匠精神，高度赞誉技术技艺背后日积月累的点滴磨练，根本目的在于厚植非遗传统手工技艺的传承文化，解决传承者的后顾之忧，真正营造传承者敬业、爱业、乐业的社会氛围。

（三）精准扶贫战略的实施

精准扶贫是国家为决胜全面建成小康社会，帮助贫困人口脱贫致富而实施的重要战略部署。通过帮扶结对形式开展的精准扶贫战略为非遗传统手工技艺传承提供了发展契机，契合非遗传统手工技艺生产性传承的特点。如果非遗传统手工技艺不能在市场上存活下来，不能形成新的"造血机制"，那么，再天然的传统手工技艺都将走向消亡。一方面，生产性传承是融入现代生活实践、重新获得市场认可、体现非遗传统手工技艺"活态性"的传承方式，也被视为非遗传统手工技艺保护与传承最适宜的方式；另一方面，我国很多地方的乡村确实蕴含着丰富的非遗传统手工技艺资源，且非遗传统手工技艺往往是很多乡村人赖以生存的手段。但一方水土养一方人，除去一些生产性保护较好的非遗传统手工技艺，如陶瓷、酿酒、制茶等技艺，更多的非遗传统手工技艺因生存环境的改变而只能在乡村坚守，传承生态极其脆弱，如贵州、云南等地，迫切需要依靠产业等多元化的开发形式来实现在生产和生活互动融合中的保护传承。因而，依托精准扶贫战略实施而顺应开展生产性传承是非遗传统手工技艺保护发展的基石，同时也是扶贫帮困，实现非遗传统手工技艺传承者自身生活富裕的重要途径。

三、我国非遗传统手工技艺传承的关系思考

非遗传统手工技艺传承关涉三对基本关系，传承与创新、手工劳作与机械生产、实用需求与价值情感，厘清和把握内在关系矛盾，有利于更好地传承和发展非遗传统手工技艺。

（一）传承与创新的关系

传承、创新和市场是生产性保护的三要素，如何兼顾传承与创新自然成为非遗传统手工技艺生产性保护首要考虑的问题，也是一个两难的选择。但我们对非遗传统手工技艺传承和创新的关系必须要有一个辩证的认识和判断。一是非遗传统手工技艺本身具有一定的流变性。它曾经是不同时代人们的现实需求和精神追求的真实映射。每一项非遗传统手工技艺背后，总是叠加着不同空间、时间、现代、历史的要素，内在隐含非遗传统手工技艺的创新问题。从时间纵轴观测，手工技艺种类由单一趋向多元、手工技艺由不成熟趋向成熟、适用范围由生活用品趋向工艺艺术，这是一个不断自我完善、自我创新、自我发展的过程，只不过这种变化发展的速率缓慢而被吸收在传承的过程中而已。换言之，传承并不意味着不变，也没有不变的传承。二是非遗传统手工技艺传承与创新是一个度的考量。面临经济发展、文化变迁和技术更新，非遗传统手工技艺究竟是坚守传统，还是迎合市场？如何解决技艺传承与技术变革问题，直接关乎非遗传统手工技艺传承的现实走向。学界对如何协调传承和创新之间的关系也一直争论不休，一方认为非遗传统手工技艺必须遵循传承的本真性和整体性，原汁原味地加以保留，一方则认为非遗传统手工技艺必须随时代的变化而变化，可以表现为工具的创新、工艺的创新、流程的创新抑或功能的创新等。只要非遗传统手工技艺的核心要素得以保存，内在的文化价值和属性没有发生根本变化，那么非遗传统手工技艺的创新就有传承的价值。这种创新既是传承，是延续，也是新生，且从实践观之，后者兼顾传承与创新的关系，更具操作性和发展性，既保存了非遗传统手工技艺，又赋予非遗传统手工技艺当代新生价值。

（二）手工劳作与机械生产的关系

手工劳作和机器生产的矛盾是生产方式和社会进步的产物，可以从两

个层面理解：一是数量，表现为"定量生产"和"规模生产"的矛盾；二是质量，表现为"精雕细琢"和"标准量产"的矛盾。其实，手工制作与机械生产对于非遗传统手工技艺来说不是对立的，而是对弈中互为补充、共同存续的统一体。一般适合机械化生产的非遗传统手工技艺项目往往都具有大宗化消费和高流通化的特点，和人们的日常生活高度相关，具有采用流水线式生产方式的生产基础。以宣纸制作技艺为例，对于宣纸制造技艺中一些劳动强度大的生产环节，如捣纸浆、火墙烘干等，可以采用机械代替人工，如此一来，既保留了非遗传统手工技艺，也实现了生产效率的提高和社会财富的增加，不失为一种有效的保护方式。尽管机械的运用具有提高效率、节约人力、扩充题材的比较优势，但机械化等现代生产方式无法完全代替手工劳作，很多时候只能起到辅助性作用，无法进行最能体现技艺与价值的"细部操作"。且人本身是大自然的产物，渴望与大自然亲密交流，那些经过人与人之间的磨合和沟通之后制作出来的物品，保留了自然和本真的痕迹，具有机器标准化生产无可比拟的文化特性和情感温度，这也是非遗传统手工技艺传承和手工制作的价值精髓。如南京云锦，代表着中国古老的织锦技艺最高水平的代表，古时主要供宫廷御用及贵妇使用，如今已经逐渐成为一种社会的流行元素而广受欢迎。但在众多的云锦品类中，库锦和库缎等均可用现代机器生产，唯木机妆花织造工艺至今依然无法用机器代替，只能依靠老式的提花木机进行织造。此外，在进行机械化生产的同时，还要注意过度产业化、商品化、市场化的开发和消费问题，以规避非遗传统手工技艺丧失内在文化意蕴和情感追求的倾向。

（三）实用需求与价值情感的关系

传统手工技艺源于人们为获得物质生产资料而对自然进行简单的加工。从某种意义上来说，手工技艺始于人类劳动，是一种与世界之间最原始、最直接、最本真的认识和交互活动。正是有了身体的劳作，人们开始学会使用工具，构建了人类劳作的基本形式。当然，手工技艺最初只是为了满足人们日常生活和劳动工具的基本需求，这一实用性也使得非遗传统手工技艺在漫长的延续和传承中激发了人们多样化的精神文化追求，如刺绣、雕刻、木作等。可以说非遗传统手工技艺是一幅历经千年幻化却仍旧带着生活体温的活画卷，是世界观、价值观和审美观的物化，更是智慧生活的象征。当下，站在消费者的角度，今天的人们对非遗传统手工技艺带来的效用满足已不像传统社会那样主要以物质层面的实用性为主，更多的是消费过程中产生的精神层面的文化体验和审美愉悦。因而，融合实用需求和现代价值情感，赋予非遗传统手工技艺现代化意蕴，打造集实用价值、经济价值和文化价值于一体的非遗传统手工技艺产品才是根本出路。如南通蓝印花布之所以存续良好，其最大的原因在于对传统元素和现代生活需要进行对接、融合和再设计，不断丰富纹样、图案和产品种类，同时赋予蓝印花布新的时代韵味。否则，脱离当代人生活需要和情感需要的非遗传统手工技艺产品终将鲜有人问津。

四、我国非遗传统手工技艺传承的路径思考

非遗传统手工技艺的传承绝非易事，如何化解非遗传统手工技艺后继乏人的传承矛盾，让非遗传统手工技艺能够更好地适应现代化生产和生活，需要政策、教育、社会等多维系统的有力支撑。

（一）扭转观念，提高非遗传统手工技艺传承的社会认可度

一直以来，受"重道轻技"社会文化的影响，从事传统手工技艺的人群通常属于社会的弱势群体，往往是被生活所迫而的无奈选择。因而，要想解决非遗传统手工技艺传承后继乏人的困境，必须从思想源头上加以扭转，切实提高非遗传统手工技艺传承的社会认可度。一是营造崇尚"一技之长"的职业氛围。国家倡导的"崇尚一技之长、不唯学历凭能力"的理念，向社会传递和释放了一种强烈的职业平等信号，为很多有意愿有能力从事非遗传统手工技艺传承的青年学生创设了良好的发展空间。二是弘扬工匠精神。传统手工业是培育工匠的摇篮，是工匠精神得以形成的基石。[①]但工匠精神的弘扬离不开政策保障、制度保障和教育保障。[②] 其中一个不可忽略的前提就是让手艺人能够凭借技艺获得等同于或者高于其他类职业的收入，使他们能够以技艺为生、以技艺立业、以技艺为荣，择一事，终一生。如此一来，手艺人才能心无旁骛地追求艺术的极致，技艺的传承也才

---

① 张迪. 中国的工匠精神及其历史演变 [J]. 思想教育研究，2016（10）：45 - 48.
② 潘建红，杨利利. 德国工匠精神的历史形成与传承 [J]. 自然辩证法通讯，2018，40（12）：101 - 107.

有动力和可能。三是建立非遗传统手工技艺传承津贴补助机制。早在1955年，日本就以身怀绝技和开坛授徒两个条件建立了"人间国宝"动态认定制度，将那些大师级的艺人、工匠，经过严格遴选确认后由国家保护起来，并给予雄厚的资金投入，以鼓励他们不断提高技艺和悉心培养后继传承者。此外，对于学习非遗传统手工技艺的学生应设立专项助学金或奖学金，以吸引更多的人潜心学习非遗传统手工技艺，形成良好的传承生态。

（二）拓展路径，推进学校教育和非遗传统手工技艺传承的融合度

为弘扬中华优秀传统文化，教育尤其是学校教育成为非遗传统手工技艺传承的重要方式，具有培养一批集素养、技艺和创新于一体的非遗传统手工技艺传承者的天然优势，既能够解决后继乏人的传承危机，也能够较好地弥补以往传承者学历低下、能力不高和发展后劲不足的问题。2011年6月颁布的《中华人民共和国非物质文化遗产法》从国家法律的层面明确了学校应开展相关非物质文化遗产教育的要求，自然要求不断推进学校教育与非遗传统手工技艺传承的融合，改造传统手工技艺父子师徒传承模式。一是积极开展非遗传统手工技艺进校园活动。2018年5月，教育部发布《关于开展中华优秀传统文化传承基地建设的通知》，计划在全国范围内建设100个左右中华优秀传统文化传承基地，积极推进非遗传统手工技艺进校园活动。这种方式将非遗传统手工技艺传承纳入学校素质教育教学活动，通过展演体验的方式为较广泛的受众提供非遗传统手工技艺体验的真实情境，让学生在真切感受非遗传统手工技艺的过程中懂得并用心传播背后所蕴藏的艺术情怀和文化魅力，从而潜移默化地扩大非遗传统手工技艺的知名度和影响力。二是积极推进非遗传统手工技艺专业建设进程。与非遗进校园活动不同，非遗传统手工技艺专业建设是真正实现技艺传承重要的实践载体，是规模化、专业化、系统化培养非遗传统手工技艺传承人的重要实践，应大力探索支持具备条件的学校加强非遗传统手工技艺专业建设，拓展传承范畴，服务地方特色产业和特色文化的发展。2013年初，教育部、文化部、国家民委公布了首批100个全国职业学校民族文化传承与创新示范专业点，标志着传统文化传承正式进入全国职业教育的示范专业建设行列。但师资和办学经费相对短缺已成为发展最薄弱的环节，亟须专项经费和政策倾斜的保障。此外，通过正规的学历教育帮助非遗传统手工技艺传承人

群提升学历水平，不断拓展创作思路，提高技艺水平，创新发展空间，从而更好地丰富、发展和传承非遗传统手工技艺。

（三）多措并举，加大非遗传统手工技艺保护传承的支持度

市场是非遗传统手工技艺保护传承成效重要的衡量标准。一是加大非遗传统手工技艺政策支持力度。由于对生产性保护的理解和接受程度各异，政府在开展生产性保护过程中也存在差异性。如宣纸制造技艺等项目，政府不仅专门制定了系统的中长期发展规划，还给予税收、信贷、人才等全方面的扶持；而土家族织锦技艺等项目却因缺乏政府的规划和资金而举步维艰，迫切渴望政府给予更多实质性的政策扶持和资金扶助。应放宽文化市场准入，搭建投融资渠道，对非遗传统手工技艺产业化发展给予尽可能多的扶持和保护，如设立非遗传统手工技艺专项发展基金。二是广泛开展扶贫项目帮扶结对。充分利用专业团队的人力资源优势挖掘开发落后地区的资源禀赋，在尊重传统文化的基础上用创新思维升级改造非遗传统手工艺品内涵形式，去其形，取其意，使其既符合大众喜好，又不失传统风格，促进从实用需求层次向文化艺术层次的跃升。如苏州大学艺术学校师生团队与重庆酉阳苗绣项目结对，通过融合传统手工技艺与现代时尚要素对苗绣进行了再次设计和创作，开发了家具、服饰、诞生礼等系列富有现代气息的文化产业链。三是搭建非遗传统手工技艺文化交流平台。一方面，积极寻求非遗传统手工技艺与乡村振兴战略、精准扶贫战略的契合，借区域特色旅游文化开发契机，经常性地举办大型非遗传统手工技艺传承交流活动，扩大非遗传统手工技艺传承的覆盖面和辐射力，为非遗传统手工技艺爱好者提供交流机会；另一方面，持续深化非遗传统手工技艺的理论研究，厘清非遗传统手工技艺传承的现实困境、制约因素、互动机制等，为更好地促进非遗传统手工技艺传承人培养提供理论支撑。此外，对于无法适应市场需求的非遗传统手工技艺，应及时开展抢救性保护工作，如通过实物、视频、文字等各种形式加以保存，不断完善非遗传统手工技艺传承体系。

第五章
中国夏布织造传承的多样性

在深厚的历史逻辑和丰韵的理论基础支撑下，现代职业院校传承夏布织造的实践模式呈现多样化的特征。其中，既有大师工作室型学校教育模式、产品生产性技艺传承模式，同时也有社会培训技术教育模式等。传承模式的丰富多彩，全方位展现了夏布织造传承的"中国特色"和"中国经验"。总结提炼夏布织造传承的"中国模式"，有利于讲好"中国故事"、传播"中国声音"和树立"大国形象"。

第一节　大师工作室型学校教育模式

大师工作室型学校教育模式是指学校引入绝技绝活大师，建立技能大师工作室，并以大师工作室为中心来开展绝技绝活传承，学生依照自身兴趣以选修课的形式进入大师工作室学习技艺，学校只负责安排课程及管理学生，不参加设计传承内容和方式。此种模式下，学校和大师工作室是合作关系。我们选取重庆科技职业学院为样本学校，深入剖析该模式的内容、结构及运作机制等。

一、大师工作室型学校教育模式的概况

重庆科技职业学院地处成渝地区双城经济圈战略布局核心带。是一所设有智能工程学院、经济管理学院、国防教育学院、民航旅游学院和通识教育学院5个二级学院，集与区域经济社会发展需求相契合的人工智能、智能制造、经济管理、服装设计、汽车工程、土木建筑6大专业群26个专业

的技师院校。学校以《国家高技能人才振兴计划实施方案》提出将重点实施技能大师工作室建设项目为契机，实施成渝特色工艺传承基地大师工作室建设工程，努力构建以技能大师工作室为核心的学校教育模式，培养拥有绝技绝活的高技能人才，传承以绝技绝活为载体的成渝民族文化。学校先后聘请多位国家级、省级夏布织造大师担任客座教授，组建核心大师团队，同时，学校将外围临街商辅以租借形式交付给技能大师，先后建立起黄秀英夏布大师工作室等多个工作室。一方面，大师工作室对外经营接受来自个人或组织的产品订单，部分还建有工厂；另一方面，大师工作室的大师承担一定的课堂教学，但并无时课要求，学生以选修课的形式进入大师工作室学习。总的来说，重庆科技职业学院的大师工作室型学校教育模式定位于以培养成渝夏布织造高技能人才为主，传承成渝特色夏布织造技艺，提升社会对成渝特色民族文化的认识。绝技绝活的普及性传承是该模式的主要着力点。

二、大师工作室型学校教育模式的结构

大师工作室型的代表学校重庆科技职业学院定位于以培养成渝夏布织造高技能人才为主，传承成渝特色夏布织造技艺，提升社会对成渝特色民族文化的认识。绝技绝活的普及性传承是该模式的主要着力点。

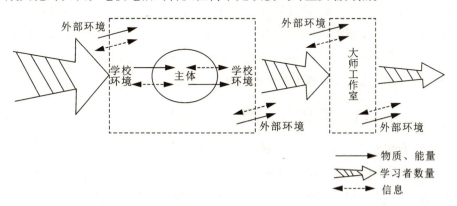

图 5-1　大师工作室型学校教育模式结构图

在传承主体上，作为传者的夏布织造大师处于系统的核心位置，扮演多重角色，也承担着多重责任。夏布织造传授中，夏布织造大师一方面不仅要做普及性的传承，另一方面也要精心挑选具有潜质的学生，将其培养

成绝技绝活传承人。除教学与传承任务之外，大部分的夏布织造大师还承接了产业市场的生产任务，或者其自身就开办了相关的工厂或企业，承担着产业管理任务。作为承者的学生则处于一个相对松散而灵活的位置。学校并未设有绝技绝活相关的专业，因此学生可以根据兴趣选择进入任意一间或几间工作室学习绝技绝活，但又不是师徒传承中的徒弟角色，更多的是类似于兴趣班学员。因此传者与承者的关系也是自由而松散的。

在传承内容上，重庆科技职业学院的"四位一体，双核驱动"绝技绝活人才培养体系中，"双核"是指核心职业能力和核心从业能力，即在绝技绝活传承中重视对承者这两种能力的培养。因此在传承内容上，更侧重的是夏布织造操作部分，以作品制作程序为导向开展绝技绝活传承教学，传授给学生正确的织造手法。因此，传承内容及教学进程皆是由夏布织造大师个人意志决定。

在传承方式上，系统各要素之间及其与院校内外部环境的相互作用均是以夏布织造大师及其工作室为介质开展的。首先，院校将夏布织造大师引入后，与其共同建立工作室，但是大师工作室一般都是设立在院校外面；其次，学生以选修课形式在每周固定四个课时进入到工作室学习，也可以与夏布织造大师协商更多的学习时间，其中院校只负责将每项绝技绝活设置成一门课程，安排固定的学习时间及学生选课的管理，并根据学生选课情况提供一定的运行经费和学习原材料；最后，学生可以通过学习获得相应学时而结束夏布织造学习，其中优秀者也可以经夏布织造大师认可后进入更深层次的学习，成为绝技绝活传承人的培养对象。因此，从总体上看，由于传承过程中组织管理形式自由松散等原因，学生的数量在逐渐减少。

三、大师工作室型学校教育模式的运行

1. 校室合作建立大师工作室

学校从创新人才评价培养模式入手，依托行业优势，通过校协企合作形式，引进夏布织造大师，为形成大师工作室型学校教育模式奠定基础。夏布织造大师进入学校后，将无偿获得学校临街的商铺用于建设大师工作室的场所。

2. 学校统一安排传承课程

大师工作室模式下学校主要的职责就是安排传承课程，让有兴趣的学

生进入相应的大师工作室学习。学校将负责将每项绝技绝活设置成一门选修课程，安排每周固定的学习时间及学生选课的管理，并根据学生选课情况提供给大师工作室一定的运行经费和学习原材料。同时，学校制定了《特色课程建设方案》，规定每一位夏布织造大师都必须到学校课堂专门开设夏布织造特色课程教学。

3. 大师工作室独立对外经营

大师工作室在完成学校规定的教学任务的同时，主要开展社会经营活动。大师工作室接受个人和组织的订单，也将绝技绝活产品公开对外销售。学校并不参与大师工作室的对外经营，而夏布织造大师是其经营的主要负责人。也就是说，夏布织造大师工作室的日常运营和管理都由夏布织造大师决定，其盈亏实行夏布织造大师个人责任制。

4. 技能鉴定中心实施评价

为打通夏布织造行业高技能人才的晋升通道，重庆科技职业学院（下称院校）与行业协会携手，创先打破传统的职业技能鉴定"理论、实操"的考证模式，对夏布织造行业中底蕴深厚、技艺精湛、业绩突出、行内口碑好的准"大师"，以"不看学历、不考外语水平，但求技艺精湛等"的方式评定出首批夏布织造行业技师，创新绝技绝活传承的评价体系。

四、大师工作室型学校教育模式传承效果与环境因子分析

1. 影响因子分析

采用DCCA对大师工作室型传承模式的传承效果与环境因子的相关性进行分析（表5-1），DCCA的前两个排序轴的特征值分别为0.302、0.022，第一轴的贡献率为85.1%，两轴的累积贡献率为91.3%。因此，采用第一二排序轴作出二维排序图，除性别、年龄和收入外，其他各环境因子对传承效果的作用均比较明显。其中，基本素质、学习兴趣和传承意愿在决定传承效果中所起到的作用最大，其与第一轴的相关性分别为0.7706、0.6181和0.5991。该结果表明，在该模式的传承过程中，传承主体的作用尤为重要，特别是承者的基本素质和学习兴趣。同时，表5-1表明，传承效果是传承主体和学校内外环境共同作用的结果。其中，学校内部环境、产业环境等也具有明显的作用。

表 5-1　大师工作室型生态因子与 DCCA 排序轴的相关系数表

环境因子	排序轴	
	第一轴	第二轴
性别	-0.1161	0.0178
年龄	-0.051	0.1242
收入	0.0723	-0.0778
学习动机	0.4705	-0.0282
学习兴趣	0.6181	0.0037、
学习沉醉感	0.5527	-0.082
基本素质	0.7706	0.0134
传承方法	0.5047	-0.0734
传承意愿	0.5991	-0.0647
学校内部环境	0.5328	0.1055
家庭环境	0.4691	-0.1263
政策环境	0.4625	-0.1091
产业环境	0.5317	-0.0108
文化环境	0.5146	-0.0206

2. 大师工作室型传承效果和影响因子相关性分析

以上述因子分析为依据，选取影响较大的 8 个环境因子进行传承效果与各影响因子的相关性分析。8 个环境因子与传承效果间存在显著的线性相关性，其中基本素质与传承效果的相关性最强，相关系数 R 为 0.767，而传承方法的相关性较弱，相关系数 R 为 0.501。

为分析传承效果与所有生态因子间的相关性，我们采用多元回归模型对生态因子与传承效果的相关性进行拟合。所有生态因子分为四类，即传者、承者、学校内部环境和学校外部环境，得出其对传承效果的作用方程为：

$$Y = 0.265 + 0.608X_1 + 0.107X_2 + 0.067X_3 + 0.133X_4$$

其中 Y 为传承效果，X_1 为承者因子，X_2 为传者因子，X_3 为学校内部环境，X_4 为学校外部环境。其中传承效果为各条目的均值，传者因子为传承意愿和传承方法的均值，承者为学习兴趣，学习动机，基本素质和学习沉醉感的均值，学校外部环境为文化环境、产业环境、家庭环境和政策环境的均值。

3. 大师工作室型学校教育模式的效果

采取雷达图分析法对大师工作室型模式进行效果分析后可知（图 5-2），文化环境、产业环境、传承方法和学校内部环境得分较高分别是 3.61、

3.59、3.54、3.26。其中得分较低的是学习兴趣 2.91、学习沉醉感 2.98、学习动机 3.02。通过雷达图面积计算公式得出大师工作室型模式的效果面积为 29.91。

　　数据结果表明承者的学习动机不强、学习兴趣和学习沉醉感不强影响了大师工作室型模式的效果，推测与大师工作室型学校教育模式下承者仅以选修课的形式进入传承有关，许多同学是因为好奇而选修了相应的绝技绝活课堂，并不打算以此作为自己未来的职业发展方向，而且每周的课程只有两节，因此动力不足，也无法全身心投入绝技绝活的学习中去。另外，由于学校试图通过大师工作室来建立成渝夏布织造传承基地，对绝技绝活传承相当重视，因而学校内部环境良好。

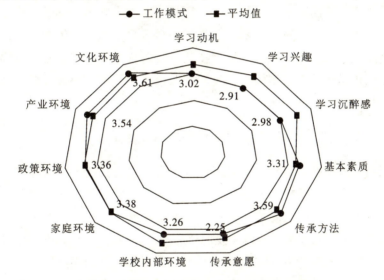

图 5 - 2　大师工作室型学校教育模式效果分析图

　　综上，笔者认为以夏布织造大师工作室型院校教育模式主要优势在于：第一，充分发挥了传者的核心作用。引进夏布织造大师，建立工作室，重视大师工作室与院校以及市场的接轨。第二，保证了良好的院校内部环境。院校对于大师工作室的重视和投入使得技能大师们乐于进行传承，促进了传承传承意愿的提高。但这种院校教育模式也存在着一些不足：第一，缺乏专业依托，承者学习动机不强。绝技绝活品种虽多，却都没有绝技绝活专业，学生多以选修课形式出现在绝技绝活传承，并不以绝技绝活为职业发展方向，缺少学习动机，难以成长为真正的传承人；第二，夏布织造大师投入绝技绝活传承的时间和精力少。因为夏布织造大师工作室由夏布织造大师自负盈亏，所以大多数夏布织造大师将精力放到产品制作和市场开发上，而难以保证有足够的时间用于传授技艺；第三，院校和大师的合力未形成。院校与大师工作室是合作关系，但缺乏有效且紧密的合作机制，缺乏资源互通机制，没有实现资源整合。

第二节　产品生产型技艺传承教育模式

产品生产型院校教育模式是指院校打造一条绝技绝活生产线，院校通过精准定位市场需求，以生产产品为中心，学生在学习夏布织造的同时参与产品生产。该模式下，产品生产工厂是传承的主阵地，学生以产业工人身份进入生产工厂，通过大量产品制作来学习夏布织造，传者以生产工厂管理者或技术人员身份向学生传授技艺。云南省玉溪技师学校的玉溪窑传承采用的正是产品生产型模式，我们选取该校为样本，深入分析产品生产型学校教育模式。

一、产品生产型技艺传承教育模式的概况

云南省玉溪技师学校位于云南省玉溪市，以高技能人才培养与培训为目标，是全省职业学校中唯一开设陶瓷工艺专业的学校。在玉溪市委市政府的高度重视下，由玉溪技师学校、玉溪工业财贸学校和云南玉窑文化传播有限公司共同组建了"玉溪窑发展研究中心"，该研究机构在玉溪技师学校成立，把非遗落户在学校的研究中心，并建成一条玉溪窑产品生产线。一方面，该研究中心在吴白雨大师的带领下，主要研究玉溪窑历史遗存资料和玉溪窑青花的传统烧制技艺，建立玉溪窑青花创新产品的设计开发团队。另一方面，研究中心所有的研究成果都应用于产品生产线，陶瓷工艺专业学生进入产品生产工厂，一边师从技能大师学习技艺，一边参与到产品生产的不同环节中去，从而实现在产品生产中完成技艺传承，培养玉溪窑专业技术人才。这种模式的产品生产是首要功能，传承的所有环节以产品生产为中心展开。

二、产品生产型学校教育模式的结构

产品生产型学校教育模式立足产品生产与技艺传承相结合，在产品生

产中实现技艺传承，在技艺传承中完成产品生产，最终培养能直接进入产品制作环节的承者。代表学校云南省玉溪技师学校以符合市场需求为主的生活用品，旨在提升社会对云南玉溪窑民族文化的认识度，为传承陶瓷手工技艺提供良好的外部环境。同时，大量的产品生产也增加了学生实践机会，更容易领会到玉溪窑技艺的精髓。总之，绝技绝活的生产性传承是该模式的主要着力点（见图5－3）。

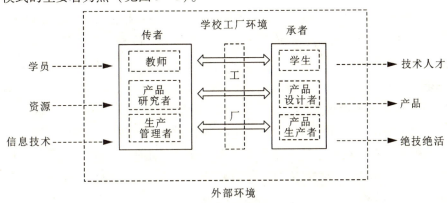

图5－3　产品生产型学校教育模式结构图

在传承主体上，作为传者的技能大师在学校传承样态中起至关重要的作用，承担多重角色，即担负着教师、产品研究者、生产管理者的角色。同样，承者有多重身份，既是学生，又是产品设计者和产品生产者。工厂里，技能大师承担了主要的创作及生产任务，也是整个产品生产的技术管理人员；在学校内，技能大师不仅要复烧玉溪青花，更要向学生传授技艺，培养玉溪青花制作传承人，让玉溪青花后继有人。

在传承内容上，云南省玉溪技师学校一方面制订专业教学计划，传承内容及教学进程基本上是按照陶瓷工艺行业的生产流程来开展。另一方面推行理实一体，基本上是1:1的关系，既注重学生的理论学习，也注重学生的技艺操作，大部分课程都在工厂中进行，传承的内容即是陶瓷工艺专业的知识又是实践的技能。

在传承方式上，系统各要素之间及其与学校内外部环境的相互作用均是以工厂专业班级为介质展开的。首先，设置陶瓷工艺专业，学生根据兴趣爱好主动选择就读该专业；其次，根据陶瓷工艺专业的要求开设相关的课程，课程的学习和实践大部分都在工厂中完成；最后，学生通过专业考核并顺利毕业后可以自主创业、做茶艺、陶瓷销售等，也可以去景德镇交流学习来充实玉溪陶瓷业的人才，优秀的学生还可以留校当老师。从图5－3可以看出，学员、资源、信息技术等这些要素从外部环境进入学校工厂环境之后，会分别转化成技术人才、产品和绝技绝活。

三、产品生产型学校教育模式的运行

1. 组建玉溪窑生产线

由于历史原因，玉溪窑青花瓷在清代停烧，导致技艺失传。多年以来，恢复玉溪窑青花的烧制已经成为考古界、艺术界、收藏界人士等各界人士共同关注的主题。在此背景下，云南省玉溪技师学校整合各方资源建设了一条玉溪窑生产线。

2. 邀请大师进入工厂

在玉溪市委市政府的支持下，2012 年，云南省玉溪技师学校邀请吴白雨大师来校做青花恢复的工作及支持专业办学，此后又邀请民间几位大师来校教学并担任生产技术人员。学校坚持实践重于理论的教育理念，主张通过学生动手操作掌握玉溪青花瓷技艺的精髓。

3. 建立学校教学体系

玉溪技师学校 2013 年首次开设陶瓷工艺专业，当年招收学生 43 名；2014 年有 46 名学生报读这个专业；2015 年学校计划招收陶瓷工艺专业学生 50 名。学校现有陶瓷基础工艺专业授课老师 12 名，学生经过两年的系统学习，掌握陶瓷工艺制作过程相关的基本知识，能充分利用陶瓷材料特性进行艺术创作后，第三年便可到省内外的知名陶瓷生产企业进行顶岗实习。

4. 积极寻找玉溪窑市场需求点

为了提升玉溪窑的社会认同感，营造良好的玉溪窑传承产业环境，学校把陶瓷产品的市场定位为生活用品，要求每一件成品都要与生活相关，产品重在回归生活，非常古朴、典雅。目前产品需求量很大，具备市场价值，其市场潜力不可估量。学校通过对玉溪陶瓷产品市场的准确评估，发挥示范引领作用，有助于推动地方的经济发展，也为玉溪窑技艺的传承提供强有力的市场推动力。

四、产品生产型影响因子分析

该传承模式中，DCCA 的前两个排序轴的特征值分别为 0.395、0.171，第一轴的贡献率为 52.2%，两轴的累积贡献率为 74.8%。采用第一二排序

轴作出二维排序图，由表5-2可以看出，性别、年龄、收入和政策环境对传承效果的影响不显著，而其他因子均不同程度的影响传承效果。其中以学习沉醉感、基本素质、传承意愿和学校内部环境对传承效果的影响最为显著。其与第一轴的相关性分别为0.8702、0.7920、0.7457和0.7404。该结果表明，在该模式的传承过程中，传承主体和学校内部环境的作用尤为重要，特别是承者的学习沉醉感和基本素质。

表5-2　产品生产型生态因子与DCCA排序轴的相关系数表

环境因子	排序轴	
	第一轴	第二轴
性别	-0.3161	0.0806
年龄	0.1400	0.0249
收入	0.1736	0.2305
学习动机	0.6933	0.3124
学习兴趣	0.6629	0.2539
学习沉醉感	0.8702	0.2213
基本素质	0.7920	0.3003
传承方法	0.6267	0.1746
传承意愿	0.7457	0.2287
学校内部环境	0.7404	0.1844
家庭环境	0.6730	-0.2869
政策环境	0.3246	-0.2905
产业环境	0.5755	0.3532
文化环境	0.5549	0.1124

五、产品生产型影响因子与传承效果相关性

选取影响较大的8个环境因子进行传承效果与各影响因子的相关性分析，结果表明，8个环境因子与传承效果间存在显著的线性相关性，其中以学习沉醉感与传承效果的相关性最强，相关系数达 R 为0.932，其次为学生的基本素质，相关系数为0.887。8个影响因子中以家庭环境的相关性较弱，相关系数 R 为0.542。

为分析该模式下传承效果与所有生态因子间的相关性，我们同样采用多元回归模型对生态因子与传承效果的相关性进行拟合，得出其对传承效果的作用方程为：

$$Y = -0.275 + 1.054X_1 - 0.030X_2 + 0.010X_3 + 0.085X_4$$

其中 Y 为传承效果，X_1 为承者因子，X_2 为传者因子，X_3 为学校内部环境，X_4 为学校外部环境。其中传承效果为各条目的均值，传者因子为传承意愿和传承方法的均值，承者为学习兴趣、学习动机、基本素质和学习沉醉感的均值，学校外部环境为文化环境、产业环境、家庭环境和政策环境的均值。

六、产品生产型学校教育模式的效果

根据各因子对产品生产型学校教育模式的作用分析，可知产业生产模式中较高得分的为产业环境 3.87，学习沉醉感 3.46，得分较低的为基本素质 2.91，政策环境 2.90，传承方法 3.03，传承意愿 3.00，家庭环境 3.00。其中传承意愿、学校内部环境、基本素质、传承方法、家庭环境、政策环境等得分均低于平均值。产业生产模式整体的平均得分为 3.21，变异系数为 7.9%，雷达图面积为 27.58（图 5-4），是四种模式中最小的。

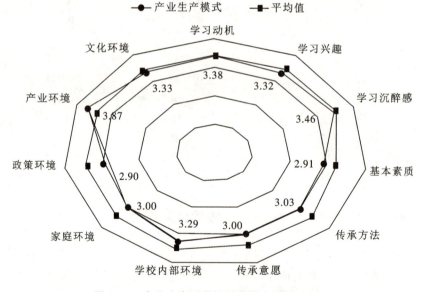

图 5-4　产品生产型学校教育模式效果分析图

从前面关于产品生产型学校教育模式的结构与运行可推断，整个传承模式的起点是建立生产线，而且终端就是产品的销售，产业因素始终贯彻其中，因此产业环境的作用最明显。然而，学生因为大部分时间在生产线从事产品制作，虽然能增加技艺掌握程度，但是课堂文化学习时间明显偏少，因此基本素质的因子得分最低。

综上可知，云南省玉溪技师学校采用的这种产品生产型学校教育模式其优势在于：第一，学校与市场紧密接轨。依据市场需求，生产市场所需产品，实现产品价值，提高社会经济效益。第二，专业设置与当地技艺紧密融合。陶瓷本就是云南的一个传统技艺，学校专业设置与当地技艺融合，更有利于技艺传授与教学实践。第三，学生能获得更多的技艺训练时间，可以在真实的作品制作中体会技艺内涵。但从云南省玉溪技师学校实施的现状来看，这种学校教育模式存在一些不足之处：一是传者方面，技能大师数量非常少，学校其他陶瓷专业教师也不能够满足教学需要，且出现断层现象；二是承者方面，由于玉溪窑在社会上的认知度不高，而且就业面偏窄，大部分学生缺乏学习动力，且学生的大部分时间在工厂生产的各个环节，其自身基本素质无法得到提升，对技艺的学习只局限于某一种环节，很难成长为新的技能大师；三是传承环境方面，玉溪窑青花器专业没有专门的教材，而且烧制设备也欠佳，专业规模相对而言也是比较小的，学校内部传承环境有待改善；四是技艺品种方面，主要是玉溪青花瓷器与景德镇生产的青花瓷器相比并无创新，因此该技艺本身具有可替代性。

第三节　社会培训技艺教育模式

社会培训型学校教育模式是指以社会培训为核心的学校传承，是指不仅在学校开设技艺培训班，还组织教师到各乡镇设农村办学点，培训农民学员，传承文化，促进农民增收。这种模式下，学校虽然开设绝技绝活专业，却以举办培训班为主、系统专业训练为辅。学校和社会民众紧密接触，使绝技绝活的传承主体覆盖广并且使传承深入社会生活。海南省民族技工学校以举办校内长期培训班及乡镇短期培训班为主要形式开展海南黎锦织造技艺传承。

一、社会培训型学校教育模式的概况

黎锦有着三千多年历史，被誉为中国纺织史"活化石"，其手工纺、织、染、绣等技法享誉中外，形成了独特的黎锦文化。2007 年以来，海南省技工民族学校紧抓国家大力发展职业教育机遇，率先在全省创办"黎族织锦技艺中专学历班"，将一直在民间承传的黎锦技艺纳入职业教育课堂。该校校长罗雅说："我校地处黎族文化发源地之一，让黎族百姓通过学习掌

握黎锦技艺，过上好日子，是我们义不容辞的责任。"从2009年9月起，学校率先开设黎族织锦技术专业，旨在培养一批了解海南黎族文化、掌握并传承民族织绣、民族美术的专业技术人才。除了学校本部的在校生外，学校还在海南省乐东县、琼中县及五指山市等地的乡镇开设农村办学点（学历教育），招收农村青年，为海南各乡镇及黎村苗寨培养"有文化、懂技术、会经营"的新型农民，还与政府联合办班，为各织锦作坊培训员工，为返乡青年及织锦爱好者提供培训。黎锦专业作为学校的特色专业，自招生以来，培养校内校外学生千余名。学校的这种传承模式有力地促进了黎锦织造技艺的传承与发展，并已经帮助学校形成独具民族特色的办学风格。

二、社会培训型学校教育模式的结构

社会培训型学校教育模式的代表学校海南省技工民族学校通过长短期培训，既培养掌握黎锦织造技艺的专业技术人才，更为重要的是让更多人懂得海南省民族特色手工技艺，提升社会对海南少数民族文化的认识。社会性传承是该模式的主要着力点。以海南黎锦织造技艺传承为代表的社会培训的结构如下图5-5所示。

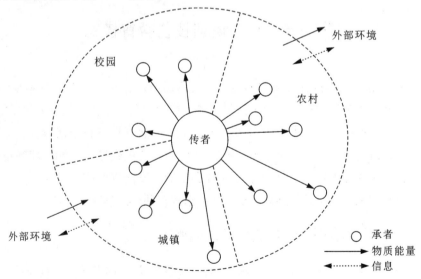

图5-5　社会培训型学校教育模式结构图

在传承主体上，在技艺的传授过程中，传者不仅要在校内对在校学生进行技艺的传授，而且还要面向社会对农民学员进行绝技绝活的培训，也要对城镇有兴趣爱好的居民进行培训。承者有三大类，一类是进入黎锦专业学习的学生，他们处于一个相对固定的位置，所学内容比较深入，人数较少；另一类是参加培训班的农民；还有一类则是城镇需要再就业的居民。后两类承者可以根据自己的兴趣爱好及实际情况，自由选择参加培训班学习，所学内容一般比较浅，但人数众多，学习方式比较灵活。因此，从图5-5可以看出，培训的承者呈现零散分部的状态，这样并不利于资源的整合和充分利用；由于传承时间短，因而只是单向的由传者向承者的传递，没有形成传者和承者之间的互动。

在传承内容上，更侧重的是绝技绝活技艺操作部分的传授，教师以作品制作程序为脉络向学生口口相传，手把手地教，直到学生能够独立地完成一幅作品。传承内容及教学进程按照相关课程教学计划有序进行。然而，由于操作技艺程序复杂需花大量时间学习而培训班形式的传承时间本身就短，因此有关黎锦的来源、文化、市场和背景等知识根本无法系统安排在培训中。因此，社会培训型学校教育模式的传承内容比较少，很难系统完整地传授全部的绝技绝活。

在传承方式上，系统各要素之间及其与学校内外部环境的相互作用主要以学校培训和社会培训班为介质开展的。首先，组建班级，学校培训以班级授课制形式进行技艺传承，社会培训则以培训形式进行；其次，在校学生每周课时是相对固定的，教师到相应班级上课，社会培训班学员上课时间大多根据培训教师的时间作出相应的安排；最后，社会培训班的学员通过学习使自己的技艺更加精湛，还有部分学员可以通过培训实现再就业。

因此，总体来看，社会培训型样态相对比较分散、传承时间短、传承内容较少，没有形成自身特有的专业化、系统化的传承环境。

三、社会培训型学校教育模式的运行

1. 利用地理优势开设黎锦专业

学校开设黎锦专业的契机主要是地理优势，学校里黎族人很多，且五指山有一个黎锦研究所，资源也非常雄厚。而且根据有关资料显示，20世纪50年代，约有3万多名黎族妇女掌握黎锦技艺，如今却不足千人，且其中大部分为年过七旬的老人。由此可见，黎族织锦技艺的传承已濒临绝境，亟须培养传承人。2009年9月，该校创办"黎族织锦技艺班"，有效缓解了技艺消亡的危机，使黎锦技艺重新焕发勃勃生机，得到有力的传承与发扬。

2. 将技能大师引入课堂教学

学校聘请了国家级黎族织锦传承人刘香兰、省级黎族织锦传承人容亚美两位大师来校为学生传授黎锦技艺。学校还对课程设置和教材进行大胆创新，采用一体化教学模式，将理论和实训紧密结合，提高教学效率效果。

3. 创建黎村实习实训基地

黎村是黎族织锦发源地，承载着丰富的民族文化内涵。为了让学生能在学习技艺的同时真实地感受黎锦背后的民族文化，提升个人对技艺的整体感悟力。学校先后与五指山番茅黎锦坊、海南锦绣织贝实业有限公司等企业合作在黎村建立了3个实训基地，学生和培训班学员在学校学习之余可进入传习所实训，与那里上班的黎族妇女边交流边工作边学习，使技艺传承不仅仅停留在技的层面，而是展开充满民族特色文化底蕴的整体传承。

4. 广泛开设各级各类社会培训班

学校除了日常在校内开设培训班之外，还利用周末和寒暑假，在五指山、乐东等少数民族市县的少数民族乡镇设农村办学点，招收及培训少数民族农民织锦学员，传承黎锦文化，促进少数民族农民增收，使黎锦传承的辐射面越来越广。

四、社会培训型影响因子与传承效果

1. 社会培训型影响因子分析

该传承模式中，DCCA 的前两个排序轴的特征值分别为 0.434、0.038，第一轴的贡献率为 76.5%，两轴的累积贡献率为 83.1%。因此第一二排序轴可很好地反映环境因子对传承效果的作用机制。为此我们采用第一二排序轴作出二维排序图，由表 5－3 可以看出，同上述两种模式类似，承者的性别、年龄、收入对传承效果的影响不显著，而其他因子均不同程度的影响传承效果。其中传承意愿、文化环境、学习兴趣、产业环境、传承方法、学校内部环境和学习沉醉感等均与第一轴有非常好的相关性，表明这些因子对传承效果影响相对比较显著。

表 5－3 社会培训型环境因子与 DCCA 排序轴的相关系数表

环境因子	排序轴	
	第一轴	第二轴
性别	－0.1144	0.3240
年龄	0.1760	0.0438
收入	0.1776	－0.3952
学习动机	0.6705	－0.0634

（续表）

环境因子	排序轴	
	第一轴	第二轴
学习兴趣	0.7739	0.1371
学习沉醉感	0.7146	0.0016
基本素质	0.6299	−0.0054
传承方法	0.7591	−0.1193
传承意愿	0.8238	−0.0943
学校内部环境	0.7288	−0.0640
家庭环境	0.6098	0.0635
政策环境	0.4325	−0.0206
产业环境	0.7619	−0.0076
文化环境	0.7766	−0.0327

2. 社会培训型影响因子与传承效果相关性

选取影响较大的8个环境因子进行传承效果与各影响因子的相关性分析。8个环境因子与传承效果间存在显著的幂函数相关性，其中以传承意愿、文化环境和学习兴趣与传承效果的相关性最强，相关系数 R 分别为0.880、0.865 和 0.856。8个影响因子中，学习动机的相关性较弱，相关系数 R 为0.728。

同上述两种传承模式类似，我们采用多元回归模型对生态因子与传承效果的相关性进行拟合。所有生态因子分为四类，即传者、承者、学校内部环境和学校外部环境，得出其对传承效果的作用方程为：

$$Y = 0.036 + 0.128X_1 + 0.294X_2 + 0.004X_3 + 0.531X_4$$

其中 Y 为传承效果，X_1 为承者因子，X_2 为传者因子，X_3 为学校内部环境，X_4 为学校外部环境。其中传承效果为各条目的均值，传者因子为传承意愿和传承方法的均值，承者为学习兴趣、学习动机、基本素质和学习沉醉感的均值，学校外部环境为文化环境、产业环境、家庭环境和政策环境的均值。

3. 社会培训型学校教育模式的效果

同样用雷达图对社会培训型学校教育模式的效果进行了分析，发现基本素质和产业环境影响得分最低，分别是 2.95 和 3.31，学习兴趣 3.72、传承意愿 3.62、传承方法 3.58 属于得分较高的。社会培训型学校教育模式整体的平均得分为 3.45，变异系数为 6.2%，雷达图面积 32.59（图 5−6）。

社会培训型模式下对入学学员没有基本门槛，许多无业村民或待业青年进入培训班，且培训班的课程多以技艺操作为主，并未有艺术素质等培养，因此基本素质因子得分低。但是由于这些培训学员都期望通过学习来获得工作，因此学习兴趣和学习动机得分高。社会培训型模式中绝技绝活传承的内容大多为初中级学习内容，因而技能大师通常乐意让更多的人了解绝技绝活，其传承意愿比较强烈。此外，由于培训班和培训基地多设在黎村，虽然有文化氛围，但离地产业和市场，因而产业环境这一关键影响因子得分低。

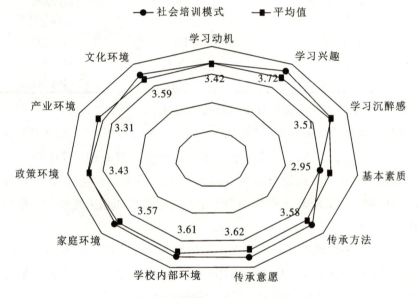

图 5-6　社会培训型学校教育模式效果图

第四节　学校现代学徒制传承模式

学徒制的历史可以追溯到青铜器时代，是职业教育的最早形态。古代学徒制没有形成完整的制度，具有浓厚的私人性质，是以亲子或养子的家庭关系为基础的。现代学徒制发端于工业革命时期的"工厂学徒制"。[①] 从教与学的角度看，现代学徒制是适应学生学习直接经验，尤其是获得默会

---

① 关晶，石伟平．现代学徒制之"现代性"辨析 [J]．教育研究，2014 (10)．

知识的个别化教学模式。现代学徒制不仅具有面对面个别教学所具有的优点，而且特别适合以技能技巧学习为主的活动性较强的课程的教学。默会知识是无法直接言表的认知与操作技能技巧，属于不具备公共性的经验，它的传授与学习必须通过实践完成。默会知识的授受过程实质上是隐性经验从行家里手向学习者传递的过程。"名师出高徒"肯定了学徒制教学模式在学习非语言传递的默会知识中不可替代的作用。现代学徒制不仅为默会知识的学习提供了真实的工作情境，为学生学习提供了隐性经验丰富的行家里手，通过学徒制建立起来的"实践共同体"也为默会知识的习得提供了组织和文化保障。这也正是现代职业教育发端于现代学徒制的真正原因。

以学徒制为基本特征的德国"双元制"职业教育模式成为德国经济腾飞的"秘密武器"，这说明"职业界也是一个良好的教育环境。首先是学习一系列技能，而且在这方面，工作具有培养人的价值必须在大多数社会，尤其是在教育系统内得到进一步的承认。这种承认意味也应考虑在从事某种职业过程中所获得的经验"①。换个角度看，"双元制"的实质就是现代学徒制：学习者与企业签订职业培训合同，学徒大部分时间在工厂、车间、实验室或商店等工作场所学习专业技能，60%～70%的课程在企业中进行，每周仅一两天上职业学校。在"双元制"职业教育过程中，企业起着决定性的作用，学习者在师傅指导下，通过观察、模仿、试误等方式，在自己的活动中逐渐体悟职业中的默会知识。

我国职业教育人才培养目标定位是高素质技术技能型人才。不管是技能型人才，还是技术型人才，学生都要掌握从事专业领域实际工作的基本技能。职业教育教学要解决的一个核心问题是要让学生形成与其所学专业相关的个人经验，这要求职业教育课程应体现出强烈的实践性。从世界范围看，现代职业教育主要有三种模式：学校本位的模式、以企业为主的培训模式和"双元制"模式。目前，学校本位模式是职业教育发展的主导型模式，我国职业教育在经历了 20 世纪 90 年代的改革后基本上是学校本位模式。很长一段时间里，学校本位的职业教育也的确起到了培养工厂生产所需要的初级技能劳动者和推进教育民主进程的作用。但学校本位的职业教育与工作世界的脱离以及职业教育课程的"学问化"等根本性问题不利于

---

① 教育——财富蕴藏其中（由雅克·德洛尔任主席的国际 21 世纪教育委员会向联合国教科文组织提交的报告）[M].联合国教科文组织总部中文科，译.北京：教育科学出版社，1996：98.

学生习得与工作相关的默会知识已达成共识。现代教育技术再发达，学校的实训条件再好，在学习过程中也很难提供给学生"真实"的工作环境；教师的学历再高，在职进修的制度再健全，也仍然赶不上工厂里工作多年的师傅的经验积淀。

学徒制是一个古老而又现代的人才培养制度，中国的传统学徒制面临着如何现代化的问题。西方现代学徒制在我国的勃兴，一方面是对默会知识理论及其知识转化规律深入认识的结果，另一方面也是对职业教育教学实践中问题深刻反思的结果。[①] 目前，"现代学徒制"已经成为我国职业教育改革中的一个热门词语。《国务院关于加快发展现代职业教育的决定》将"现代学徒制"试点列为推进职业教育人才培养模式创新的重要举措。越来越多的学校和地区正开展着各种形式的现代学徒制试点，为职业教育教学和技能传承不断总结着经验。

---

① 董仁忠.默会知识视野中的职业教育课程变革 [J].河北师范大学学报（教育科学版），2007（1）.

第六章
"镇校室" 三界协同机制

教育部、文化部、国家民委共同发布《关于推进职业学校民族文化传承与创新工作的意见》（教职成〔2013〕2号）（以下简称《意见》），指出推进职业学校民族文化传承与创新是发挥职业教育基础性作用、发展壮大中华文化的基本要求，是提高技术技能人才培养质量、服务民族产业发展的重要途径。

在当前国内呼吁"文化觉醒"、倡导"文化自觉"的背景下，青年一代担当着文化传承、发展与创新的重任。学校在思考如何提升青年群体对于非遗传承的认可度和关注度、如何唤醒他们的民族文化传承意识、如何实现职业学校教育非遗传承的路径等难题时，重庆科技职业学院在总结省级课题"非物质文化遗产校园传承的研究"成果基础上，经过8年的边研究边实践边完善，形成以培养非遗夏布织造传承人为主体的"3D"模式，即"三界协同"（镇校室）+"三圈波动"（班系区）+"三维一体"（道艺技），培养具有匠心精神的非遗传承人，产生了广泛社会影响，形成了传统文化传承的教学成果。

重庆科技职业学院以职业院校传承夏布织造为核心，明晰镇校室、班系区与道艺技传承之间的关系，构建了非遗夏布织造传承的"3D"体系模式。该模式主要为解决三大问题：其一，传承人才的培养。虽然传统夏布织造历史悠久，艺术精湛，已列入国家非物质文化遗产目录，但是现在鲜为青年一代知晓。这些富含夏布特色和艺术风采的工艺品，曾经是重庆的城市名片。而这些非物质文化的传承，需要培养大量的后备人才；需要地方政府财力的支持，需要提供大师技艺创作和作品展示甚至交易的平台；需要吸引年轻一代积极参与，才能使夏布文化后继有人。其二，夏布文化传承缺乏统一布局。在过去，我们的文化行业都是单打独斗，曾经都是一枝独秀，但终归都是各自为政，中间没有关联，结果至多是小打小闹，最后因为缺失了市场，落得"一花独放不是春"的凋零美。如果能搭建一个聚集效应的艺术传承与展贸平台，充分发挥重庆国家中心城市的辐射力，将无限提升荣昌作为"中国夏布小镇"的文化凝聚力和影响力。其三，夏布织造文化传承的高端领军人才不足。据重庆工艺美术协会统计，至2019年底，全行业仅拥有省级工艺美术大师177人，相比浩瀚的成渝大地和数百万工艺美术从业人员而言，夏布织造技能人才数量及后备储备高端人才都相对匮乏。

非遗手工艺传承的过程中，虽然有政府提供政策支持、学校开设相关课程、大师工作室成立并运营，但是各自之间的关联性却不强。因此非遗手工技艺传承需要政府、院校、大师工作室的协同，汇聚政府人员、学校教职工和大师工作室进行专题讨论，深度合作，实现三界协同的实践与理论共建。

第一节 "镇校室"三界协同机制的概述

"镇校室三界协同"指由政界主导、学校实施、工作室参与形成的"需求导向"机制，协同创新育人路径。

政界主导：2017年中共中央办公厅、国务院办公厅印发《关于实施中华优秀传统文化传承发展工程的意见》的文件中提出：实施非物质文化遗产传承发展工程，进一步完善非物质文化遗产保护制度。教育部、人力资源和社会保障部等六部委制定发布的《现代职业教育体系建设规划（2014—2020年）》中提出：支持职业教育传承民族工艺和文化。将民族特色产品、工艺、文化纳入现代职业教育体系，将民族文化融入学校教育全过程，着力推动民间传统手工艺传承模式改革，逐步形成民族工艺职业学校传承创新的现代机制。积极发展集民族工艺传承创新、文化遗产保护、高技能人才培养、产业孵化于一体的职业教育。鼓励民间艺人、夏布织造大师和非物质文化遗产传承人参与职业教育办学。重庆市"十二五"发展规划提出要精心打造文化发展高地，"保护传承和开发利用夏布织造非物质文化遗产";重庆市政府出台的《重庆市传统工艺振兴计划》也指出:提高中青年非物质文化遗产代表性传承人比例,壮大工匠队伍。通过提供场所、给予资助、支持参与社会公益性活动等方式支持传统工艺传习活动。实施国家和重庆市非物质文化遗产传承人群研修研习培训计划。鼓励下岗人员、残疾人、返乡人员从事传统工艺相关职业。非遗传承得到了国家、市的高度重视,政府出台的一系列重要文件及举措既肯定了重庆科技职业学院前期开展的一系列非遗传承探索工作,也为该校持续研究非遗传承人才培育工作打开了局面。

学校实施:学校在探索职业教育(职业教育)与"非遗"传承相结合的院校传承模式过程中,对相关专业进行培养有关学科专业人才试点工作,开发课程体系、人才培养模式,打造"夏布公益类"社团实践平台,旨在形成全方位的非遗文化教育与传播培训体系。重庆科技职业学院构建的夏布织造专业一体化课程体系以职业活动为导向,以企业典型工作任务为基础,以提高学生综合职业能力为核心,学生"在学习中工作,在工作中学习",实现了工作过程和学习过程的一体化。其一,形成夏布织造人才培养方案。此人才培养方案以学生能力为本位,以就业为导向,以岗位需要和职业标准为参考依据,以培养学生综合职业能力为目标,按照工学结合的课程开发思路,形成具有该校特色的大师工作室制的夏布织造专业人才培养方案。本方案为进行"夏布织造"专业建设、专业教学以及专业评估的指导性文件,也可以作为学生选择专业、选修课程和用人单位招聘录用毕业生的参考。该方案针对工艺美术人才所需职业素养,将入学条件与基本学习年限、培养目标及培养规格、毕业条件、培养模式、教材选取、教师资格、保障机制等方面的内容进行了严格的修订。以工学结合为核心,工学交替实施,构建起由夏布艺术和夏布工艺两条主线相互支撑、相互交叉的课程体系结构,通过"专业认知与基本技能""制作与设计表达""综合技能教学与实训"三大课程模块,承借特色夏布织造传承基地的优势,突出课程实训工艺的特点,体现理论学习与实践相互穿插,有效地提升了学生的职业能力与素质,为学生的就业与职业生涯发展奠定了良好的基础。其二,打造匠心文化社团。学生社团是学校校园文化建设的重要载体,在夏布织造大师工作室的氛围带动下,我院尝试将第二课堂的学生社团活动列入常规教学管理,并通过大规模开展学生社团活动的实践,全面搭建学生社团活动平台，构建学生综合能力职教体系，形成了"公益类""技能类""创业性""文体类""夏布工艺类"五维一体的社团实践平台的运作机制。学校将夏布文化融入课堂，将非遗传承工作渗透到学生的各个方面。在社团活动时间，开设夏布特色课程，覆盖校内全部班级，如学汽车电子技术、计算机应用技术的学生也可以学习夏布织造，更大限度地达成了非遗传承的深度、广度。其三，组建夏布大师街。学校在建设大师工作室的基础上，组建了以夏布织造为特色的工艺传承基地——夏布大师街。夏布大师街有15个大师工作室，聘请了60位国家级、省级、市级工艺美术大师进校园，承担非物质文化遗产项目的创作、教学和传承工作。作为培养夏布特色工艺领域后备人才的基地，通过企业高技能人才评价培养出了夏布织造技师高级技师300人，在相关专业试点探索培养相关学科专业人才，为非遗的校园传承提供高水准的师资保障。大师街也因此成为非遗传承的重要文化场所，能为陶冶学生艺术素养、促进校园文化和谐发展、提升学生对夏布文化的自信心与创作热情、凝聚学生的民族自豪感提供极具文化感召力的空间场域。

工作室参与：大师工作室的成立为非遗传承工作找到了载体，政府主导传承有了抓手，院校实施传承有了依据。学校15间技能大师工作室均设立在校园，意在把大师请进校园，把真实的工作情境引进校园。将夏布织造传承工作室建立在教学中，这种真实的环境的创设，寓学习和真实工作一体，为学生搭建了积极的学习平台。值得一提的是，工作室中学生的来源不限于院校，也来源于社区、社会。混合式招生之下的学生拥有不同的学习背景、思维方法，在工作室"指导—互动—合作"的教学模式下更大化地体现了个人学习的自由发展，彰显出个性化学习。大师工作室引入设计导向的课程设计理念，从而实现真实工作项目转化为学习项目。

通过政府政策扶持，校协企合作培养，工作室情景教学，企业高级技能人才评价四个层面，以"大师工作室"为载体培养高素质技能人才及大师入校园的途径，创建夏布织造行业职业能力培养体系，在考核学徒（学生）的学业成效方面建立可操作性的质量评价标准，学徒（学生）通过大师的言传身教和系统的课程体系进行传统典型工艺产品的制作学习及创作，改变了以往理论与实践相脱节、知识与能力相割裂、教学场所与实际情境相分离的局面，工作室将真实的工作岗位环境与传统文化、夏布织造学习融为一体，提高学生自主学习的能力和岗位职业能力，大大提升学生职业从业、创业能力，养成良好职业操守和行为习惯。

第二节 "镇校室"三界协同机制的运行

重庆科技职业学院的"镇校室"一体办学模式，最大限度地共享人力资源、设备资源、社会资源和隐性资源，如：学校从民间聘请大师、学校和大师工作室互为培养（培训）基地、学校与大师工作室共建技术中心等。在中国夏布小镇的统一协调下，实现真正意义上的"多赢"。"镇校室"一体的运作，得益于其科学和合理的运行机制。这样的运行机制主要通过中国夏布小镇、企业、学校所承担的不同角色与使命来体现。

一、小镇：职业教育管理机构的角色与使命

（一）着力构建现代职业教育体系

第一，着力调整发展规划，壮大职业教育规模。在办好万人以上的高级技校、技师学校，打造全国乃至世界一流的示范性职业学校基础上，积极拓宽招生渠道，创新教学模式，切实面向初高中毕业生扩大招生规模；开展就业再就业培训、转岗培训、农民工培训、下岗失业人员技能储备培训、退役士兵职业技能培训，建立面向全体劳动者的职业教育培训体系，不断加强职业教育服务社会的功能。

第二，培养、引进相结合，打造高水平师资队伍。重庆市人力资源和社会保障局始终把职业学校师资队伍建设放在职业教育发展的重要位置，加强与国内外著名高等工科学校、师范学校和企业的合作，探索开展"3 + 1""2 + 2"等联合培养模式，加大自身培养能力。加强师资引进工作，积极与职业教育发达国家和地区合作，引进优秀的职业教育领域专家或企业高技能人才担任学校教师；引进国内外著名夏布织造人员、技能竞赛优秀选手、企业高技能人才担任实习指导教师；建立完善职业学校教师到企业实践制度，专业教师每两年有两个月到企业或生产一线的实践中锻炼，从

而打造高素质、高技能师资队伍。

第三,加强办学能力建设,打造职业教育品牌。通过争取财政投入、金融机构贷款或社会资助等形式,加强基础建设,加大实训设备配置。围绕"以服务为宗旨,以就业为导向"的办学方针,面向新兴产业和先进制造业、现代服务业,调整专业设置,研究制订专业教学计划、教学大纲和人才培养方案,开发与重庆市乃至全市社会经济发展和技术进步现状相适应的课程标准,与企业、行业联合打造有地方特色和学校特色的精品教材,提升重庆市职业教育教学质量,打造职业教育品牌,推动重庆市职业教育的全面可持续发展。

(二)建立并完善校室合作机制

其一,搭建校企合作平台,从源头上解决校企合作的瓶颈问题。以前,企业参与职业教育积极性不高,成为职业教育发展的瓶颈,制约了校企合作的顺利开展。重庆市人力资源与社会保障局历来高度重视职业教育工作。重庆职业学校的数量、在校生规模、培养质量、教学改革、毕业生就业率等重要指标,均属于全国第一方阵,成为全国职业教育的排头兵和一面旗帜,对全国职业教育事业的发展起到了示范和带头作用。为进一步贯彻落实 2009 年胡锦涛总书记视察珠海高级技工学校的重要指示精神,推动职业教育事业进一步发展,在市人力资源和劳动保障厅的统一组织协调下,我市组织职业学校进入"百校千企"校企合作平台,借鉴国际经验,提高职业教育培训,将校企合作搭建成为服务经济和企业发展的现代公共人力资源服务平台、培养一流技工的集约平台、提升企业竞争力的助推平台,加快培养技工人才,促进全市经济发展方式转变,实现科学发展。同时还注重加大宣传力度,努力在全社会形成政府有扶持、企业有需求、学校有责任、学生有追求的浓厚校企合作氛围。

其二,开设校企合作网站,打造永不落幕的人才交流平台。在签订校企合作框架与定期召开校企合作联席会议的基础上,为了更加及时地加强交流,切实为镇、校、企三方搭建沟通桥梁。重庆市人力资源和社会保障部门专门建立了校企合作网站,同时安排专人管理,定期维护,及时更新企业的招工信息和用工计划,同时,网站还提供合作学校的毕业生信息和专门信息。校企之间可以全天候通过校企合作网了解彼此关系的信息,极大地提高了该区校企合作的效率，为今后开展校企合作、提升技能人才培养提供了很好的保障。

二、学校：职业教育实施机构的角色与使命

（一）拓展就业渠道，提高就业质量

当前，就业问题日趋严峻，党中央、国务院、各省、市均把解决好"就业问题"作为工作的"重中之重"和民生之本。金融危机同样也给重庆以及成渝地区各企业的招、用工带来了一定影响。为确保学生校外实习、就业工作有序地进行，确保学生"出得去，干得好"，各职业院校纷纷采取措施，积极拓宽就业渠道，提高学生就业质量。

（二）创新共赢模式，深化校企合作

为了密切与企业的关系，重庆市职业院校在与上千家大、中企业建立长期实习、就业合作关系的基础上，逐渐尝试进行全方位的合作模式，采用切实可行的做法，多形式多渠道密切与企业的关系，大力推行校企合作。其一是完善机制，在合作企业挂牌建立实习基地，签订合作协议，以保证校企合作的稳定性。其二是有重点地将良好的校企关系引导到培养高技能人才上，与企业联合开发专业教学计划、教学大纲、培训课程和教材、培训考核项目等。其三，在教师的培养和师资的共享方面开展合作，一方面院校聘请企业资深管理技术人员担任学校"客座教授"，参与学校的教学工作；另一方面，学校定期选派专业教师前往企业进修学习。其四，在教学改革上加大企业介入的力度，引导各专业系与企业多联系，多做市场分析调查，使企业的用人信息能尽快地反馈到专业科，进而推动各专业的教学改革。

（三）利用行业平台，拓展服务方向

各大职业院校发挥在行业中的优势，利用各类行业协会平台，充分凸显行业协会在校企合作中的桥梁纽带作用。如，重庆科技职业学院通过建立"校企协"三方共建培训基地；共办企业人才招聘会；邀请协会专家到校与专业教师座谈，交流行业发展需求等教研活动；并邀请协会专家对毕业生进行针对性的就业适应性专项培训；尝试建立境内外培训机构的合作与交流。福建省交通技师学校于2009年成功主办福建省汽车维修行业技能

人才招聘会，本次招聘共有 60 余家珠江三角洲地区的汽车维修企业参加，累计提供招聘岗位 500 多个，来自福建地区各职业学校的 3500 余名学生参加了现场应聘，招聘会前后持续 5 个多小时，现场达成实习、就业意向 620 多人次。

（四）加强订单培养，满足企业需求

订单式培训模式为职业教育注入了新鲜血液，为校企合作找到了最佳的途径。过去的校企合作大多数是表面的、松散的，合作双方特别是企业的积极性不高，也缺乏约束力，这种合作起不到实际的效果。而订单式培训模式则是企业主动提出自身需求，培养自己需要的员工，所以企业非常关注人才培养的过程和质量，与学校合作的主动性、积极性会更高。同时也促进学校更加注重学生岗位职业能力的培养，努力提高培训教学质量。

吸引企业参与职业教育的另一个方面，就是与企业联手建设课程，坚持学历与培训结合，中技与高技并存，不断调整和改革课程，使学校的课程适应市场需求。如福建省白云工商技师学校长期以来努力挖掘校企育人的深刻内涵，积极与企业建立不同专业、不同形式、不同需求、多种层次的合作关系。在育人方式上，探讨课堂搬到车间，围绕典型产品做训练，结合生产编教材，"2＋1 模式"运作，"两地""三师"全程指导等，借企业之水行教育之舟。

（五）共建实训基地，优化教学资源

强大的实训基地，良好的实训条件是培养高素质技能型人才的保证。为创作良好的实训环境，学校投入大笔资金购买设备，建设校内实训场（室）。通过校企合作，建立了校外实训基地 200 多家，不断扩充学校的实训资源，改善实训条件，稳定毕业生的就业市场。以福建省白云工商技师学校为例，学校的校内实训场室有三个特色，一是前店后校，如"白云美发中心"，面街而建，免费提供美发服务；"白云元征汽车学校"是学校与深圳元征高科技有限公司共建，首层设有汽车维修站，面向社会服务。二是共建实训场室 40 多个（含教育培训中心），如与台湾全量股份有限公司共建了"白云全量产学研中心"，实行生产销售服务一条龙，该公司为学校提供了价值 1000 多万元的数控设备。三是建设一体化学习站，如汽车系建设了汽车底盘等 40 多个学习站，满足项目教学理论与实践一体化实施需要。

多个企业为学校无偿提供了一批汽车检测设备、烘焙设备、压塑模具、毛织设备、图艺设计系统等，雀巢公司、国光公司等企业还每年为学生提供奖学金。学校充分利用现有的校企合作实训资源，强化各专业技能训练，保证了实训项目的实施，提高了实习效率和质量，为学生提供了满意的教育服务。校企资源得到优化和充分发挥，实现了资源互补、优势互补。

（六）深化产教结合，培养"双师"教师

依靠现代化大型企业推进"双师型"师资队伍建设是学校建设队伍的举措之一。学校每学期有计划地组织一线教师赴企业跟线实习，在合作企业进修学习，学校给予经费和时间的支持。每年都会有几百名教师在企业接受新技术培训，学习现代企业管理，了解生产流程，学习新技术。教师学习结束后，及时整理企业学习的信息，修改和完善相应的教学内容。通过企业调研、岗位实践、专题研讨等活动，增加教师的专业信息，提高教师的实践能力。学校还支持骨干教师直接参与企业技术改造，如服装系的骨干教师与企业共同开发"服装IE工程"课题，与企业一道进行项目研发，让教师直接感受企业高新尖技术和先进的管理理念，促进教师"双师型"和"一体化"素质的提高，校企合作让教师找到了深入生产实践的机会。

三、工作室：促进职业教育社会化的责任与角色

2011年8月，重庆科技职业学院启动首期5间工艺美术技能大师工作室建设；16位国家级、省级工艺美术大师入驻。目前，学校已引进60位国家级、省级、市级、区级工艺美术大师进校园，建立起玉雕、牙雕、木雕、骨雕、榄雕、广彩、广绣、陶塑、剪纸、宫灯、掌画等工种的10个大师工作室，工艺大师欧福文、周承杰作为特殊人才被学校引进。

2012年6月，广州市轻工技师学院闽南特色工艺传承基地司徒宁广彩技能大师工作室被人社部、财政部认定为"国家级技能大师工作室"，这是广东省第一家国家级工艺美术技能大师工作室，成为弘扬传承闽南文化的一面旗帜。2014年，学校闽南特色传承基地客座教授、中国工艺美术大师张庆明的端砚设计技能大师工作室入选国家级技能大师工作室。

通过政府大力扶持、校企合作培优、工作室重点培养、个人提升技能四个层面，夏布织造技艺的传承培养结合小镇学校、工作室一体化，积极

探索以"大师工作室"为载体培养创新型技能人才及团队的途径，创建工艺美术行业职业能力培养体系，形成工作室制人才培养新模式。学生通过大师的言传身教和职业指导课程的学习，提升学生的职业从业能力，养成良好的职业道德和行为习惯；大师带徒传承技艺和企业高技能人才评价是职业技能成长的必经阶段。前者是学习，后者是检验，"双核驱动"构成了整个学历和带徒过程的"核心"。

综上所述，"镇校室"一体既是一种办学模式，也是一种运行模型，在夏布模式中处于宏观管理层面。其中，"镇"是文本的制定者，在职业教育办学中起到了研制政策的中介作用；"校"作为职业教育的主体，其中的角色是联系企业，满足社会对"三高"（高技能、高素质、高境界）人才的需求，是人本的培育者；"室"为学校培养"三高"提供基本的条件保障和资源服务。三者共建新的人才培养模式。

第三节　"镇校室"三界协同机制的保障

一、制度强力保障

重庆科技职业学院成立了以谭家德院长为组长、其他院领导为副组长，教务处、技能鉴定与培训处、夏布织造产业系等部门为组员的工作小组；建立《大师室管理制度》《技师（高级技师）聘用与管理办法》《引进人才管理办法》《特色课程建设方案》等各类规范有效的激励制度，加大对高技能人才培养、表彰奖励力度；加大高技能人才建设的经费投入，提供充足的设备与场所保障。

二、转变传承观念

（一）传承人转变"传承观"

转变传承观念是传统夏布织造非物质文化遗产进入职业院校要解决的首要问题。而传承观念的转变，首要原则是传承人需要转变传承观念。非物质文化遗产之所以历经数代仍得以相传的重要原因是因为非物质文化遗产具有活态性，而这种活态性的关键是"人"。传统夏布织造的传承人是传统夏布织造传承的主体和发扬传统夏布织造文化的源头。传承人如果不改变"绝技不外传""绝技不轻传"的观念，传统夏布织造非物质文化遗产和学校教育之间的桥梁将无法建立。为了传统夏布织造世代相传，保护非物质文化遗产，发展我国职业教育，培养社会技艺人才，传承人应当树立"技艺共享"观念，积极主动扩展传承主体。传承人可以通过进入职业院校任教，将传统夏布织造更快速、更广泛地传给学生；通过开办传习所、传习班吸引社会各界宣扬传统夏布织造文化；通过出售传统夏布织造工艺品，将生产与传承相结合，既保证自己的经济收入，又起到向外推广的作用。传承人需要意识到传统夏布织造逐渐濒临消失的现实困境，积极应对市场经济对传统夏布织造提出的挑战和机遇，转变传承观念，这样我国的传统夏布织造才能细水长流。

（二）职业学校转变"专业观"

传统夏布织造非物质文化遗产传承之学校模式的推进不仅需要传承人转变传承观念，更需要职业院校转变"专业观"。对于传统夏布织造非物质文化遗产来说，传统夏布织造是世代相传，历经年代早已存在的，而职业院校引进传统夏布织造非物质文化遗产作为专业则是近几年的尝试，因此，对于推进传统夏布织造非物质文化遗产传承之学校模式，传承人和职业院校两大主体，职业院校有着不可回避的责任。在转变传承观念问题上，职业院校需要转变观念。职业院校需要改变以往与普通教育办学趋同的现象，立足职业院校应当具有的"职业"特色，意识到传统夏布织造的生产特性及其传承人的职业特性，选择与当地紧密相关的传统夏布织造类别，打造传统夏布织造特色专业。

（三）家长和学生转变"读书观"

生源问题是一个学校发展的核心问题，一个学校倘若没有学生愿意来读，无论学校的教师资源、教学资源、物质环境等多么优秀，也只是一座躯壳。学生是一个学校的灵魂。传统夏布织造非物质文化遗产传承之学校模式的推进要抓住生源问题作为突破的一个方向，而生源问题的解决取决于家长与学生转变"读书观"。其一，家长和学生要抛弃低看职业教育的观念，正确看待我国目前的职业教育。目前，我国职业教育处于一个全面发展的局面，国家大力推进职业教育的发展，努力建立健全职业教育体系，职业教育的发展成为教育领域发展的重中之重，家长和学生需要正确评估职业教育的价值，选择职业教育并非学习上的失败者，而是通往成功的另一渠道。其二，家长和学生需要正确看待传统夏布织造非物质文化遗产。传统夏布织造非物质文化遗产具有重要的文化价值、经济价值、科学价值和社会价值，与以前重农抑商、轻视手工业的时代不同，经济快速发展的当代，人们对精益求精，手工制作的敬仰之情更加浓厚。同时，学习传统夏布织造不仅是一种实用性的生产性活动，也是一种能够熏陶学习者艺术修养的创造性活动，是一种集工匠文化和艺术文化于一身的活动。家长和学生应该看到传统夏布织造的现实价值和长远价值，鼓励孩子学习传统夏布织造，成为技艺巨匠。

三、构建传承课程

（一）开发校本教材

职业院校根据传统夏布织造非物质文化遗产发展现状，选定适合学校发展的传统夏布织造型作为学校专业之后，针对学校缺少传统夏布织造非物质文化遗产教材的现状，开发校本教材成为解决传统夏布织造传承内容零散的首要工作。调查显示，首先，大部分学生（72.1%）认为开发校本教材非常有必要，19.6的被调查学生认为"比较有必要"，没有人认为"完全没必要"。因此，我们要重要校本教材的开发。首先，组建教材开发团队。传统夏布织造非物质文化遗产教材的开发与以往的文科、理科、艺术科课程不同，传统夏布织造一贯采用的是口传身授的方式，极少有书面教材，同时传统夏布织造是一门操作性的技术门类，而非理论性的学科，需要将手工操作细节转化为书面文字。传统夏布织造非物质文化遗产教材开发团队主要需要传统夏布织造传承人、传统夏布织造能工巧匠、传统夏布织造类非物质文化遗产研究者、传统夏布织造市场调查人员以及教材编写专业人员的集体参与。其次，实地考察收集资源。教材开发团队需要深入传统夏布织造生存环境，进行实地考察，利用发达的多媒体技术对传统夏布织造制作全过程进行音频、视频、图像等方面的数字化处理，采集第一手资料为编写教材做准备。再次，编写书面教材。编写书面教材由教材编写专业人员主笔，其他人员共同参与。书面教材编写的过程需要教材开发团队与团队成员不断讨论，反复考察和整理一手资料，将技艺操作的全过程转化为书面教材。同时，在教材编写时，不将理论教材和实训教材分开，而是将二者融合编为教材，只是按初级教材、中级教材和高级教材分开编写，初级教材相当于入门教材，中级教材相当于熟悉传统夏布织造工艺程序全过程的教材，高级教材则是夏布织造技艺提升的教材。最后，实验与完善。教材编写的成功与否在于学生是否能够通过使用教材达到学习目标。所以，教材编写完成后，需要进行实验，由于职业院校选择传统夏布织造专业是根据当地非物质文化遗产现有情况，所以教材不便在全国选取试点单位，教材实验只能是以班级为试点单位，通过实验后不断完善教材。

（二）构建系统课程

目前，职业院校开设传统夏布织造课程往往是依照以往的文化课、理论课和实践课来安排课程。但是由于学习传统夏布织造少则三五年，而学生在学校的时间比较短，为了推进传统夏布织造非物质文化遗产传承之学校模式需要构建系统课程，使学生在有限的在校时间里学到更精湛的技艺。这里所谓的系统课程是理论课程与实践课程相融合、学科课程与活动课程相结合的课程。理论课程与实践课程融合的课程是指职业院校除了根据教育部规定要教授语文、政治等文化课以外，没有以往所谓的分隔明显的理论课程和实践课程。理论知识的教授融合在技艺实践当中，统称为技艺课程。这样既增加了技艺学习的时间，在技艺实践中很自然地抽取理论知识讲解，又可以化解以往理论课程的枯燥。例如，教授陶瓷工艺中的制泥工艺，首先是讲解泥土的特性，如果将这类知识放在课堂上，以PPT形式来展示内容，那么学生对泥土的黏稠度、湿度、含沙度等方面都停留在概念上，而将这些知识放在实践中讲解，学生在拿泥土的那一刻，泥土的特性经过老师讲解则会起到水到渠成的作用。学科课程与活动课程相结合是指职业院校开展传统夏布织造学科课程的同时要积极开展夏布织造技艺活动。学科课程可以通过融合理论和实践的技艺课程实现，活动课程则需要多种形式，比如，学生自主创办传统夏布织造社团，开展丰富的社团活动；学校举办技能节、传统夏布织造大赛；参加非物质文化遗产传习馆志愿者活动；参加有关非物质文化遗产特别是传统夏布织造相关的社会活动；等等。

第四节 "镇校室"三界协同机制的成效

一、形成了现代学徒制新模式

大师工作室制是一种现代学徒制，核心内容为一个突出、两种能力、三个机制、四个参与、五大职能，突出大师带徒完成传承教学，培养学生核心能力和职业技能两种能力，建立弹性学制、学历教育、社会培训三个机制，通过中国夏布小镇大力支持、学校机构培养体系、行业协会评价认定、学徒提升技能四方参与，实现产学研展销五大职能，培养高技能人才。该模式具有极大的优越性，大师工作室团队具有权威性，培养模式符合教育规律、具有行业特色，与职业技能鉴定部门结合建立的科学的评价方式能极大促进学员职业能力发展，人才培养成果丰富，不断扩大技能、文化的传承面。

二、建立了夏布织造行业职业标准研发新高地

从 2007 年起至今，重庆科技职业学院已积累了多年的开发职业评价标准的基础。在重庆鉴定中心的指导下，已逐步建立起体系完善的工艺美术各工种各级的职业鉴定标准，确保了人才培养的质量。夏布特色工艺传承基地大师工作室建成后，开展一系列的标准制定和课题研发，承担起重要的社会职能，成为重庆夏布织造从业人员创作、交流、实践活动的窗口，成为重庆培养夏布织造技师、高级技师的主阵地，占领行业技能人才培养制高点。

三、推动了夏布特色工艺传承的新发展

重庆科技职业学院的夏布织造大师们积极参与特色课程教学，向全校师生展示夏布特色文化的魅力，各项活动从体验、认知、爱好至文化认同，参与师生达到 10000 人次以上，在文化传承方面具有深远的意义。

学校和大师共同探索了几十多种典型工作任务，如台灯、屏风、门帘、团扇、折扇、花鸟、人物、山水、衣服、围巾、背包、餐垫、杯垫、笔筒

的构图技法，以及夏布制造原料苎麻的处理、绩纱织布技巧。

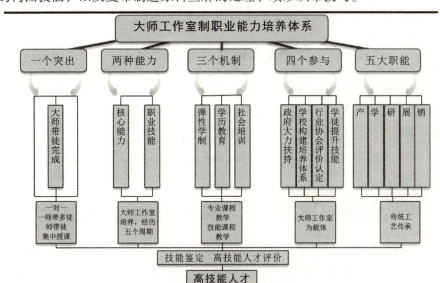

图 6-1　大师工作室制职业能力培养体系

四、建立实体，实现产学研销展一体化经营

经营才能求得发展，体现价值。重庆科技职业学院建立了以黄秀英大师工作室为引领的夏布织造一条街。学校与重庆工艺美术行业协会一起，通过协会年会或展会，进行作品展出和公示，向社会展示大师和学员创作成果，提升大师工作室的文化影响力，保证了大师工作室培养成果的含金量。

学校积极探索大师和学员参与的"技师后"创业孵化的创业模式、电子商务运营模式，在实践中学到经营管理知识，实现"产学研销展"等五种功能为一体。目前，已有13个工作室对外营业，产生了良好的社会和经济效益。

五、传承技艺，培育夏布织造高技能人才

学校组建技艺传承精英班，先后开发了"时装画技法""服装款式设计""CorelDRAW 服装款式辅助设计""服装结构设计""服装 CAD 制版""服饰图案设计""服装款式设计""服装结构设计""服装立体裁剪""服装立体裁剪""服装制作工艺""服装陈列设计"等夏布文化特色课程，纳入每周教学计划。传承班全部采用精英班教学，由夏布织造大师言传身教，

教授夏布织造技艺。传承班学生将经历试学期、初级学徒期、中级学徒期、学徒满师期、个人提升期五个阶段。

六、打造平台，传播夏布特色工艺文化

重庆科技职业学院聘请大师开设夏布传统工艺传承班、兴趣社团、讲座展览，及担任技师、高级技师培训班教师，组织各类学术和交流活动，推动夏布传统技艺文化精髓的宣传与传播。

学校积极组织大师和学生参与夏布织造多项技艺展示和比赛，充分开展技能社团活动，培养学生兴趣。

七、提升理论，探索非物质文化遗产校园传承路径

重庆科技职业学院建立非遗高技能人才生产经营性保护传承的创业模式，成功地将非遗输血性保护传承转变为自我造血性良性循环，真正践行了职业教育"授人以鱼不如授人以渔"的教育核心价值理念。

学校紧密结合重庆市相关产业发展需求，建立以夏布织造专业为重点专业的高技能人才实训基地，面向在校学生提供专业教育和培养，面向企业和社会劳动者提供高水平技能培训和技能鉴定等公共服务，加快高技能人才队伍建设，构建由政府部门、行业协会、企业和学校共同合作完善的高技能人才培训体系。

重庆科技职业学院以建成国际知名、国内一流、具有鲜明夏布文化特色的国家级示范性职业院校为目标，初步建立体现工艺精神和文化精神的"匠心"文化体系，根据夏布特色课程建设需要，按照"整体规划、分步实施"的理念，逐步建设纵横结合的立体特色课程体系，有效带动学生的全面发展、师资队伍的同步成长、管理水平的提升、校园文化的积淀、优秀传统文化和特色工艺的弘扬传承。

第七章
"做习创" 三链衔接机制

　　夏布织造传承"做习创"模式中，让学生脱离"说"，结合实践"做"，在"做"的实践过程中"习"心得，并将心得所悟运用到夏布织造"创"当中去，"做习创"三链相互衔接，让夏布织造传承得到发展。

　　现代职业院校传承夏布织造有其独特的优势：其一，现代职业院校是夏布织造传承的天然场所。职业院校以培养技术技能型人才为己任，技能是职业院校学生立身社会的根本。现代职业院校传承夏布织造可以实现学校、传承人、学生、社会、国家的多方受益。其二，现代职业院校可以在"现代学徒制"理念的引领下，探索学校与企业合作传承夏布织造的新模式。例如，学校可以承担夏布织造文化产品的设计工作，企业则负责开发和市场，双方共享成果。教师也可以依托学校的研究平台进行创业。① 在这过程中，也成就了夏布织造的保护和传承。其三，现代职业院校的专业设置可以通过与夏布织造传承的联姻，彰显其特色和灵活性。职业院校可以将夏布织造的传承与学校相关专业的设置结合起来，在《中等职业教育专业设置管理办法》和《中等职业教育专业目录（2017 年）》的范围内，设立与夏布织造的传承相关的文化创意类专业，从而体现学校的特色和传承夏布织造的优势。现代职业院校的独特优势注定了其在夏布织造的传承中应扮演更重要的角色，发挥更为重要的作用。目前，有些职业院校在夏布织造的传承方面进行了卓有成效的尝试，其主要立足于学生主体地位，运用全息理论、教育生态理论、学习情境理论、学习型组织理论和系统组织理论等，以解决"习得工匠精神不专、习得创客知识不新、习得劳作能力

---

　　① 见人社部规〔2017〕4 号《人社部关于支持和鼓励事业单位专业技术人员创新创业的指导意见》。

不足、习得夏布织造机制不活、习得信息素养不高"的问题为导向，精准、全面培养具有"工匠精神、创客知识、劳作能力夏布织造、信息素养"的既能自主创新创业就业又能带动其他创新创业群体的复合型卓越乡村工匠人才。

第一节　"做习创"传承的理论依据

"做习创"的传承是一个多元素相互作用的复合体，其运行体现了全息理论、教育生态理论、情境学习理论、学习型组织理论和系统组织理论的综合影响，了解这些机理，有助于我们更好地理解"四步五环五要素"传承方式的运行。

一、全息理论

全息理论是研究事物间所具的全息关系的特性和规律的学说。它具有部分是整体的缩影规律，反映事物之间的全息关系。它本质上是事物之间的相互联系性，全息论既是理论科学又是应用科学，既是研究一般的全息理论，又是研究一切科学领域的全息现象与全息规律。大卫·波姆（David Bohm）是现代全息理论之父。什么叫全息呢？比如一张照片，里面有一个人像；如果我们把这照片切成两半，从任何一半中我们都能看到原先完整的人像；如果我们再把它撕成许多许多的碎片，我们仍能从每块小碎片中看到完整的影像。这样的照片就叫全息照片。全息论的核心思想是，宇宙是一个不可分割的、各部分之间紧密关联的整体，任何一个部分都包含整体的信息。后来，阿道尔夫·罗曼教授运用全息理论使光学信息处理进入了一个新时代。他的计算全息理论也是当今光学一新领域——"二元光学"的基础。我国著名生物学家张颖清教授运用全息理论创立了全息生物学。

二、教育生态理论

"教育生态学"这一术语于 1976 年由劳伦斯·克雷明教授提出。最先研究教育生态系统的是国外的一些学家，他们先都从教育生态环境入手进行探究。20 世纪 20 年代，"教育环境学"首次由德国学者布泽曼（Busemann，A.）和波珀（Popp，W.）等人提出，他们认为对教育教学活动产生影响的主要是环境，应从自然环境、社会环境和家庭环境来探讨。教育生态学是教育学和生态学相互融合和渗透的学科，把教育生态系统理论作为重点研究对象。教育生态系统基本理论有：①生态功能。教育的生态功能分为内在功能和外在功能。内在功能，即"育才"功能；外在功能，即社会功能。②基本原理。如教育的生态位原理、生态链法则、限制因子定律、耐度定律和最适度原则、"花盆效应"、教育节律、整体效应和边缘效应等原理。③基本规律。如教育生态的富集与降衰规律、迁移与潜移规律、平衡与失调、竞争机制与协同进化和良性循环等规律。此外，还有教育生态的演替和演化、教育生态系统的结构和教育的行为生态等生态特征。①

三、情境学习理论

情境学习理论从 20 世纪 80 年代兴起，90 年代初逐渐形成。杜威最早将情境学习运用到课堂，他主张"生活是真正的教育家，而学生求学的地方却限制了学生取得实际经验，因此要将社会搬到学校和课堂中"②。布朗（Brown）等人认为学习与认知本质上是情境性的，与特定的活动、文化相关联，学习者能在真实的情境中通过活动建构自己的知识体系。③ 情境学习理论强调个人与其所处社会文化环境的相互影响、相互作用和相互关系，认为真实具体的活动和与之相适应的文化背景是学习有效开展必不可少的条件。学习既是学习者进行个体性意义建构的心理过程，更是一个以差异资源为中介的，具有社会性和实践性的参与过程。④ 参与意味着学生应该在知识产生与形成的真实情境中，通过与他人的互助合作来建构自己的知识体系，知识又是情境的，必须通过日常使用才能真正获得，进而实现学生知识的迁移和内化，而这需要通过参与实践活动、具体项目和社会性互动来实现。⑤

---

① 吴鼎福，诸文蔚. 教育生态学 [M]. 2 版. 南京：江苏教育出版社，2000：92.
② J. 杜威. 民族主义与教育 [M]. 王承绪，译. 北京：人民教育出版社，2000：18-23.
③ 张振新，吴庆麟. 情境学习理论研究综述 [J]. 心理科学，2005（1）：125.
④ 朱明苑. 高职教师教育技术能力现状分析及提升策略研究——以江苏省泰州市高职为例 [D]. 秦皇岛：河北科技师范学校，2013：11-12.
⑤ 陈家刚. 认知学徒制研究 [D]. 上海：华东师范大学，2009：76-78.

四、学习型组织理论

"学习型组织"概念最早由哈佛大学佛睿思于 1965 年在《企业的新设计》一文中提出,兴盛于彼得·圣吉所著《第五项修炼——学习型组织的艺术和实务》。该著作认为学习型组织的建构必须系统掌握以下几种基本技能。首先,系统思考是构建学习型组织的基础。彼得·圣吉认为系统思考的方法是组织内每一位成员都必须掌握的,而这构成了进行真实有效学习的基础,它有助于组织成员透过现象把握事物的本质和发展规律。其次,明确追求目标,形成共同愿景是组织进步的动力,而组织成员的自我超越又推动了共同愿景的形成。因此,为使整个组织的愿景达成一致,实现组织的可持续发展和再创新,组织成员要以更高的期望、更深的责任感和更浓的学习热情来驱动自身朝着共同的目标迈进。再者,注重合作学习,即联合起团队内部的每个成员,相互借鉴学习,不断提升成员自身主动提高的能力和态度。学习型组织内的学习不仅仅是学习者个体的自我学习,更是以团队为主要单位的合作学习,这种互助合作的学习方式将会在组织内形成一种相互协助的良好氛围,并反作用于组织内的成员身上,有利于提升组织内个体的自身素质、强化组织内部的向心力和凝聚力,从而实现个体与组织的双向和谐发展。

五、系统组织理论

巴纳德是系统组织理论的代表性学者。组织是指成员为实现既定目标采取共同行动,并依照规章制度的有关规定所形成的特定组织,它是经过规划建立起来的,以目标为导向,提倡效率原则,注重任务分配,并号召组织成员为实现目标而努力,同时通过建立各种规章制度来约束成员行为。[①] 系统组织理论包含共同目标、协作意愿和信息沟通三大要素,各要素间紧密相连。其中,理解和认同组织共同目标是个人参与组织的前提,也是将个人目标与组织目标协同起来的基础。协作意愿指个人在加入组织后所愿意做的努力。个人参与组织必然会牺牲部分自身原有的权利或利益,此时为了使个人能为实现组织目标不断努力,需要为其提供某些补偿或者

---

① 程功. 系统组织理论下新城社区规划管理优化策略初探 [D]. 天津大学硕士学位论文,2014:24 – 27.

说诱因。而信息沟通和交流则是联系个人和组织的桥梁和纽带,只有有效沟通才能使得双方将个人目标和组织目标协同起来,完善决策信息和智力支持系统,并为实现共同目标而不断努力。

第二节 "做习创"传承的内在逻辑

所谓"做习创"传承,即职业院校在夏布织造的教育传承过程中坚持"创新创业导向、基地企业导入、专业专技导引"理念,将"创作"与"习得"有机结合,形成"做、习、创"三个步骤、"共创平台、双创教师、手创活动、合创团体、网创技术"五个环节、"工匠精神、创客知识、劳作能力、手工技艺、信息素养"五个要素全息相关、相互作用的"做习创"人才培养传承新路径。其传承的内在逻辑关系主要通过五个方面来体现,一是通过共创平台习得工匠精神;二是通过双创教师习得创客知识;三是通过手创活动习得劳作能力;四是通过合创团体习得手工技艺;五是通过网创技术习得信息素养(见图7-1)。

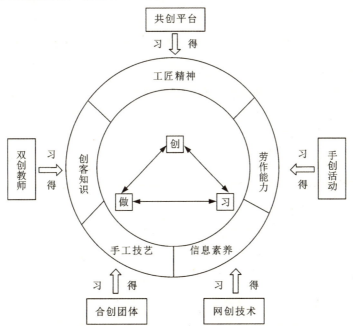

图7-1 夏布织造传承的"做习创"模式

一、通过共创平台习得工匠精神

（一）创作习得工匠精神的良好制度环境

重庆科技职业学院为了让工匠精神传承有一个良好的制度环境，积极谋划决策，多次召开工匠文化建设方案研讨会，制定《工匠精神进校园活动方案》，着重强调构建"校行企共创平台"的重要性，计划定期举办高质量的工匠精神传承活动，促进"创作与习得过程相融合"，杜绝了工匠精神传承的形式化和虚假化宣传。该活动方案一经实施，就收到了较好的成效，获得了全校师生的一致好评。

（二）营造弘扬工匠精神的校园文化氛围

重庆科技职业学院经常开展工匠文化进校园活动，在学校范围内积极营造了浓厚的全员学习工匠文化的良好氛围，让学生真正了解和体验工匠文化的魅力。如开展主题黑板报评比活动，从班级氛围建设上围绕工匠文化进行宣传，并进行评比，对宣传工作中表现比较突出的班级予以奖励，并纳入班级量化考核中。

积极组织学校学生参加体育文化活动。2021 年，重庆科技职业学院获得大足区第三届师生体育艺术节篮球运动会二等奖；第二届重庆市职业院校互联网 + 创意短视频大赛上，该校获优秀奖；男子足球队获重庆市大学生校园足球总决赛第五名；在重庆市第四届"渝创渝新"中华职业教育创新创业大赛三等奖，实现了该校在职教创新创业大赛中零的突破。多年来，该校在市级以上各类专业技能竞赛等竞赛中，获市级以上奖励 50 余项，曾先后荣获信息化建设示范校园，民办高校创新创业教育示范学校，重庆市众创空间，毕业生就业示范学校，大学生创业示范基地，民办教育先进集体，资助工作先进集体，语言文字工作示范校等荣誉。多种形式的文化氛围建设，对全体师生起到潜移默化的熏陶作用，为工匠文化育人打下基础。

（三）建造传递工匠精神的常态活动阵地

学校依托每月的德育讲堂活动，深入开展工匠精神的研究探讨活动，邀请行业内专家、工匠大师、非遗传承人来校开展工匠精神讲座。这些讲座主题明确，以工匠先进事迹为素材，紧密联系学生的专业背景，激发了学生的内生学习动力，满足了学生对工匠精神培育的个性化需求，让工匠精神深入学生的血液和骨髓中。为了弘扬和培养新时代的工匠精神，学校还会利用每周升国旗活动和班会课，宣讲大国工匠报效祖国的优秀事件。

（四）打造践行工匠精神的系列主题活动

学校以工匠精神为主线，凝练校园文化特色，完善校园工匠文化教育。在校内外广泛开展特色学习工匠精神活动。在学生中，挖掘和培育民间夏布织造人才，促进非物质文化遗产的传承和发展。为了培养民间夏布织造人才，学校以成渝文化地方特色为核心，将夏布织造文化元素融入教学之中，营造良好地方文化教学氛围，促进了工匠精神的传承。学校还开展一系列的工匠文化黑板报评比、演讲比赛、知识竞赛、征文比赛和工匠技能大赛等活动。这些活动大大提升了学生工匠精神的学习热情，丰富了学生的工匠精神生活。

二、通过双创教师习得创客知识

（一）以习得创客知识为导向，全面提升教师能力

学校贯彻落实五大发展理念，按照中央"四个全面"战略布局，积极打造德技兼备、育训皆能的工匠之师，提高专业教师对接产业发展的能力以及吸收产业先进技术元素的动力，用高水平的"双创"培养高素质技术技能人才，进一步强化新时代知识型、技能型、创新型教职员工队伍建设。

（二）建设校内外双创基地，系统传授创新创业知识

学校以培养学生的创新精神和实践能力为切入点，以提升学生的核心素养为目标，以学校创客平台建设为着力点，提升我校师生职业素养和创新能力，助推我校素质教育和技能教育协同发展。学校通过搭建线上和线下2个创客平台，组建3支队伍，开展课程、实践、社团和文化4类创客教育模式，以创新教育为抓手，推进素质教育的实施；还积极创建校中厂实训基地、大师工作室、中职 PLC 实训室、公共实训基地、非遗文创基地等双创基地；开发编写了《3D 打印》《创新潜能开发》和《创新创业教育》3门校本创新创业教材，深入推进创新创业教育改革，不断提升支撑创新驱动发展的能力和水平。

三、通过手创活动习得劳作能力

（一）积极创办校内各种比赛

重庆科技职业学院举办"青春向党·奋斗强国"第一届大学生科技文

化艺术节之"学党史·强信念·跟党走"大学生演讲比赛、师生篮球友谊赛、"传承经典·共筑中国梦暨中华复兴"朗读比赛等，通过自己动脑设计、动手制作、动口表达的方式，让学生对相关知识和技能得到更深刻的领悟。

（二）积极组织校外技能大赛

学校积极组织参加校外各项技能大赛，在市级以上各类专业技能竞赛等竞赛中，获市级以上奖励50余项，在赛事类别、参赛数量、获奖数量上均呈逐年增长趋势。

四、通过合创团体习得手工技艺

（一）打造校行企命运共同体

学校坚持"德技双馨"的办学理念，突出培养学生专业技能；积极融合行业、企业和学校三方办学主体，彼此协同，优势互补；学校利用企业提供的技术、设备、人力资源，企业利用学校提供的场地资源和招生渠道，制订创新创业人才培养、师资培训计划等，行业协会提供第三方人才评估，为优秀人才提供相关资质证明。结合自身情况，在实践中不断探索，形成了具有自身特色的"成渝经验"模式。重庆科技职业学院与企业合作开展"英才计划"，突破了传统的职校导向，让行业企业全程参与并给予更多话语权和主动权，增强了参与积极性，真正实现多元办学。

（二）师傅加强沟通促进理实相合

学校为克服在学生培养中的学校教师理论扎实但实践经验不足而企业师傅技能扎实但理论功底不足的矛盾，在教学上实行"双导师制"，既有学校派来的理论型教师，也有协会内部邀请的实践型工艺美术大师。学习内容上由易而难，由简入繁，推行"理实一体化"教学，在创作中习得，在习得中创作。

（三）师生平等交流促进教学相长

学校以习得精湛技艺为导向，打破"师教"与"生学"模式，课堂上鼓励学生表达自己对某一技能知识的认识，或者讲解对某一工艺技术的理解。邀请在技能大赛中获得奖励的同学传授自己创作作品和备赛的心得体会。在学生充分表达自己掌握知识和技能的基础上，教师对其进行深入点评，以达到教师"活教、精教、深教"，学生"愿学、乐学、善学"的良性循环。同时，毕业生可直接到相关企业就业或留在学校当"师带徒"技师，无缝实现学生与技师身份的转变。

（四）师徒相互切磋促进传习相生

学校依托"大工匠"领衔、产学研紧密结合的平台优势和名师、劳模、技能大师云集的人才优势，实现"教室与车间合一，教师与师傅合一，学生与学徒合一，教程与工艺合一，作品与产品合一，学业与创业合一"。师傅们做到"带师魂、带师德、带师能"，徒弟们做到"学思想、学本领、学做人"，师徒之间经常进行双向听课，多元交流，甚至同台竞技，不断开拓、不断创新、不断提高，最终使学生具备必须和够用的专业基础理论知识和技术应用能力，成为合格、实用的乡村工匠人才。

五、通过网创技术习得信息素养

（一）智慧引领，搭建数字校园基础环境

近年来，学校建设了数字校园实验平台，完善的基础设施支撑了数字化校园高效运行，进行了网络改造优化、网络安全、多媒体教室建设，实现了校园无线网络和班班通的全覆盖。现在，数字化校园的云计算平台和基础支撑平台，应用稳定高效地为最终用户提供了信息化服务，实现了全局的数据交换与集成、用户的统一身份认证、接口服务和管理支撑的全方位服务。

（二）数据挖掘，以信息化助推服务和管理创新

教育息化是引领学校组织变革、管理和服务创新的有效途径，也是重庆科技职业学院教育改革的创新举措。通过项目实施，学校实现了学籍数据规范、学生宿舍管理智能化、资产管理精细化、协同办公自动化，深化了学校的全面改革。

（三）智慧教学，以信息化引领教育教学模式改革

学校建设多媒体教室、搭建完善的智慧教室融合管理平台，来创设网络教学环境；通过自主编写创建，丰富了教学配套数字化资源，并进一步实现了教育资源广泛的共享应用；推行混合教学模式改革，构建"线上""线下"相融合的教学环境，以大数据、人工智能应用为主要特征的课堂互动 APP 为助手，利用手机发布调查问卷、提问等互动，实时采集课堂教学过程数据，并展示最终数据样态，让全校教师学会使用并感受信息化工具对教学带来的便捷性。近年来，重庆科技职业学院继续对录播教室进行升级，引进智慧课堂系统，打造成智慧教室。教室配备笔记本、平板电脑，教师端发布课堂任务，如课堂签到、讨论、作业、抢答、选人、直播等，学生利用笔记本、平板登录学生端完成课堂任务,增强了课堂的互动性。

(四) 强化培训,以信息化提升教师职业素养

近年来,学校分期分批,采取"派出去、请进来"及"全员化培训"的形式,以及举行或参与现代信息技术教学能力竞赛等方式,培养了一批能熟练掌握现代信息技术的教师队伍。现在,这些老师已经成为现代信息技术的行家里手,夏布织造的现代教学中充分利用现代信息技术的优势,提高了夏布织造的传承效率和效果,为夏布织造的可持续传承打下了坚实的基础。我校坚持"以赛促教、以赛促学、以赛促改、以赛促建",充分发挥大赛引领作用,提高教师教学能力、信息技术素养和团队合作精神;并积极推广运用教学能力比赛成果,带动全体教师参与教学改革,积极践行创新人才培养,促进教师综合素质、专业化水平和创新能力不断提升;通过聆听名师讲座,聘请专家指导,定期举办教学质量月活动等方式,促进教师业务水平的提升。在教学能力大赛备赛过程中,学校组建的技术保障组和服务保障组认真负责,全力配合,在专家的悉心指导下,我校教师不断磨练信息化教学能力,最终取得了优良成绩。

第三节 "做习创"传承的外显运行

"做习创"传承采用精英式教学,培养夏布织造的大师传承人。其实质是依托大师工作室进行夏布织造传承的新型现代学徒制教育,即学校引入夏布织造大师,建立技能大师工作室,并以大师工作室为中心来开展夏布织造传承,学生依照自身兴趣以选修课的形式进入大师工作室学习技艺,学校只负责安排课程及管理学生,不参加设计夏布织造传承内容和方式。"做习创"传承方式下,大师工作室主导夏布织造传承教学,学校主要负责学生的管理。学校和大师工作室是协作关系,即学校负责场地、生源、产业资源;大师工作室负责教学、产品创作及生产。

一、"做习创"传承方式的特点

"做习创"的传承方式旨在通过3~5年的夏布织造研习和学历提升,将学生培养为取得相关工种高级职业资格证书的高级夏布织造人才。其传承方式具有以下特点。

（一）在传承主体上，作为传者的夏布织造大师处于传承教学主体的核心位置，扮演多重角色，也承担着多重责任

在教学过程中，技能大师主要负责夏布织造的传授，教授夏布织造关键部分的"缄默知识"，另一方面也要精心挑选具有潜质的学生，将其培养成夏布织造大师传承人。除教学与传承任务之外，大部分的技能大师还承接了产业市场的生产任务，或者其自身就开办了相关的工厂和企业，承担着产业管理任务。作为夏布织造最高水平的代表，夏布织造大师也承担着新技术、新工艺、新标准研发的责任。此外，现代职业院校的专业基础课教师是传承班的辅助教学主体，承担夯实学生专业知识底蕴，提升学生创业及产业管理能力的任务。作为传承的学习主体学生则处于一个相对松散而灵活的位置。学校并未限制学生承习夏布织造的类别，因此学生可以根据自己的兴趣选择进入任意一间或几间工作室学习夏布织造，但又不是师徒传承中的徒弟角色，更多的是类似于兴趣班学员。在教学传承中，学生都是基于共同的对某项夏布织造的学习兴趣而选择了师从同一个夏布织造大师。因此师生关系的缔结是双向自由选择的，某种意义上说，老师可以淘汰学生，学生可以重新选择老师。

（二）在传承内容上，教学传承以培养夏布织造的大师传承人为己任，在教学传承过程中重视对学生的核心职业能力和核心从业能力培养

因此，其传承内容大体分为三类：一是技艺操作部分。即以作品制作程序为导向开展夏布织造传承教学，实施"教学做"一体化教学，传授给学生正确的制作手法。此部分教学内容及教学进程皆是由技能大师个人意志决定，同时也是"做习创"传承方式下，学生学习的重中之重。二是综合素养部分。夏布织造的大师传承人虽然技艺高超，但文化程度偏低，理论水平低，有关设计、绘画等综合技艺并不全面，其传承效果大受影响。因此，传承会借助学校教育教授一些技艺掌握所需具备的基础知识和技能，以及技艺传承发展应当具备的扩展性知识，以促进夏布织造承习人文化素养提升，使继承人不仅懂得具体技艺，还懂技艺背后蕴含的文化与历史。三是产业管理部分。在现代化进程中，相比现代机械生产的标准化商品，生产耗时长、效率低、成本高的传统手工艺品难以满足快节奏生活方式下人们的物质需要，面临被现代技术替代与消解的境地，提高夏布织造的产业化水平成为当务之急。有鉴于此，夏布织造的大师会结合工作室的运营管理情况，适时教授夏布织造承习人创业孵化、产业管理的相关知识，助

力其创业及职业发展。

（三）在传承组织上，学生夏布织造的学习及其与学校内外部环境的相互作用均是以夏布织造大师及其工作室为介质开展的

首先，学校将夏布织造大师引入后，与其共同建立工作室，但囿于夏布织造大师工作室的性质及功能，大师工作室一般都选址校外，方便其产业经营。以重庆科技职业学院为例，该校先后聘请多位国家级、省级夏布织造大师担任客座教授，组建核心大师团队，同时，学校以黄秀英夏布大师工作室打造夏布织造文化传承基地。其次，学生在固定的时间，以参加选修课的形式进入工作室学习，甚至学生也可以与夏布织造大师协商利用课余时间学习夏布织造，而教什么、教多少、怎么教都由夏布织造大师决定；学校只负责将夏布织造设置成一门课程，安排固定的学习时间及学生选课的管理，并根据学生选课情况提供一定的运行经费和学习原材料。最后，学生完成相应学时，结束夏布织造学习课程后可以参加相关职业技能资格证的考核评定。其中优秀者也可以经夏布织造大师认可后进入更深层次的学习，成为夏布织造大师传承人的培养对象。

二、"做习创"传承方式的运行

（一）学校与夏布织造大师合作建立大师工作室

现代职业院校根据夏布织造人才培养的需要，依托行业优势，通过学校、夏布织造协会、相关文化产业企业的共同努力，合力引进夏布织造大师。在夏布织造大师工作室引入上，要选择聘请技艺高超、品德高尚，且在某一领域具有很高知名度与影响力的大师级的领军人物来校建立大师工作室。学校对夏布织造大师给予丰厚的福利待遇，配备良好的工作场地、设施和设备，同时搭建交流研修的技术平台，充分调动夏布织造大师的积极性和潜能，从而发挥夏布织造大师工作室在人才培养、技艺传承和技术创新等方面的功能。

（二）学校统筹安排夏布织造传承课程

"做习创"传承方式下，学校主要的职责就是安排传承课程，组织有兴趣的学生进入相应的大师工作室学习。学校制定《特色传承课程建设方案》，将每项手工技艺设置成一门选修课程。学生根据自己的兴趣爱好，选修一门或几门课程。学校负责学生选课的管理及安排相应的学习时间，并根据学生选课情况提供给大师工作室一定的运行经费和学习原材料。

（三）手工技艺大师工作室独立开展产学研经营

"做习创"传承方式下，夏布织造大师工作室的功能涉及"产、学、研"三个方面。一是产业合作方面，夏布织造大师工作室开展社会经营活动，接受个人和组织的订单，也将夏布织造产品公开对外销售。通过产业合作，夏布织造大师工作室能快速直接地将新产品、新工艺进行工业化和商业化生产，从而产生经济效益，更为关键的是夏布织造大师工作室承接的生产任务也成为传承班学生提供了最真实的实习实训情景，使其在操作中提升技艺。二是技艺教学方面，夏布织造大师据学生的学习能力、学习兴趣确定夏布织造教学的内容，同时选拔潜在夏布织造的大师传承人进行重点培养。三是在技艺研习方面，夏布织造大师依托现代职业院校提供的协会、企业的资源进行手工技艺的深入研习和手工技艺文化创意作品的创制，以提高自身手工技艺水平，确保手工技艺大师的含金量和影响力。总体而言，夏布织造大师工作室虽然是"做习创"传承方式的重要教学场域，但学校并不参与夏布织造大师工作室的经营，夏布织造大师工作室的日常运营和管理都由技能大师决定，其盈亏实行夏布织造大师个人责任制。

（四）实行技能证书和毕业证书"双证培养"

"做习创"传承模式下的生源分为两类：一类是全日制的职业学校学生，另一类是行业从业人员。虽然两类学生的学习基础、学习时间、学习动机、学习目的都有差异，但现代职业院校会统一实行技能证书和毕业证书"双证培养"。为保证培养目标的顺利实现，现代职业院校也会针对这两类不同的生源在班级类型及教学内容上有不同的设置。即全日制职业院校学生的"做习创"传承模式，教学内容侧重于提升技艺，以提升就业能力为导向；行业从业人员的"做习创"传承模式，教学内容侧重于夯实专业基础，以提升学历水平为导向，并实行弹性学分制，在学习时间安排上更加灵活。

三、"做习创"传承方式下学生成长轨迹

重庆科技职业学院设立"做习创"传承班，传承班学生将分别利用3～5年时间跟随大师专心学习夏布织造。学生将经历五个阶段：试学、初级学徒、中级学徒、学徒满师、个人提升。最终通过高技能人才评价取得技师或高级技师资格证书，并能开展独立创作、制作。

"做习创"传承方式下学生的成长可大致划分为以下五个阶段：

第一阶段：试学阶段

学生结合自己的夏布织造研习爱好，确定研习的夏布织造门类。行拜师仪式，入门学习，成为试学者。试学期为一个学期，学习内容主要是结合专业基础课程完成入门训练。

第二阶段：初级学徒阶段

完成入门训练的学生成为初级学徒，初级学徒一方面继续专业课学习，夯实美术专业基础。另一方面与夏布织造大师签订为期一年的学习工作协议，在夏布织造大师的指点下，通过复制工艺品等方式研习技艺，达到初级工的技能水平。

第三阶段：中级学徒阶段

通过初级工的技能考核的学生将升入中级学徒阶段。中级学徒需选定专业方向，进行定向培养。中级学徒的任务主要是在夏布织造大师的指导下独立完成工艺品的制作，实现由模仿复制到独立制作的提质。这种在夏布织造大师工作室的实践学习，大致需要持续一年的时间。

第四阶段：学徒满师阶段

完成中级学徒阶段的技艺实践学习后，学生已经积累了美术专业创作的理论知识和夏布织造大师工作室的实践经验，不仅能独立完成夏布织造作品的制作，还可以独立进行夏布织造作品的创作，达到高级工的技能水平。学生在学徒满师后，能取得高级工毕业证书，顺利实现就业。

第五阶段：个人提升阶段

学徒满师的学生可以在社会就业或者在夏布织造大师工作室实现就业。通过与工作室签订就业工作协议的学生，将在工作室继续进行夏布织造作品的创作与制作。而且随着其夏布织造技艺的日渐精湛，作品影响力水平的逐渐提升，在夏布织造大师工作室就业的学生也可以通过高技能人才评估取得技师甚至高级技师资格证书。

第四节　"做习创"传承模式——现代学徒制新模式实证

"做习创"传承模式是"现代学徒制"的创新应用，是传统学徒培训与现代院校教育相结合、企业与学校合作实施的职业教育制度。"做习创"传承模式是职业教育主动服务当前经济社会发展要求，打通和拓宽应用技术和技能人才培养发展通道，推进现代职业教育体系建设的战略选择；是全面实施素质教育，深化职业教育领域综合改革，培养学生社会责任感、创新精神、实践能力的重要举措。

一、"做习创"传承模式实施背景

近几年，成渝经济发展强劲，重庆正在崛起，如何适应产业发展，对接产业需求，对已有的办学模式提出了新的挑战，为提高人才培养质量和办学水平，全面提升服务重庆内陆城市建设的能力，必须改革创新人才培养模式。推进学校、行业、企业三方合作是职业教育提升办学质量和服务经济社会发展能力的创新之举，对推进改革发展示范校的建设具有突出的现实必要性。

至此，重庆科技职业学院和行业、企业三方代表共同成立了由相关行业、企业专家、技术人员组成的专业指导委员会和由企业与学校顶层管理人员组成的基地建设指导委员会为二层管理的"三方二层"校企合作委员会管理机构，使专业设置与产业发展对接，课程设置与岗位能力对接，实践教学与企业生产对接，教育服务与企业需求对接，大胆推进校企深度融合和工学结合机制创新，在夏布加工与营销、连锁经营与管理两个专业进一步推行实施以"招工招生一体化、企校主导联合育人"为主要内容的现代学徒制，深化实施"英才计划"，推进校企共同制定人才培养方案、共同开发核心课程、共同参与教学过程、共同参与质量评价，实现校企协同育人。

二、"做习创"传承模式建设目标

"做习创"传承模式创新"现代学徒制"，改革传统人才培养模式和课程体系，构建高素质、精技术的教师团队，以提升专业教学整体水平；改善实践教学条件，建立健全教学管理制度，不断提高社会服务能力及专业影响力，努力实现"培养标准行业化、培养模式多样化、培养内容职业化"的"三化"目标。

三、"做习创"传承模式工作过程

（一）以"英才计划"为依托，实施"1 + 2"分段式"现代学徒制"人才培养新模式

让企业共同参与制定和实施人才培养方案、合作培养师资、联合开发

教材，着力推进学校与行业，专业设置与职业岗位、教材内容与职业标准、教学过程与生产过程的深度对接，使学生在实训企业内实现从体验者、准员工到员工的身份改变，使学生了解行业概况并产生职业兴趣，实现专业化学习与体验式就业的有效对接，培养营销管理性专门人才。"培养夏布织造店长英才计划"（以下简称"英才计划"）是学校与加合夏布有限公司联合制定人才培养方案、夏布织造训基地组织实施的创新性现代学徒制人才培养模式。

1. 推行"1+2"分段式培养计划

"1"指在学校学习基本专业理论知识一年，"2"指在岗实训两年，在岗实训采取理论学习与实践操作相结合。参加"英才计划"的学员需通过12个岗位培训和"1~7级测评"，由简单到复杂，循序渐进，逐级考核。

①12岗位能力测评。由门店店长、经理严格按照英才学员过岗学习计划，对学员进行岗位理论培训和实操示范，同时跟进、督促学员每15天按计划完成1个岗位能力的测评（含理论与实操），逐步通过"1~12岗位能力测评"。

图7-2 12岗位示意图

②7级晋级测评。由门店店长、经理制订英才学员晋级学习计划、过级考评方案，按照学员过级考评方案，由门店店长、经理和行业专家联合跟进、督促学员每3个月按计划完成1个级别的晋级测评，逐级通过"1~7级测评"，学员过级的技术技能水平测试由行业专家考评团负责鉴定。

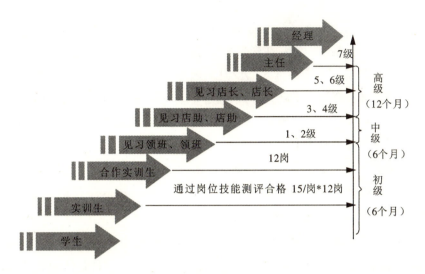

图 7 - 3 7 级晋级示意图

2. 建立"师带徒"成长模式

以培养高技能人才为目标，按照职业经理人所需要职业素质能力要求，通过"1+3"或"1+5"方式，即在企业培训期间实行 1 位师傅负责 3~5 位学徒的理论和实操的传授，学生培养考核合格，颁发毕业证书和行业晋级技能证书，安排在行业会员企业就业，实现学生学习与就业的"零对接"。

3. 建立"6 个管理制度"

①日短信制度。参训学员每日向带训师傅短信汇报学习、工作情况；带训师傅每日短信回复学员告知其学习改进完善方法。

②周分享制度。每周五下午在各实训点召开周分享会，由英才学员汇报本周学习、工作、生活情况，后由带训师傅对其本周的各方面表现进行评价和改进建议。

③月交流辅导会制度。每月由行业专家与全体英才学员举行交流辅导会，主要由每位学员依次轮流汇报本月个人的学习成长情况，后由行业专家与每位学员进行交流辅导，提出针对性辅导意见。

④季度汇报会制度。每个季度由培训基地负责召开夏布"英才计划"汇报会，主要向夏布织造行业、政府部门、合作学校、学员家长和会员企业等相关领导、人员汇报英才学员本季度的学习成长情况。

⑤激励奖励制度。每月评选"效率之星奖""服务之星奖""进步奖"

"熊人奖"4个奖项和奖金，分别授予过岗晋级表现突出的英才学员。

⑥带薪加薪制度。学员在岗带薪培养由培训基地发给保底工资1840元/月，通过6个岗位工资增加80元/月，通过12个岗位工资增加80元/月，通过1级测评工资增加140元/月，通过2~7级测评工资各增加100元/级。每月带薪假期4日，享受国家法定节假日，基地免费提供住宿，免费购买团体意外保险，办理健康证。

4. 建设"专兼结合"师资队伍

校企共建师资队伍是创新现代学徒制人才培养模式工作的重要任务。现代学徒制的教学任务必须由学校教师和企业师傅"双导师"共同承担。学校将打破现有教师编制和用工制度的束缚，探索建立教师流动编制或设立兼职教师岗位，加大学校与企业之间人员互聘共用、双向挂职锻炼和联合建设专业的力度。

5. 建立"多元评价"机制

学校将依托"加合夏布有限公司"等企业建设"产学训"基地，实现行业、学校、企业优势资源和专业自身优势与专业培养目标等要素的有效对接，对行业企业普遍存在的技术与管理难题进行攻关，合作编写实践教材，建立起"行业、企业、学校、学生"共同参与的多元评价质量保证机制。

（二）以"大足教学点"为基点，推行"三段推进，全程跟进的现代学徒制"人才培养新模式

与重庆夏布织造行业协会、加合夏布有限公司等企业深度融合，以设计、制造两大核心能力为主体，建设"专业教学、职业培训、工学结合、产品研发"为一体的校企合作实训基地；打造校企双向流动、专兼结合的优秀教师队伍；建立由社会、企业、学校、学生共同参与的教学质量评价体系。围绕夏布织造产业链构建专业群，培养生产性技术技能型人才。

1. 建立"三段推进，全程跟进"的培养机制

①学生在校的3年时间划分三个阶段。第一阶段（第1、2学期）夯实专业基础，主要开设基础学习领域课程，学习基本知识，训练基本技能；第二阶段（第3、4学期）演练岗位能力，在校内进入导师工作室与实训室完成设计与制作项目，通过"导师工作室→学生工作坊→制造车间"一体

化教学链,把课堂教学、市场调研、实训车间制作有机地串联起来,系统完成"市场调查→外观设计→结构设计→工艺设计→产品试制→产品调整→企业认可→商品"的岗位工作过程,提高学生学习适应未来岗位的主动性、创造性;第三阶段(第5、6学期)提升岗位技能,利用校外实训基地,进行顶岗实习,在校企双方指导教师的共同指导下,训练职业岗位技能,强化专业知识的运用,进行综合能力考评,提升岗位能力。

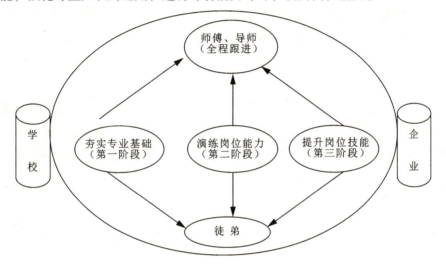

图7-4 "三段推进,全程跟进"人才培养示意图

②让企业及其夏布织造大师全程参与学校人才培养全过程。第一阶段在学校学习理论基础,每位师傅和教师带5位学生,关心学生的学习生活情况,企业安排师傅定期来校为学生讲课;第二阶段在校内主要学习职业基本技能,学校建立大师工作室,利用实训车间教学,按方向项目化教学进行技能指导,学校安排老师配合师傅进行理论讲解,跟踪学生的学习情况;第三阶段在企业顶岗实习,学生接受学校和企业的双重管理,在师傅的指导下,实践独立设计、加工的技能,逐步提升能力,完成出师。

2.形成"一证三结构"的人才培养规格

学校依据夏布织造发展的特点,分析从业人员的岗位所需的能力结构,寻找设计工作任务与相关知识之间的联系,与重庆夏布织造行业协会合作,立足"大足教学点",制定人才培养目标,形成"一证三结构"的人才培养规格。即毕业生需持有夏布织造师中级及中级以上证书,并具备"知识、能力和综合素质"结构,培养具有夏布织造方面的专业知识和设计能力,掌握夏布织造的基本知识和熟练操作夏布织造的专业技能，有较强的实践能力，适应于能从事夏布织造工作的德、智、体全面发展的高素质技能型人才。

四、"做习创"传承模式条件保障

（一）组织保障措施

学校建立了校企合作委员会、校企工作领导小组及专业建设指导委员会的三级管理体系，形成了企业参与、学校全面协调、专业建设指导委员会具体工作的校企合作管理模式。

（二）制度保障措施

重庆科技职业学院制定了《校企合作专业建设委员会章程》《顶岗实习管理制度》《校企合作工作制度》《校企合作工作考核评价指标》《校企合作管理办法》《校企合作管理细则》《校企合作联席会议制度》等相关制度，使校企合作共同育人可实现有序、高质量的进行。

（三）经费保障措施

重庆科技职业学院高度重视现代学徒制建设，每年通过重庆市示范性现代院校建设工程项目给予不少于30万元的经费支持，大足区政府配套了100万元，部分资金用于现代学徒制建设。

五、"做习创"传承实际成效

（一）提升了人才培养质量

重庆科技职业学院通过优化和改革人才培养模式，提升区域职业教育整体水平，为区域经济发展提供优质的人力资源，拓展了服务区域社会功能，形成"优势互补、互惠共赢"的校企合作办学机制，该校连锁与经营管理专业以及"大足教学点"培养的学生在重庆及周边地区各大开发区工作，获行业企业的认可度大幅提高，毕业生的双证率达到100%，就业率达到100%。

校企订单培养是学校针对用人单位需求，以就业为导向，培养能工巧匠，助力人才培养质量的提升，学校共与10家企业合作成立20个订单班，学生人数达684人。加合夏布有限公司与学校深入校企合作，以独立组建班级以实施教学和学籍管理的"定向班"形式人才培养模式，即从招生到毕业由学校和企业双方共同确定培养方案和需求计划并全程参与，并在厂内建立产教融合实训基地。

（二）树立了校企合作新模式

学校建立了"资源共用、人才共育、过程共管、责任共担、成果共享"的校企合作长效运行机制，累计与 36 家企业确定了校企合作关系，进一步强化与专业对口紧密型合作企业的合作，分别参与了"重庆市职业学校联盟""重庆职业教育集团"，走集约化发展道路，共享教育资源，探索了校企联合招生、联合培养、一体化育人的现代学徒制。

重庆科技职业学院与加合夏布有限公司签订合作协议，充分发挥校企双方的优势，发挥职业技术教育为社会、行业、企业服务的功能，组建混合所有制企业"夏布工匠产业学校"，合作宗旨及目标是服务产业企业、服务职业教育、服务学生、服务社区，促进产教融合，成为具有区域特色、良好社会影响力的示范性产教融合产业学校，为企业培养更多高素质、高技能的应用型人才，同时也为学生实习、实训、就业提供更大空间。

（三）提升了学校的知名度和影响力

学校积极开展区域间、省际交流合作，加强与行业企业的合作共建，与省内外多个同行学校相互参观考察，提高了学校的教学水平和管理水平，提升了教师的综合素养，也极大地提升了学校的知名度和影响力。

学院积极推进开放办学，先后与美国、加拿大、英国、韩国、日本、泰国、西班牙、菲律宾等 10 余个国家和地区的单位建立了国际合作关系，致力于培养具有国际视野的高素质技术技能型人才。

第八章
"道艺行"三维一体的素质体系

近年来，成渝地区产业调整和转型升级步伐加快，市场对技能人才的综合素质提出了更高的要求。如何在培养学生的教学过程中获得相应知识、技能的同时，促进学生职业生涯的和谐发展并满足经济社会发展的迫切需求成为重大课题。重庆科技职业学院在长期办学中潜心研究技工成长规律并积极实践，充分汲取西方发达国家的设计导向职业教育思想，以培养学生综合职业能力和职业素养为目标以任务和活动为载体，在教育教学中融入课程思政，实现知、行、道合一，开展全方位育人，探索出了一条特色鲜明的"道艺行"一体成才模式。

第一节 "道艺行"三维一体的理论

一、"道艺行"三维一体的概述

重庆科技职业学院"道艺行"一体成才模式的理论基础是"设计导向"的职业教育思想，它不仅关注学生综合职业能力的提高，还看重学生职业素质的养成，旨在将学生培养成技术和工作的参与者和设计者。重庆科技职业学院将每一门手工艺所蕴含的道、艺、行进行纵向解剖，深化了对"道""艺""行"的认识和理解，形成手工艺传承过程中守道、授艺、践行三维成才机制，从而将职业知识、职业技能、职业素养的培育有机融为一体。

守道，即爱国情操、思想道德、职业素养和职业精神的培育。手艺人的价值取向是以德为先的，先德行，后技能，以"技"养身，更需要以"心"养"技"，所谓器好学，心难修。手工艺传承教育以守道为先。手艺的传承是有脉络、有规矩、有道德的，没有规矩不成方圆，懂规矩、守道德是做好传承的根本。传的人按规矩先教规矩，承的人按规矩先学行道和规矩，自然就守住手艺的根。这里的道，包含手工艺行业的行道、规矩、职业素养，更包含中国特色社会主义核心价值观的思想道德。重庆科技职业学院在手工艺传承模式的探究过程中，把守住手工艺之道放在首位，并贯穿教育教学的始终，教育者深知只有淬炼精神后才是精进技艺，没有心性，何谈匠心。守护技术，保有气节，不易初心，才能精益求精。道的传授，凸显了大师言传身教的重要性和必要性。大师传授不再仅限于手艺，更要传道，首先是要传"大"道，要课程思政，要在授课教徒过程中弘扬爱国情操和民族自豪感，树立正确的中国特色社会主义核心价值观；同时要传"小"道，即所授手工艺行业的职业操守和职业道德、做人的品格与做事的精神。一门技艺不仅是靠反复的劳动积累和总结归纳形成经验，更重要的是依靠精益求精、专心敬业的精神品格。

授艺，即技能技术传授、工艺艺术的优化创作等系列教学活动，主要以实地形式来实现。重庆科技职业学院为配合师徒间技艺的传授，学校进行了一系列的辅助工作。如开发涵盖巴渝特色工艺课程全部知识点与技能的课程内容；到企业与工艺美术师、技师、高级技师等调研中高级营销型"非遗"人才关键技能及职业能力的要求，初步研究制定职业标准；将职业标准有效地引入教育培训课程设置中，配备教学设施和师资，培养符合企业和产业发展要求的合格从业人员；创新课程的开发、课程总体的评价体系，建立网络教学平台等。编辑出版非遗手工教材也是学校近来的重点工作，针对普通教科书无法满足夏布织造的传授这一缺陷，学校组织非遗传人来担当顾问和编写者，编写一系列非遗传承教材。这些教材将非物质文化遗产传承的内容纳入其中，有一定的故事情节，有较强的可读性和教育性。

践行，即是将所学所悟所想付诸行动，在实际操作中知行合一。《荀子·儒效》中言："知之不若行之，学至于行之而止矣。"重庆科技职业学院将大师的毕生所学的技艺和工匠精神通过工学一体化的教学模式展现出来，为每一项手工艺匹配专门的实训工作室，让学生在传承和积极探索造物过程之中，将匠心精神内化为精神品质和道德情操，通过开展各类手工艺文化活动中将自己的所学、所思、所悟体现出来。学校通过育人团组等新型教学模式探索出一条匠心之路，以大师工作室为载体的教学模式，提倡理论与实践的结合和创造性思维的培养，经过大师与学生的双向选择后，严肃的拜师仪式所形成的师徒关系比传统的教师与学生的关系更加牢固。工作室制教学模式使学生们不断练习如何像大师一样思考、行动和表达，这些未来的大师们将于此形成他们个人的工作能力与风格。为顺应当今社会的飞速发展，学校也有意识地培育学生创新创作力，引导学生将传统工艺与现代科技结合，在保留传承传统工艺的同时，为其注入新的生命力。

"道艺行"是统一的有机整体，在运行中呈现出全面性、发展性和差异性等特征。

二、"道艺行"一体的成才理论

随着重庆产业升级和技术进步，特别是信息化、自动化技术的发展，具备高超技能、良好理论和技术知识素养、一专多能的高技能人才将成为当前技能人才队伍的需求主体。可以说，重庆在产业结构调整、转型升级和构建现代产业体系过程中，技能人才"量"的供给和"质"的提升成为关键要素。

同时，以往"泰勒模式"的劳动生产组织方式虽然适合少品种、大批量的生产需要，满足了经济成长时期迅速增长的社会需求。但在市场需求全球化、多样化、个性化，对多品种、小批量、迅速变化的快速反应方面面临着严峻的考验。此时，以丰田"精益生产"为代表的现代生产组织方式通过水平分工、扁平化的综合的柔性管理取得了巨大成功。面对现代技术的多变性，劳动者既要有能力完成定义明确的、预先规定的和可展望的任务，还要考虑到自己"作为在更大的系统性的相关关系中"所产生的影响，这就要求具有灵活性，并以启发性的方法解决限定的问题。因此，现代企业不仅要掌握高技术的制高点，更要建立学习型组织，能迅速适应技术的发展和社会环境的变化。

产业结构升级逼迫职业教育转型，显然，原有的偏重于技能操作的成才模式已呈现诸多不协调，需要寻找到更适宜的方法途径，采用适应区域经济发展的成才模式造就企业需要的技工。

重庆科技职业学院在实践探索中，充分汲取西方发达国家先进的设计导向职业教育思想，紧紧围绕企业转型升级对技能人才的需要，探索出了一条特色鲜明的"道艺行"一体的成才模式。该模式的理论基础是德国"设计导向"职业教育思想，该思想产生于20世纪80年代中期，代表人物是德国不来梅大学技术与教育研究所费利克斯·劳耐尔教授。

"设计导向"职业教育的基本含义在于，职业教育培养的人才不仅要有技术适应能力，更重要的是要本着对社会、经济和环境负责的态度，参与设计和创作未来的技术和工作世界。设计导向职业教育的目的是满足企业对产品质量和创新能力不断提高的要求，学习内容不局限在技术的功能方面，而是把技术发展作为一个社会过程来看待，让学习者对技术有一个全面的理解。学习者针对来源于实践的开放性学习任务独立设计解决问题的策略、尝试解决问题并进行评价。

"设计导向"主要包括两方面的内容：一是对"工作和技术的设计"。在技术、生产组织和工作的设计过程中，新设备新技术的性能固然重要，但教育通过多元文化取向对社会愿望产生影响，可以在很大程度上规划和设计技术的发展，同样工程师在新产品设计中也会有意识地注意劳动者的职业能力。也就是说，职业教育已经成为在技术、工作和教育之间复杂关系的独立变量。因此，必须有意识地促使职业教育对生产组织发展和技术进步产生积极的影响，实现从"适应导向"向"设计导向"的战略性转变。二是在教学过程中促进学生"设计能力"的发展。设计导向教学的目的是满足企业日益提高的对产品质量和员工创新能力的要求，其学习内容一般是职业实践中开放性的没有固定答案的学习任务。在此，学生不但应独立设计解决问题的策略并尝试解决之，而且应根据评估标准并对其进行评估。

在设计导向的职教思想中，职业教育培养的不是作为"工具"的简单劳动者，而是技术和工作的参与者和设计者，因此专业（职业）教学内容的实质是"构建技术与自然环境和社会环境这个和谐社会"的工作方法，核心内容是工作内容和工作过程，具体包括工艺、历史沿革、使用价值、技术与社会劳动、技术与环境等五个方面。设计导向职业教育需要相应的学习方式，要求学生积极参与计划和实施，提高解决问题的能力，展示所习得的技术，在给定的设计空间里完成工作任务，从而实现学习与工作的一体化。

三、"道艺行"一体的成才内涵

"道艺行"一体的成才模式是重庆科技职业学院在长期实践中的总结和创新，所谓"道艺行"一体的人才，即高技能、高素质、高境界的人才。"道"即爱国情操、思想道德、职业素养和职业精神；"艺"即技能技术、工艺艺术的优化创作等活动;"行"即知行合一的实操实训等行为活动。

"道艺行"一体培养的人才不仅在设计导向职教思想的指导下全面发展,还要遵循从初学者到专家的成长规律,最终成为综合职业能力与职业素养和谐发展的一流技工。

技艺,包括技和艺两个层面。

所谓技能,原指通过练习获得的自动化操作动作。随着人们对技能、经验、态度、信仰乃至默契等隐性知识研究的深入,技能类隐性知识受到空前重视。[①] 所谓技术,原指根据生产实践经验和自然科学原理而发展成的各种操作方法与技能。随着时代的发展,在界定技术时,不仅要强调技术是人造物,是技巧,而且非常强调技术中的知识原理成分。技术本质上是一种过程和活动,是在技术目的的指导下对知识、能力、技能和工具的有机整合,不仅仅是某一个孤立的、静态的物体要素。[②]

经过长期的实践和对职业教育发展规律的认识,重庆科技职业学院在人才培养中对"技"有了新的认识:第一,技表现为一种活动方式,这种方式可以是外显的、展开的、动作的操作技能,也可以是内隐的、简约的、心智的认知技能;第二,技的获得均是要在已有的知识和经验的基础上经过反复练习而形成的;第三,技是在一定的目的指引下的一系列的动作组合,是一个有目的的动作系统。所以,我们在此将"技"作为一种体系,即在一定的目标指导下,根据所拥有的知识和经验通过反复练习而获得的规则性的动作体系,是由外显的肢体操作动作体系和内隐的认知活动体系所构成的整体。

艺,工艺艺术之谓也。先前,职业教育乃至整个职业教育有很强的技术导向性,以具体职业岗位的应用技术培养为主线,且特别注重技术技能的培养,并将这种思想推向极致。但是,其技术至上、实用主义和功利化倾向比较明显,忽视学生的创新意识和可持续发展能力,受到诸多诟病。重庆市职业教育在实践中坚持教育本性,通过对学生"艺"的培养,使学生成长为一个更为完整的"人"。这里的"艺"指的是能够体现人类情感的

---

① 文技. 技能的内涵与置位 [J]. 济南职业学校学报,2008(6):5-8.

② 徐国庆. 实践导向职业教育课程研究:技术学范式 [M]. 上海:上海教育出版社,2008:44-49.

艺术,具体体现在:其一,工艺的审美。重庆市职业院校在培养学生制作工艺的过程中非常注重对学生审美能力的培养。这里的美体现在流程美、作品美等方面。比如,对流程的不断优化,将获奖作品或平时作业放在专门的橱窗中展示,进而激发学生对自身"技"追求的内驱力。其二,工艺的创作。重庆市职业院校始终坚持以人为本,营造宽松的、积极向上的学习环境,培养学生各方面的情感,充分开发学生的创作潜力。如积极搭建沟通平台,最大限度满足学生情感需要,使学生感受到人文关怀,激发学生上进;关注学生物质需求,大力改善校园环境、完善配套设施,让学生在良好的职业环境中,愉悦地工作、学习,点燃他们创新的激情,促进他们的职业生涯成长。

道,思想道德、职业素养、职业精神之谓也。思想道德包括爱国情操、民族自信、中国特色社会主义核心价值观。职业素养,主要是指基于综合职业能力的职业认同和职业承诺。职业认同是指学习者或个体对于所从事职业的目标、社会价值及其他因素的看法,与社会对该职业的评价及期望的一致。职业承诺主要是指学习者或个体出于对某个职业的喜爱与认同而愿意从事该职业并甘愿付出时间和精力的态度、动机。这种态度和动机不仅影响个体的工作绩效,而且还影响着个体对职业的投入程度及其离职意愿等工作行为。职业认同和职业承诺是与职业能力发展过程紧密联系的发展结果。[1] 职业精神是人们在长期的职业实践中提炼而成的、与人们的职业活动紧密联系的、并为职业界共同认可的一种职业情操,包括个体对职业的价值观、职业态度、职业理想等凝练而成的精神品质。

行是最终的行为体现。一方面,要求学生将自己所学的,内化的知识、技能以及素养在实际操作中和日常行为中显现出来,在技能操作过程中,严谨细致,专业沉稳,并充分地体现团队的合作能力,创新意识;另一方面,在日常行为中,要做守护中国传统手工艺的继承人,多参加手工艺实践活动,不浮躁,不功利,踏踏实实,积极参与各项公益活动,并发挥自己的特长,在国际比赛中展现中国手工艺文化的风采和中国手工艺的精神内涵。行是对道和艺的最直接的评估,是成才的一个直接评判。一般从三

---

① 费利克斯·劳耐尔,赵志群,吉利. 职业能力与职业能力测评 [M]. 北京:清华大学出版社,2010:34-41.

个方面去评估学习者的是否是合格的继承者，第一个方面，是直接产出的工艺作品的质量高度；第二个方面就是在平日学习过程中对大师、手工艺本身的敬重和热爱；第三个方面是作为一个社会人是否用自己的言行倡导高尚的社会主义爱国情操，并践行公益活动。

四、"道艺行"一体的成才特征

"道""艺""行"三者之间存在相互联系、相互制约、相互转化的关系。"道艺行"一体的成才模式是一个有机统一的系统，关注到人才成长各个方面，本身就有不断发展和拓展的空间，在运行中呈现出全面性、发展性和差异性。

（一）"道艺行"一体的全面性

构建现代产业体系对技能人才提出了巨大需求，保证各类技能人才的有效供给和合理使用是重庆产业发展的重要保证。随着重庆经济发展和产业结构的调整，企业对技能人才的岗位、岗位技能要求在快速变化。这就要求技能人才应该具有灵活性并善于以创造性的方法，不仅能解决限定的问题，而且能在未知的领域发现并解决问题。换句话说，社会对技能人才的要求是较为高深和全面的。

为应对这种需求，"道艺行"一体的成才模式从关注培养学生的综合职业能力和职业素养着手，培养技能人才的全方位能力。综合职业能力一般划分为专业能力、方法能力和社会能力。综合职业能力和职业素养的结合，涵盖了个体职业技能提升、知识获得、任务解决、生涯发展的各个方面，与人全面发展观相吻合。同时，"道艺行"一体的人才是通过"工学评"一体培养而成，在典型工作任务的学习中获得了相应的职业能力，其水平级别涵盖功能性能力、过程性能力、整体化的设计能力，对功能性、直观性、经济性、使用价值导向、工作过程（生产流程）、环保性、创造性、社会接受度等方面，体现了职业能力发展的各个方面。

（二）"道艺行"一体的发展性

从个人职业生涯成长而言，它是个体通过持续不断的个人修养来全面提升自己，使自己一步步成长起来；通过一个个人生追求的实现来促进个人价值的提升，去承担着越来越重要的社会角色；通过有效的技能训练来提高职业化水平，使自己成为某一方面的专家。

为此,"道艺行"一体的成才模式遵循技工职业成长"从初学者到专家"的逻辑发展规律,按照初学者、高级初学者、有能力者、熟练者和专家等五个阶段发展学生的职业生涯。其过程是具有一定职业能力和职业素养的个体要经过一段时间适应自己的职业角色,完成给定的工作任务;然后在此基础上,对自己在整个工作流程中所处的位置有一个明确的认识,开始注重与他人配合,使任务更好地完成;最后,逐渐养成高尚的职业精神和素养,促使自己不断提高。"道艺行"一体的成才模式正是按照这样的内在逻辑开展,不断促进高技能人才的成长。

(三)"道艺行"一体的差异性

学生的差异性是客观存在的,每一个学生的生活环境是不同的,表现为智力结构、学习风格、人格气质方面的差异。随着个人的成长,每个人所从事的职业不同,个体状态不同,职业生涯就会有很大的差异性。特别是个体由于心态、思想和价值观的不同,面对岗位工作就会有不同的感受,就会向着自己潜意识支配着的职业生涯方向发展,随着时间的推移,这种职业生涯的差异性就会越来越大。

"道艺行"一体的成才模式是遵循"设计导向"职业教育思想发展而来,其本身就要求学习者不是作为"工具"的简单劳动者,而是技术和工作的参与者和设计者,从而成为差异性发展的个体。其具体表现是,每个学生通过典型工作任务的学习,获得了相对广阔的发展空间,每个学生各自在功能性能力、过程性能力、整体化的设计能力方面水平有所不同,形成了个性化的综合职业能力和职业素养。同时,"道艺行"一体成长起来的人在实际工作中会有不同的表现,而不是成为千人一面的"工具人"。他们会根据不同的职业情境规范化完成任务,在完成工作任务时,在工作标准的取舍和方案优化方面体现出一定的创造性,进而体现出一定的差异性。

在"道艺行"一体的成才模式上,重庆科技职业学院充分吸纳了德国"设计导向"的职业教育思想,以培养学生综合职业能力和职业素养为目标,深化了对"技""艺""道"的认识和理解,明确了职业学校学生的职业成长遵循"从初学者到专家"的逻辑发展规律。为了有效融合学生成长中诸多教育因素,重庆科技职业学院以活动为载体,采用各种形式营造氛围,促进技工成才中道艺行一体的运行。

第二节 "道艺行"三维一体的内容

通过"小镇"模式的人才培养，重庆市职业院校学生在综合职业能力、职业认同、职业素养、职业美感、职业理想和职业智慧等方面不断追求，以达到职业生涯的可持续发展。在成才路径上，遵循"从初学者到专家"的逻辑规律，经历"从完成简单任务到完成复杂真实任务"的成长过程，并在每个阶段呈现出独特的胜任能力特征。通过各校的学生个案，可以看出，只要通过科学的方法，找到合适的学习任务载体，一定能把学生从较低发展阶段顺序带入更高级的发展阶段，从而成为能对工作、家庭和社会负责任的优秀技术工人。

一、"道艺行"一体的成才规律

本耐（P. Benner）和德莱福斯（S. E. Dreyfus）等研究发现：人的职业成长遵循"从初学者到专家"的逻辑发展规律，其发展过程分为初学者、高级初学者、有能力者、熟练者和专家等五个阶段，如图 8 - 1 所示。

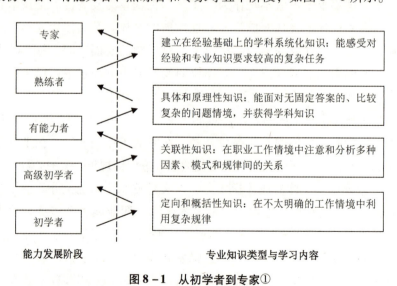

图 8 - 1 从初学者到专家①

---

① 赵志群. 职业教育工学结合一体化课程开发指南 [M]. 北京：高等教育出版社，2007：35 - 38.

劳耐尔（F. Rauner）等分析并得出了从初学者发展到专家所需要经历的过程和条件，发现和确认了各发展阶段对应的专业知识类型与学习内容，即初学者通过学习"职业定向和概括性知识"成为高级初学者，高级初学者通过学习"职业关联性知识"成为有能力者，有能力者通过学习"职业具体和原理性知识"成为熟练者，熟练者通过学习"建立在经验基础上的职业系统化知识"成为专家。

同时劳耐尔等建立了职业能力发展的 KOMET 理论模型①，且从多角度验证了"从初学者到专家"职业成长发展过程的正确性。如图 8 – 2 所示是 KOMET 二维能力模型，横坐标是能力内容维度（任务范围/学习范围），分初学者、高级初学者、有能力者、熟练者和专家的五个阶段；纵坐标是能力要求维度（能力级别），有名义能力、功能性能力、过程性能力、设计能力四个水平。

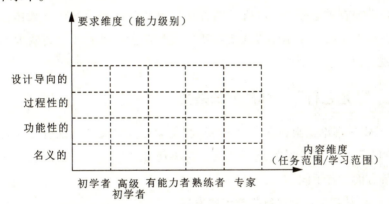

图 8 – 2 KOMET 二维能力模型

图 8 – 3 所示是职业能力发展的三维理论模型，横坐标是能力内容维度（学习范围），即职业定向性任务、程序性任务、蕴含问题的特殊任务、无法预测结果的任务四层次；竖坐标是行动维度（完整的行动过程），即获取信息、计划、决策、实施、控制、评价的完整过程；纵坐标是能力要求维度（能力水平），即名义能力、功能性能力、过程性能力、设计能力四个水平。该理论模型为职业院校职业人才成长的科学性提供了重要的工具。

---

① 费利克斯·劳耐尔，赵志群，吉利. 职业能力与职业能力测评 ［M］. 北京：清华大学出版社，2010：55 – 59.

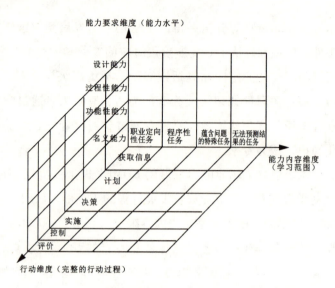

图 8 – 3   KOMET 三维能力模型

职业教育的任务是通过科学的方法，找到合适的学习任务载体，把学习者从较低发展阶段顺序带入更高级的发展阶段，且有序、高效地实现这一发展过程。

二、"道艺行"一体的成长路径

KOMET 理论指出，学生的学习过程与职业能力发展过程可分为逐步递进的四个阶段，各阶段的能力特征、解决任务的方式、职业责任感和质量意识等方面各有不同。①

（一）从初学者到高级初学者的发展

1. 学习难度范围

接受本职业入门教育，让学生学习本职业（专业）的基本工作内容，了解职业轮廓，完成从职业选择向职业工作世界的过渡，并初步建立职业认同感。

该层次的学习任务是能促进职业整体认识的职业定向的工作任务，日常或周期性的工作、设备装配制造和简单修理技术等，目的是帮助学生了解本职业的基本概念、标准化要求和典型工作过程。学生完成该学习任务

---

① 费利克斯·劳耐尔，赵志群，吉利. 职业能力与职业能力测评 [M]. 北京：清华大学出版社，2010：27 – 40.

必须遵循特定的规则和给定的质量标准，能逐步建立质量意识并有学习反思的机会。

2. 成长特征

初学者的学习是职业定向和概括性知识，在不太明确的工作情境中利用复杂规律，同时他们也能了解企业的生产和服务过程，企业生产过程受到多种因素的影响，并且是企业发展和创新过程的组成部分。在此阶段，初学者要解决的问题是"从职业角度来理解所学职业的概貌，本职业主要涉及什么内容，是否适合自己的未来发展"。

（二）从高级初学者到有能力者的发展

1. 学习难度范围

接受本职业关联性教育，让学生对工作系统、综合性任务和复杂设备建立整体性的认识，掌握与职业相关联的知识，了解生产流程和设备运作，思考人与人之间的关系以及技术与劳动组织之间的关系，获取初步的工作经验并开始具备职业责任感。

该层次典型的学习任务有设备检修、工作流程或工作系统调整等。其特征是：在职业情境中完成有一定难度的专业任务，利用专业规律系统化地解决问题，针对部分学习任务和环节能够独立制订计划、选择工艺和工具并进行质量控制，在此过程中注重团队合作，体验学习任务的系统性并发展相应的合作能力，养成在工作过程中不断反思的习惯。

2. 成长特征

高级初学者对其职业已有具体了解、是已掌握了重要的基本职业能力之后继续向前发展的初学者，在第二个学习范围内要学习完成系统的工作任务，这些工作任务包含职业的关联性知识（系统性的结构）。在机器与人的工作之间、技术与劳动组织之间的相互作用中，都要求学习者具有关联性思考的能力。

系统化地完成任务意味着：学生在对技术与劳动组织结构进行整体化思考的情况下，在具体的工作情境中完成工作任务。本阶段中，前期获得的职业整体认识和职业的关联性知识一同发展成为反思性的职业认同感，有一定的角色能力。在此阶段，高级初学者要解决的问题是"事物是怎样的，为什么是这样而不是那样相互关联的"。

(三) 从有能力者到熟练者的发展

1. 学习难度范围

接受职业具体与功能性的教育,让学生掌握与复杂工作任务相对应的、涉及解决问题较多的细节与功能性知识,面对无固定答案的、比较复杂的问题情境,完成非规律性的学习任务(如故障诊断),并促进合作能力的进一步发展,成长为初步的专业人员并形成较高的职业责任感。

本层次典型的学习任务如产品功能分析、单件产品制造和投诉处理、故障检测与维修等。要完成这些学习任务,学生不能简单地按照现有工作规则或程序进行,需要学习课本之外的拓展知识,并综合运用理论知识和工作经验,且需要按照自己确定的标准、流程和进度,独立或合作完成学习任务,具备一定的质量和效益意识以及反思能力。

2. 成长特征

随着职业定向、概况和关联性知识以及系统完成任务能力的获得,学生可以在此发展阶段中完成问题含量较高的特殊工作任务。要完成这些任务,学生只依靠现成的规则和原有问题解决方式是不够的,原有解决策略也存在局限性。学生必须首先分析任务、确定问题,才能做好下一步工作的计划。19 世纪 80 年代,职业教育课程开发中提出的"完整的、综合的工作行动"理论以及由此确定的培养独立计划、实施、控制和评价职业工作任务的能力,与按照职业成长发展逻辑组织的职业教育第三阶段有紧密的联系。

在这一发展阶段,学生的职业认同感发展成为职业责任感和质量意识,而职业责任感则是工作投入(内在动机)的先决条件,质量意识则是在充满问题的工作情况下,经历完整工作行动的必要条件。职业认同感超越了企业的范畴,成为职业共同体的组成部分。此阶段要解决的问题是"什么是工作过程的详细规则和依据及为什么"。

(四) 从熟练者到专家的发展

1. 学习难度范围

接受知识系统化的专业教育,培养学生完成结果不可预见的工作任务的能力、建立学科知识与工作实践的联系,在丰富的实践经验和扎实的学科理论的基础上,发展组织能力和研究性学习的能力,成为专家。

从熟练者到专家的过程是漫长的,需要不断实践和执着的职业追求。

专家对自己的职业有高度的职业责任感和使命感，能全身心地投入职业的深层实践与研究和未来发展，有着极高的热情和兴趣，乐此不疲。

本层次典型的学习任务有复杂故障诊断、排除和预防、技术系统优化创新和营销方案策划等。其特征是：可参考的资料及相关信息不全面；在一般技术文献中没有记录，学生需要自己确定问题情境和设计工作方法、选择工具和手段，可能会应用新工具新方法如开发软件等；对完成学习任务的过程全面负责、具备高度的质量意识，并关注环保和产品成本等，具备较强的反思和革新能力。

2. 成长特征

学生对职业工作任务的认识逐步专业化，其问题意识也逐渐增强。学习者可以获得在日常工作中少见的情境和问题中的工作经验。由于不可预见的工作任务有极高的复杂性，因此人们一般无法在一个具体的工作情境中进行完整的分析，也很难系统化地完成它，这就为学生在成为一流技工的发展道路上提出了很大的挑战。

这里，职业能力的基础是那些存在着可比较因素的已解决困难或已完成任务中的知识，这可能源自职业行动过程中获得的高水平专业理论知识和实践能力，也可能是产生于自身经验的直觉。这里的专业问题是在具体情境中解决的，不必对所有的条件和程序进行过细的考虑。

本阶段是要把对专业工作的反思与学科系统化的能力整合起来，为获得进一步的学习能力（如研究）做好准备。这里，不断增强的自我理解能力逐渐发展成为学习能力。学习者不再把自己局限在狭义的职业特点描述中，而更多地对自己的未来职业生涯发展进行规划，追求自身的最高价值。该阶段的学习者不论在知识的积累，还是在经验的总结上都达到了"入木三分"的程度，职业能力与职业素养获得全面发展和提升。

第三节　"道艺行"三维一体的运行与评价

现代职业教育是就业导向和以人为本的教育，职业院校的主要任务是发展学习者的综合职业能力和职业素养。为了有效融合学生成长中诸多教育因素，重庆科技职业学院以活动为载体，采用各种形式营造氛围，促进技工成才中"道艺行"一体的运行。

一、校级层面"道艺行"一体的运行

能力的形成和发展是有条件的，其中很重要的一条就是动机。学生必须对所学职业领域的工作感兴趣，有长期投身其中的愿望，才有可能发展自己的职业能力。有时外部环境可以激发学习者的动机，如学校营造浓郁的技术技能氛围，开展基于技能训练的若干活动。基于这样的规律，重庆科技职业学院开展了丰富多彩的技能竞赛、文化艺术、创新创业、就业服务等综合性活动，以活动为载体，使学生在活动中不断成长。

（一）技能竞赛

重庆科技职业学院一个基本特色就是重视技能，大家一致认为有一技之长是技工的立足之本。学生技能水平越高，面对工作越从容，得到待遇越高，越受尊重，自信心越强，越能抗击各种复杂的因素。为此，各职业学校纷纷以职业技能竞赛为载体，通过"技能节""技能月"考核和选拔学生，集中展示师生技术技能的风采，从而营造全校师生"勤学苦练技能基本功"的氛围，培养学生实践动手的能力。

（二）文化艺术

重庆科技职业学院以丰富多彩的人文知识和活动为载体，用趣味高尚、积极进取的活动作导向，营造宽松又严谨的氛围，"春风化雨"般、"潜移默化"式地化育学生，通过渗透先进文化思想，对学生进行个别化、个性化指导，提高学生自我认识能力、自我教育能力、自我管理能力、自我发展能力，使学生成人成才、自我发展，使家长满意，使社会满意。

（三）创新创业

创新是一个民族进步的灵魂，创业教育是提高人才培养质量的有效方式。重庆市职业教育"273"工程提出要打造高技能人才培养、中小型企业研发和创业培训孵化三大基地。重庆市各职业院校积极行动，以科技节、电商节等节庆为载体，着力营造科技氛围，拓展学生视野，激发学生学习科学和创业的兴趣，提高学生的实践能力。

【案例】

福建湄洲湾职业技术学校学生校园创业活动

福建湄洲湾职业技术学校计算机工程系高年级学生在商务管理教研组老师的指导与支持下，充分利用校内资源，以7～8人为一组，自由组建创业团队、开展市场调研、制定创业方案并进行传统商务或网络商务运营，提高了自己的策划能力、商务能力和团队合作能力。

在"微小企业"运营中，同学们真实地体验到商店经营管理的全过程，学会了库存预算和控制，学会了进货、验收、盘点，计账、宣传、营销，以及企业竞争、组员摩擦等方面的处理。

如今，首届参与者陆文成受创业实训启发，创立了福建俊城文化传播股份有限公司。赖秋琼同学则在经营一家牛仔服装网店，她说："我在第五届电商节上担任'饰界'组的销售人员。在电商节上，我学习到好多书本上没有的知识。通过这项商务实践，使我们学会了直接面对客户，了解他们的需求，再通过各种营销手段达成交易，这跟我们现实的公司运营很接近，是一个很好的创业训练平台。"

（四）就业服务

重庆科技职业学院高度重视职业院校学生的就业工作，将此纳入全市"大就业格局"统筹考虑。各职业院校纷纷推陈出新，全面开展职业指导和就业服务工作，引导学生树立职业理想，引导学生进行全面职业生涯规划并做好就业服务，确保学生的顺利成长和充分就业，取得了良好效果。

（五）综合活动

随着经济社会的发展，市场对技工的需求越来越大，要求也越来越高。职业院校在校生的健康成长，不仅关系到个人，而且关系到学校的长远发展。重庆市各职业院校秉承以人为本的理念，创新活动形式，构建校园快乐文化，拓展学生的兴趣爱好，有效增强与提高了学生的综合职业能力，为培养一流技工营造了优良的校园环境。

二、市级层面"道艺行"一体的运行

重庆市职业教育系统在市级层面，通过组织全市职业院校职业技能竞赛、创新设计竞赛、文艺汇演和学生运动会等，促使职业院校学生在此类活动中广泛参与，投身于富有活力的职业院校生活中。

（一）全市职业学校职业技能竞赛

开展职业技能竞赛活动是促进技术技能人才成长的有效手段之一，对技能人才评选表彰、职业技能鉴定、技术技能水平提升等具有十分重要的意义。重庆市职业教育系统通过技能竞赛活动，使参赛选手的综合素质得到了较大提高，并使优秀技术、技能人才脱颖而出，为学校发展输入了新的活力，使学生看到了自己在岗位上的价值，明确了技能成才的方向。

（二）全市职业学校创新设计竞赛

在重庆市职业院校，常常可以听到学生奇妙思维和技术创新的案例。打造"中小企业研发基地"的提出，让这种创新找到了一个正确的前进方向。重庆市职业教育系统从 2010 年起开始系统地组织师生创新设计大赛，其目的是培养学生的创新设计能力和团队协作精神，推动职业院校学生课外科技活动的深入开展，促进学生基础知识与综合职业能力的培养、理论与实践的有机结合，卓有成效。

（三）全市职业学校文艺汇演

职业教育不仅要培养学生高超的技艺，还要培养学生高尚的艺术道德情操，艺术活动无疑是最好的途径之一。其主要功能就是通过文艺活动培养人的情感态度，培养人的道德情操，使人怀着一颗积极的、友善的心灵去对待一切事物。重庆市职业教育系统每两年举办一次综合艺术性展演活动，层层筛选优秀节目参加全市汇演，有效促进了职业院校文化艺术能力的开展，为社会各界展示出后备技术工人良好的精神风貌。

（四）全市职业学校学生运动会

体育是一项集健身、休闲、娱乐于一身的活动，它能满足人们生活、工作、娱乐的需要，提高人们生活质量，是人们日常生活中不可缺少的部分。体育是学校教育的重要组成部分，对提高学生的身体素质有着不可估量的作用。重庆市职业教育系统每两年举办一次大型学生运动会，开展全市职业院校体育竞技，有效促进了职业院校体育健康活动的开展。

第九章
现代职业院校传承夏布织造保障策略

现代职业院校开展夏布织造传承是职业学校走内涵式发展的现实要求，是继承和发扬中华优秀传统文化的重要路径。传统夏布织造院校传承模式是借鉴传统夏布织造家族传承、师徒传承模式，分析传统夏布织造院校传承问题现状后建构的一种模式。传统夏布织造院校传承的推行，为传统夏布织造保护和职业教育变革之间找到平衡点并指明了方向，给二者带来了新的发展机遇。但是提出之后仍需要进一步的推进和保障。基于上文研究及国内外优秀经验，在相关教育、文化传承等理论的指导下，这里尝试性地提出传统夏布织造院校传承的推进与保障策略。

第一节　现代职业院校传承夏布织造的保障政策

构建完善的政策支持体系是保障现代职业院校传承夏布织造的首要环节，究其原因在于公共政策具有引导、调控及分配系列功能，能够分配社会资源、规范社会行为、解决社会问题及促进社会发展。因此，采用政策设计和规整将会是衔接职业院校与夏布织造传承最有效、最直接的方式。当然，现代职业院校传承夏布织造政策支持系统的建立不是一蹴而就的，是需要得到通盘考量并持久做下去的精细之活。通过研究当前夏布织造传承支持政策发现，虽然我国政府在夏布织造传承与保护的宏观政策领域已经做出相应突破，比如加入保护非物质文化遗产公约、颁布《中华人民共和国非物质文化遗产法》《国务院关于加快发展现代职业教育的决定》《现代职业教育体系建设规划（2014—2020 年）》等，这些顶层设计在一定程度上对院校传承夏布织造做出了实质性的规范与指导。但是，我们也不难发现，当前夏布织造传承仍然存在诸多为人所诟病之处，诸如地方政府和保护单位对夏布织造过度开发、职业院校难以引进夏布织造大师、职业院校经费与生源不足等，这些潜在因素已经为职业院校参与夏布织造传承带来了重重阻力。因而，职业院校传承夏布织造迫切需要建立一个政策支持系统，由国家制定相关政策，明确各参与主体的基本权利、义务，颁布职业院校与夏布织造传承人可享受的优惠政策，激励职业院校与夏布织造传承人积极参与，使职业院校发展与夏布织造传承的发展联系紧密，形成"双赢"的局面。

一、建立手工技艺传承人扶持基金并实施扶持政策

传统夏布织造的传承人是传统夏布织造传承的主体和发扬传统夏布织造文化的源头。如果无法促使传承人改变"绝技不外传""绝技不轻传"的观念，传统夏布织造类非物质文化遗产和学校教育之间的桥梁将无法建立。因此，为了传统夏布织造得以世代相传，促进我国职业教育发展，培养夏布织造人才，政府及相关部门应当努力帮助传承人树立"技艺巧享"观念，积极主动扩展传承主体。第一，对 60 岁以上生存困难的代表性传承人实施生活补贴和养老、医疗保险、保障政策。此项政策，可以解除他们的后顾之忧并使其全力传承夏布织造技艺。第二，要求国家级代表性传承人必须每年至少带三个学徒，签署三年传承责任合同，给予师带徒和学徒补贴扶持。第三，鼓励代表性传承人以个人、工作室、个体工商户、家庭作坊等形式进行因地制宜、因材施艺的传统夏布织造项目生产性保护；鼓励和支持职业学校讲授、作坊式生产、家族化传承、企业化营销、社会化扶持生产性保护传承模式；鼓励和资助传统夏布织造保护大师工作室和大师品牌建设。第四，为任何年轻的传统夏布织造传承人提供助学金。正如克拉克基本定律第三条所言：任何足够高深之技术，都与魔法无异。传统夏布织造的习得并不是一蹴而就，轻而易举的，而是技艺艰苦卓绝反复练习的过程。通常，技艺的复杂性、繁复性和周期性使得很多学习者望而却步，但真正进入传统夏布织造学习的人都是对传统夏布织造有着浓郁兴趣和深厚情感寄托的。也只有内心真正热爱本行业，愿意将此夏布织造作为自己一生的不懈追求方是非遗传统夏布织造传承的真谛。因而，对有志于从事非

遗传统夏布织造行业的年轻人，政府应当为其提供一定的助学金，或以奖学金的形式，为其潜心学习传统夏布织造解决现实问题，创设良好的夏布织造传承生态环境。

二、建立传统技艺扶持基金并实施传统技艺扶持政策

第一，鼓励维护传统手工的原真材料、核心技艺、既定流程和生产方式，实施精材、精艺、精品奖励机制。第二，坚决杜绝盲目追求市场化、规模化、机械化和假冒伪劣行为，同时通过项目退出机制予以惩罚和处理。第三，加大传统夏布织造生产性保护品牌建设力度，通过商标、地理标识、老字号等方式加大产品知识产权保护。第四，鼓励成立传统夏布织造保护专项协会，出台传统夏布织造保护专项夏布织造流程、人才认定和行业认定规范机制；实施定期考评和代表性传承人撤出机制；重奖扶持传统夏布织造本真性、整体性和活态传承的代表性传承人；抵制并且惩罚生产性保护项目机械替代、简化工艺和粗制滥造的行为。第五，鼓励和支持传统夏布织造保护示范基地的理论研究和生产实践，为全国提供经验和示范效应。第六，鼓励保护非遗生产性保护项目珍稀原料；鼓励且资助原料开发和可持续生产。

三、制定和实施传统手工技艺学校传承优惠政策

传统夏布织造传承之学校模式的推进不仅需要扶持维护传承人的自身利益，更需要国家对职业院校进行政策优惠和资金支持。传统夏布织造是世代相传，早已存在的，而职业院校引进传统夏布织造作为专业则是近几年的尝试；因此，对于推进传统夏布织造传承之院校模式，传承人和职业院校两大主体，职业院校有着不可回避的责任。第一，在国家层面建立职业院校传统夏布织造专业建设的专项发展资金，以特殊照顾的方式倾向民族文化事业发展。2013 年初，教育部、文化部、国家民委共同向社会公布了首批 100 个全国职业院校民族文化传承与创新示范专业点，标志着民族文化传承正式进入全国职业教育的示范专业建设行列。但通过对传统夏布织造传承的现状调查，发现当前资金问题是传统夏布织造专业建设最为薄弱的环节，并大大影响了非遗传统夏布织造人才的培养数量和质量。第二，对传统夏布织造传承项目所必需的生产、传习、展览、展示场地实施土地

优惠政策，促使职业院校有专门、充足的办学场地从事夏布织造传承项目。另外，对传统夏布织造传承项目所必需的原料开发、种植、可持续生产实施优惠政策，切实减少职业院校资金投入压力。第三，目前的传统夏布织造保护以政府为主导和主体，很少有公益团体和非营利机构进入或投入传统夏布织造保护基金，建议制定相应政策支持公益团体和非营利机构设立传统夏布织造保护基金，减轻职业院校的资金负担。作为基础职业院校，职业院校在获得政府财政拨款时略显弱势，长期存在办学资金短缺问题，通过设立传统夏布织造保护基金，并根据职业院校夏布织造传承规模，按比例注入职业院校发展当中，在一定程度上能够有效改善职业院校办学现状。

第二节　现代职业院校传承夏布织造的师资队伍

一、引进夏布织造大师

职业院校加强传承师资，最快捷有效的方法便是引进夏布织造大师。针对传承人老龄化和语言方言化现象，职业院校需要引进年龄结构不一的技夏布织造技艺大师。年龄大的传承人虽然技艺高超但是由于年龄问题，难以承担繁杂的教学工作，对于他们，院校可以酌情安排课时，发挥其宏观指导、技艺顾问的作用，把更多的教学任务分配给年纪较轻的技艺传承人。传统夏布织造的传承人数量本身有限，且不可能都被院校聘请入校，在加强院校师资方面，院校需要引进能工巧匠。传统夏布织造传承人的评选有严格的标准，评选出来的传承人是国家认定的夏布织造方面最具代表性的人，但是不代表其他夏布织造从业者技艺水平不高。职业院校可以在引进传承人的同时引进能工巧匠承担教学任务。这些能工巧匠在教学生的同时也可以和夏布织造传承人共同切磋并提高夏布织造水平，从而扩容夏布织造传承主体，提高传承师资水平。职业院校在引进夏布织造大师的过程中需要为其提供专业平台和工作保障，引进夏布织造大师入校，让他们没有后顾之忧，可以全心投入教学当中。目前为止，重庆科技职业学院已引进52位国家级、省级、市级工艺美术大师进校园，建立起玉匠、木匠、石匠、银匠等工种的大师工作室。

二、培养专业师资

职业院校加强师资的最快且最有效的办法是直接引进夏布织造大师，但是由于传统夏布织造技艺断层化现象的出现，培养专业师资才是加强传承师资更长远的做法。目前，专业师资的培养主要是由高等职业技术院校来进行，但是由于传统夏布织造类专业院校非常少，所专业师资的培养仍需另辟蹊径。国家可以成立传统夏布织造专业师资培养班，招收传统夏布织造从业者以及有意愿从事传统夏布织造教师行业的人。相对于学生来说，传统夏布织造从业者对传统夏布织造已经有了一定的了解和技艺基础，也有提升自身夏布织造水平的强烈欲望。国家组织此类师资培养班，由传统夏布织造传承人担任专业教师，由教育教学专家担任教学方法的教师，既提高传统夏布织造从业者的技术水平，又可以培养其教育教学能力，如此才能够更高效地培养传统夏布织造专业师资，增加职业学校师资输送量。

三、发展潜在教师

传统夏布织造传承人数量有限，职业院校的财力、物力等各方面条件也有限，为了加强院校传统夏布织造传承师资，职业院校在尽可能引进夏布织造大师的同时也可以大力发展院校本身具有潜在力的相关专业教师。院校可以组织与传统夏布织造接近专业的教师，深入夏布织造传承场所，向代表性传承人学习技艺，并且利用信息时代的传媒工具将传承过程都录制下来，加强学习。这些专业教师具备良好的专业能力，在学习传统夏布织造能够触类旁通，进入传承场所学习能够高效地接受技艺传承，比如具有绘画功底的教师学习雕刻和刺绣则有较好的美术基础和审美品质，则能够快速学习夏布织造。这类潜在教师可以作为传统夏布织造专业教师的发展力量，与引进的专业传承人形成师资梯度。这种方式既可以一定程度增加传承主体，也可以提升学校师资的综合能力。

第三节　现代职业院校传承夏布织造的实施平台

现代职业院校传承夏布织造作为一项社会综合性工程，不仅需要国家政策的顶层设计、专业教师队伍的鼎力相助，同时也需要一系列实施平台的鼎力支持。英国哲学家波兰尼的知识理论认为，人有两种类型的知识。通常称作知识的是以书面文字、图表和数学公式加以表达的知识，只是其中的一种类型。没有被表达的知识是另一种知识，比如我们在做某件事情的行动中所掌握的知识。他把前者称为显性知识，可以很容易表述和获得，而将后者称为缄默知识（即隐性知识），不易为人们阐明和掌握。基于这种理论，我们认为职业院校传承夏布织造应采用显性知识与隐性知识螺旋交替的教育方式，既要帮助学徒掌握传统夏布织造文化及一般真理，也应从夏布织造大师手中获得潜移默化的隐性知识，在显性知识和隐性知识的双重作用下，再进行传统夏布织造的反复模仿与实践。

因此，本文主张职业院校传承夏布织造的实施平台应围绕波兰尼的知识论，从专业课堂（理论知识获得）、夏布织造大师工作室（缄默知识获得）及技艺大赛（技艺评价）等三个方面进行构建，方能实现夏布织造传承的可持续与高发展。

一、专业课堂

专业课堂是职业院校传承传统技艺必不可少的基础载体，是学徒了解传统技艺文化及一般真理的主要场所。2018 年 4 月，文化和旅游部、教育部、人力资源社会保障部印发的《中国非物质文化遗产传承人群研修研习培训计划实施方案（2018—2020）》指出："着重帮助传承人群加深对非遗政策、传统文化和所持项目相关知识与技艺、技术原理的认识和理解。着重帮助传承人群提高文化艺术修养，获取相关专业知识，增加对行业动态、社会需求的了解，促进解决关键技艺和创作难题。"这些理论知识的获得，离不开职业学校专业课堂建设。那么，我们应该如何构建职业院校传承传统夏布织造的专业课堂呢？

第一，开发校本教材。职业院校根据所在地传统夏布织造发展现状，选定适合院校发展的传统夏布织造类型作为院校专业之后，针对院校缺少传统夏布织造教材的现状，开发校本教材成为解决传统夏布织造夏布织造传承内容零散的首要工作。校本教材开发，首先要组建教材开发团队。传统夏布织造的开发与以往的文科、理科、艺术科课程不同，传统夏布织造一贯采用的是言传身授的方式，极少有书面教材，同时传统夏布织造是一种操作性的技术门类，而非理论性的学科，需要将手工操作细节转化为书面文字。传统夏布织造教材开发团队主要需要传统夏布织造传承人、传统夏布织造能工巧匠、传统夏布织造研究者、传统夏布织造市场调查人员以及教材编写专业人员的集体参与。其次，实地考察收集资源。教材开发团队需要深入传统夏布织造生存环境，进行实地考察，对传统夏布织造制作全过程进行音频、视频、图像等方面的数字化处理，采集第一手资料为编写教材做准备。最后，编写书面教材。编写书面教材由教材编写专业人员主笔，其他人员共同参与。书面教材编写的过程需要教材开发团队与团队成员不断讨论，反复考察和整理一手资源，将技艺操作的全过程转化为书面教材。

第二，开发丰富课程教学资源。课程是联结学校各要素的纽带，通常被认为是教育教学活动的核心环节。在实施学校传承过程中，如何做好课堂与工作场所的对接、理论与实践的对接、教师与师傅的对接、学生与徒弟的对接、作品与产品的对接，让学生掌握非遗传统夏布织造的整个过程以形成完整的职业能力，关键在于课程教学资源的开发。首先，以岗位职业能力为依据，提炼传统夏布织造的核心技能。职业教育课程资源的开发是一个非常繁杂的过程，必须基于行业企业岗位职业能力的深刻认知。以宁波泥金彩漆技艺教学为例，基于制作胚胎—上漆—堆塑—上彩—贴金的整个工作过程和工艺流程，宁海县第一职业中学提炼出了泥金彩漆制作的四大核心技能：泥料配制、选图绘制技能、堆塑技能、装饰技能，并明确相应的技能要求。其次，以核心技能为依据，开发非传统夏布织造核心课程资源。在明确传统夏布织造的核心技能基础上，按照综合工作岗位职责、任务和能力需求，开发核心课程资源，并细化分解出核心课程各自的重点教学项目，如泥金彩漆堆塑技能就可以分解为关框、花鸟、山水、龙凤、几何纹样等7项重点教学项目，并研发了配套教材及多媒体教学资源库，如《宁波泥金彩漆口述史》和《泥金彩漆技艺篇》。需要注意的是，项目的设计要有一定的开放性，并结合模块化课程设计的思路，满足学生多样化选择的需要。这有助于为学生未来长远的发展奠定坚实的文化艺术基础和良好的艺术熏陶修养，对于培养学生文化创新能力，以及主动适应文化创意产业发展的心智结构具有重要的意义。

二、技能大师工作室

2011年，中共中央组织部、人力和社会保障部发布《高技能人才队伍建设中长期规划（2010—2020年)》，该规划指出："以建设技能大师工作室为重点，充分发挥高技能人才作用。鼓励各级政府、行业企业充分发挥生产、服务一线优秀高技能人才在带徒传技、技能攻关、技艺传承等方面的重要作用，依托其所在单位建设一批夏布织造大师工作室。"根据传统夏布织造历史轨迹可知，传统夏布织造的传承模式多以家族传承及师徒传承为主，这种传承模式具有显著的封闭性、家族性及私密性，从而使得夏布织造技术大多都掌握在少数民间艺人之中。因此，开展传统夏布织造的学校传承必须充分发挥民间传承人的积极作用，通过建立大师工作室，促使这些夏布织造大师可以招收学徒与承接产业项目，既能充分实现对传统夏布织造传承与延续，同时能够进一步保持民族文化特色，丰富民族文化的多样性。

打造"大师工作室"，搭建以项目为载体的教学内容。"大师工作室"或"名师工作室"是实施项目教学最为契合的一种方式。这样一种教学方式是基于引入企业实际项目，并在大师的指导下学习技能的过程，在一定程度上是对传统学徒制的一种回归。对于传统夏布织造传承来说，它具有三方面的优势。一是有利于增加学生对于职业的归属感和文化认同感。这是传统夏布织造传承人培养的前提基础，随着学生和大师接触时间的增加，学生在耳濡目染的浸润下会无意识地学习很多隐藏的缄默知识。二是有利于出精品，出绝活。"大师工作室"遵循着由"匠"到"师"再到"大师"的成长规律，能够依据学生个体差异，注重内化过程的个性化，有效突出大师传承、智能与技能结合、小班化教学和个性化教学的统一。一般情况下，师生（徒）比控制在在1∶3到1∶4之间，极有利于传统夏布织造传承人的精英化培养。三是有利于产品的研发和创新。非遗传承人的"大师工作室"承担为非遗传统夏布织造培养传承人的同时，也承担着延续并创新传统夏布织造的内在职责。比如重庆科技职业学院建成了以大师工作室为核心的"巴渝特色工艺传承基地"，建立起玉雕、牙雕、木雕、骨雕、揽雕、广彩、广绣、陶塑、剪纸、宫灯、掌画等工种的大师工作室，夏布织造大师可利用大师工作室进行"产、学、研、展、销"等。

三、技艺大赛

"出师"是学徒制考核的重要仪式和环节。"出师"意味着学徒生涯的结束，但是学徒只有通过严格的考核才能"出师"。而传统夏布织造院校传承的评价考核机制既不能仅仅沿袭古老的"出师"模式，也不能固守院校教育考试考核的形式，因而，建立适用于非遗传统夏布织造现代学徒制传承的评价方式至关重要。在夏布织造院校传承领域，最适宜的考核方式莫过于参加技艺、技能大赛，棋逢对手，一决雌雄。"台上一分钟，台下十年功"，要想在比赛中斩获胜利必须付出超常人般的辛苦与努力，这也凸显出比赛作为一种考核方式，不但具有高强度的残酷性，而且还具有全面性。2019 年 4 月，教育部发布《关于举办 2019 年全国职业学校技能大赛的通知》，该通知指出："全国职业学校技能大赛是国家职业教育的重大制度设计与创新，在 2019 年将在全国 21 个省市设立分赛区，设置比赛项目 87 个大项，89 个分赛项。"当前，国家层面已经将技能大赛作为衡量全国职业院校人才培养质量的一个重要标准。进一步研究发现，全国各地都在如火如荼开展传统手工艺技艺大赛，譬如中国国际手工艺术大赛、中国非物质文化遗产博览会传统工艺比赛及姑苏非遗传统手工技艺创意创客大赛等。因此，积极开展技艺大赛活动理应成为职业院校传承传统夏布织造的重要抓手。

首先，积极举办校内技艺大赛活动。职业院校在进行传统夏布织造教育传承过程中，应主动根据院校课程、专业开设实际情况，主动开展校内技艺、技能大赛活动。通过校内技能大赛，学校既能快速发现技术娴熟人才从而进行精准培养，深入扩大人才培养效益，同时能够通过比赛发现当前院校专业及教育内容存在的不足之处，进而为未来健康可持续发展提供整改方向。

其次，主动参加国内、国际技艺大赛。参加国家及国际性的技艺大赛，在技能比武的同时，也能够增进国际的文化交流和教育的互通，促进我国职业教育标准的国际化探索，为职业教育国际化提供合作交流的平台，为我国职业教育高质量发展提供新契机。因此，职业院校传承传统夏布织造的同时，既要开展校内技艺大赛，更要积极挑选和培育种子选手参加国家级及国际性技能大赛。一方面，有利于中国优秀传统夏布织造"走出去"，进一步扩大中华优秀传统文化影响力。另一方面，在我国传统夏布织造"走出去"同时，我们也可以清晰地寻找到国外传统布料织造的特色优势之处，从而汲取国外先进经验，实现自我超越发展。

第四节　现代职业院校传承夏布织造的文化环境

一、保护自然环境

职业院校开设传统夏布织造类专业时，需结合技艺生存的自然环境和文化环境，充分利用当地的自然资源和文化历史"就地取材"，选择当地拥有的传统夏布织造作为发展专业。为了更好地传承传统夏布织造类非物质文化遗产，我们每一个人都需要投入保护自然环境的工作中。保护自然资源，防止过度采集，是为了给传统夏布织造流传提供充足的原料，因为传统夏布织造的发展不只是我们这一代的事情，而是关乎我国传统文化源远流长的重大举措，巧妇难为无米之炊，我们需要有意识地保护自然资源。而不管是自然资源还是某些传统夏布织造制作的过程，很多都依赖优质的自然气候，面对当今全球气候变化，我们每个人都有责任采取一些预防措施和补救措施。因为任何一门传统夏布织造都有其自身保存的生态圈，在这样的生态圈中，我们尽量要做的是不为了短期的个人利益而损害自然环境的分毫，保护自然环境的意识只有人人都有，自然环境才有可能不恶化甚至逐渐变好。

二、营造人文环境

自然环境为传统夏布织造类非物质文化遗产提供了生存空间，而人文环境则给传统夏布织造类非物质文化遗产提供了发展空间。职业院校开设传统夏布织造类非物质文化遗产课程，营造良好人文环境是学校需要格外关注的。有些人认为学习传统夏布织造只要有技艺高超的夏布织造大师就可以了，忽视了环境对人的影响力。初高中毕业的学生进入职业院校之际，其身心都还处于一个快速发展的时期，环境对他们的影响是非常大的。职业院校营造一个气氛浓厚的技艺环境有助于学生学习技艺，甚至会起到事半功倍的效果。我们设想，如果学校建立了一个可以容纳所有学艺学生的较大的工作室，仿效传统夏布织造原生态的环境，工作室内的设施都是围绕传统夏布织造来建设，一边是夏布织造大师的工作室，一边是传统夏布织造校内企业，而中间则是学生的学艺主场和活动区，院校定期在活动区开展"传统夏布织造节"和平时的活动课程。此外，与工作室相邻的则是学生的宿舍区和招商引资建立的校内传统夏布织造节，教师和学生都有自己的创业工作室，展示和销售自己制作的夏布织造作品，为学生提供展示专业能力的平台，营造优良的人文环境。

三、建设制度环境

传统夏布织造类非物质文化遗产传承之院校模式的推进，不仅需要保护自然环境、营造人文环境，也需要建设制度环境保证院校传承模式的有效运行。建设制度环境需要国家和职业学校两方面的努力。国家应建立健全非物质文化遗产保护、传统夏布织造保护的法律法规；完善非物质文化遗产及传承人申报制度，保护管理制度等。职业院校则需要建立人才引进制度以及有效的激励制度和管理制度等，比如《大师工作室管理制度》《技师（高级技师）聘用与管理办法》《引进人才管理办法》《传统夏布织造节奖励制度》《校企合作管理制度》《传统夏布织造制作原料采集使用管理制度》《教师综合能力测评制度》《产学研展销管理制度》等。

结　语

本书基于教育学、生态学等多种理论基础，运用实地调研、案例分析等多种研究方法，系统分析了现代职业院校传承夏布织造的创新背景、结构逻辑，归纳了现代夏布织造传承的理论基础，揭示了现代夏布织造传承的主要影响因素，分析了现代职业院校传承夏布织造创新模式的多样化及优缺点，构建了现代职业院校传承夏布织造"3D"模式概念并进行了实践验证。

一、现实意义

（一）传统夏布织造类非物质文化遗产院校传承是一种教育创新

传统夏布织造类非物质文化遗产是我国文化瑰宝，其精湛的技艺不仅给我们的精神世界带来了审美享受，同时也给我们的日常生活提供了丰富的物质帮助。传统夏布织造类非物质文化遗产之所以能够经历几千年历史长河的洗刷流传至今，主要是因为有着高超技艺的夏布织造艺人通过家族传承、师徒传承的方式代代相传。但是随着工业化、机械化社会的快速发展，家族传承和师徒传承方式都表现出了难以适应的现状，此时院校传承方式应运而生。它既是传统夏布织造类非物质文化遗产保护的一种新尝试，也是一种教育创新。这种新形式试图借鉴家族传承和师徒传承的经验，发挥院校教育有计划、有目的、有组织、有规模培养人的优势，利用传统夏布织造类非物质文化遗产的特性和职业院校培养技能型人才的特性，寻求传统夏布织造类非物质文化遗产保护新的突破点和职业教育创新发展新模式。

（二）传统夏布织造类非物质文化遗产院校传承是一种生态系统

随着社会工业化、现代化、城市化的快速发展，传统夏布织造类非物质文化遗产面临着后继乏人、市场需求下降等严峻危机，同时传统夏布织造类非物质文化遗产学校传承作为一种新兴方式，在传承观念、传承内容、传承师资、传承环境、传承机制等方面面临着重重困难。作为传统夏布织造类非物质文化遗产保护和院校办学的新探索，困难即是挑战，我们只有集合政府、社会、学校、手工艺人、学生、家长等多元主体的力量，转变传承观念、构建传承课程、加强传承师资、营造传承环境、完善传承机制，构建传统夏布织造类非物质文化遗产院校传承生态系统，才能在工业化和现代化高速发展的进程中保留和发扬我们国家优秀的传统文化，在教育改革过程中促进职业教育的快速发展和特色发展。

（三）传统夏布织造类非物质文化遗产院校传承是一种文化传播

院校教育具有文化功能，它有着保存文化、选择文化、传承文化、创新文化的作用。传统夏布织造类非物质文化遗产融入院校教育，利用院校教育的文化功能，向学生、院校、社会各界传播传统夏布织造类非物质文化遗产精湛的技艺和深厚的艺术文化。同时，传统夏布织造类非物质文化遗产本身就具有丰富的文化价值，其传承的过程就是一种文化传播的过程，是一种"活"文化的鲜明体现。传统夏布织造类非物质文化遗产院校传承教育深入贯彻和落实了国家对加强社会主义核心价值体系教育、完善中华优秀传统文化教育的政策，有利于中华民族优秀传统文化的广泛传播与发扬。

（四）传统夏布织造类非物质文化遗产院校传承是一种经济媒介

当今世界，文化已经深深融入经济之中，几乎所有的经济活动和物质产品都包含着文化因素和文化内涵，文化已经成为当今社会生产力发展的原发性因素和经济增长的基本动力。传统夏布织造非物质文化是促进社会发展的重要手段。

传统夏布织造不仅是教育创新、生态系统、文化传播和经济媒介，传统夏布织造本身便具有审美和实用、历史文化、科技和经济等多种价值，对现代生活不管是在促进经济、生活方式、生态文明建设方面，还是在增强国人的文化自信和培养工匠精神等方面都有着巨大的作用。而它目前在传承延续过程中又遇到了传承、市场和原材料等方面的问题，所以，传统夏布织造走进现代生活势在必行。因此，我们需要充分挖掘传统夏布织造的本体价值及其对现代生活的作用，来推动传统夏布织造走进现代生活，从而使其充分发挥其本体价值，并在一定程度上促进现代社会经济的发展，帮助现代民众重建健康典雅的生活方式，促进生态文明体系的建立以及增强中华民族的文化自信并激发国人的工匠精神。不仅如此，传统夏布织造走进现代生活也是解决其目前困境的最好途径。

二、主要创新

（一）提出了乡村工匠人才培育"做习创"的新理论

提出"做习创"全新概念，亦指在创新创作过程中生成匠意、产生匠思、增长匠智、获得技艺。在这种理念指引下，师、徒、生、匠等多元主体在创作中习得，在习得中创作，创习一体，体现了知行合一；构建具有"工匠精神、专业志趣、创新能力、劳动观念、专业技艺、信息素养"的复合型乡村工匠人才"创作习得"培养体系。

（二）构建了乡村工匠人才培养"创习六得"新路径

针对"缺乏专心致志精神、缺乏劳动创新素养、缺乏专业精湛技艺"的问题，形成"通过文创校园习得工匠精神，通过共创平台习得专业情趣，通过双创平台习得创新能力，通过手创活动习得劳动观念，通过合创团队习得专业技艺，通过网创技术习得信息素养"的"创习六得"人才培养新路径。

（三）形成了乡村工匠人才培养"终身创习"新生态

秉持"创习育人"的理念，通过校、企协同合作，学生经历了"学生—学徒—小师傅—企业师傅—工匠大师"成才路径历程，毕业校友工匠大师重新回到校园进行工匠精神传递和技艺传承，师、生、徒和谐共生，在创作中习得、在习得中创作、创作和习得融为一体的"终身创习"新生态。

三、研究展望

传统夏布织造类非物质文化遗产院校传承的新探索为我国非物质文化遗产保护，特别是传统夏布织造类非物质文化遗产保护提供了新路径，也为职业院校走特色发展之路开辟了新道路。随着国家对传统文化的大力弘扬、对非物质文化遗产保护的大力支持、对职业教育快速发展的战略定位，传统夏布织造类非物质文化遗产进校园的实践将会蓬勃发展，研究传统夏布织造类非物质文化遗产院校传承的学者们也会比肩继踵。

（一）传承夏布织造生态系统监测预警机制仍需进一步研究

夏布织造传承的主体和内外部环境随时都在发生着变化，所达到的平衡也是一种动态的平衡。尽管夏布织造传承的生态系统具有相应的反馈机制，但是系统一旦失衡，夏布织造的传承将面临着严峻的考验，甚至导致夏布织造的流失。因此，需要建立夏布织造传承的生态系统监测预警机制，确保夏布织造传承能够顺利进行。

（二）影响因子对现代职业院校传承夏布织造的影响机制仍需进一步探讨

本书通过大量的实地调查数据并结合相关的统计方法，分析出影响现代职业院校传承夏布织造的主要因子，但是这些因子影响的具体机理是什么尚不清晰。因此，有必要对这些因子进一步细化，深入分析各个指标对现代职业院校传承夏布织造的影响机制，会进一步提升夏布织造传承的影响效果。

参考文献

[1] 白慧颖. 知识经济与视觉文化视野下的非物质文化遗产保护与开发 [M]. 北京：北京理工大学出版社，2012.

[2] 陈华文. 非物质文化遗产：学者与政府的共同舞台 [M]. 杭州：浙江工商大学出版社，2014.

[3] 陈华文. 非物质文化研究集刊 [M]. 北京：学苑出版社，2011.

[4] 范国睿. 共生与和谐：生态学视野下的学校发展 [M]. 北京：教育科学出版社，2011.

[5] 费孝通. 乡土中国 [M]. 北京：北京出版社，2005.

[6] 福建省职业技术教研室. 福建职业学校能工巧匠荟萃 [M]. 北京：中国人民大学出版社，2016.

[7] 谷志远. 中国大学教师学术发表的影响因素研究 [M]. 北京：中国社会科学出版社，2016.

[8] 郭艺. 留住手艺：手工艺活态保护研究 [M]. 杭州：浙江摄影出版社，2015.

[9] 华觉明，李劲松，王连海. 中国手工技艺 [M]. 郑州：大象出版社，2014.

[10] 姜振寰. 技术的传承与转移 [M]. 北京：中国科学技术出版社，2012.

[11] 姜振寰. 技术史理论与传统工艺 [M]. 北京：中国科学技术出版社，2012.

[12] 林继富. 中国民俗传承与社会文化发展 [M]. 北京：中央民族大学出版社，2014.

[13] 刘春生，徐长发. 职业教育学 [M]. 北京：教育科学出版社，2003：28

[14] 路甬祥. 中国传统工艺全集 [M]. 郑州：大象出版社，2007.

［15］马早明．亚洲四小龙职业技术教育研究［M］．福州：福建教育出版社，1998.

［16］米靖．中国职业教育史研究［M］．上海：上海教育出版社，2009.

［17］潘鲁生．手艺创意［M］．深圳：海天出版社，2011.

［18］任凯，白燕．教育生态学［M］．沈阳：辽宁教育出版社，1992.

［19］滕星．族群．文化与教育［M］．北京：民族出版社，2002.

［20］王文章．非物质文化遗产概论［M］．北京：文化艺术出版社，2006.

［21］王彦艳．手艺中国［M］．郑州：大象出版社，2013.

［22］郁振华．人类知识的默会维度［M］．北京：北京大学出版社，2012.

［23］赵辰昕，王小宁，李昱明，等．唱响——非物质文化遗产保护专家访谈录［M］．北京：中国发展出版社，2012.

［24］赵世林．云南少数民族文化传承论纲［M］．昆明：云南民族出版社，2002.

［25］郑娅，池永文．土家族非物质文化遗产的学校教育传承模式研究［M］．北京：中国社会科学出版社，2015.

［26］周明星．中国现代职业教育理论体系：概念、范畴与逻辑［M］．北京：人民出版社，2019.

［27］爱德华·露西·史密斯．世界工艺史［M］．朱淳，译．杭州：中国美术学院出版社，2015.

［28］爱弥儿·涂尔干，马塞尔·莫斯．原始分类［M］．汲喆，译．渠东，校．上海：上海人民出版社，2000.

［29］赤木明登．造物有灵且美［M］．长沙：湖南美术出版社，2015.

［30］柳国男．民间传承论与乡土生活研究法［M］．王晓葵，王京，何斌，译．北京：学苑出版社，2010.

［31］柳宗悦．日本手工艺［M］．2版．张鲁，译．桂林：广西师范大学出版社，2011.

［32］卢梭．爱弥儿（精选本）［M］．彭正梅，译．上海：上海人民出版社，2010.

［33］西村幸夫．再造魅力故乡日本传统街区重生故事［M］．王惠君，译．北京：清华大学出版社，2007.

［34］乌尔里希·森德勒．工业4.0：即将来袭的第四次工业革命［M］．邓敏，李现民，译．北京：机械出版社，2015.

[35] 陈华文. 论非物质文化遗产生产保护的几个问题 [J]. 广西民族大学学报 (哲学社会科学版)，2010 (5).

[36] 陈平，杨小东，王银凤. 侗族文化保护传承的问题与对策调查研究——基于贵州省黎平县实证调研 [J]. 河北北方学校学报 (社会科学版)，2013 (6).

[37] 陈勤建. 定位分层、核心传承、创意重构——非物质文化遗产生产性保护的若干思考 [J]. 辽宁大学学报 (哲学社会科学版)，2013 (6).

[38] 陈思琦. 非物质文化遗产与文化创意产业融合发展路径研究 [J]. 四川戏剧，2018 (10).

[39] 陈思琦. 非遗文化衍生产品开发策略研究 [J]. 文化产业，2015 (2).

[40] 邓琪瑛. 中国台湾校园"儿童影戏"的研究发展与"现代皮影"概念生发的辩证阐释 [J]. 民族艺术研究，2011，24 (1)：52-57.

[41] 樊枫. 非遗视野下的传统手工技艺保护标准引入策略 [J]. 中国标准化协会. 第十五届中国标准化论坛论文集，2018 (6).

[42] 高涵，李嘉丽，邢艺漾. "四因共振"生态模式：高技能人才绝技绝活之教育传承 [J]. 高等工程教育研究，2019 (1).

[43] 国务院办公厅. 国务院关于加快现代职业教育的决定 [J]. 职业技术教育，2014 (8).

[44] 海军. 手艺：守艺——以乌镇为个案的民艺研究 [J]. 山东工艺美术学校学报，2004 (4).

[45] 贺学君. 关于非物质文化遗产保护的理论思考 [J]. 江西社会科学，2005 (2).

[46] 胡渊. 职业教育中创客教师的培养——以工业设计教学为例 [J]. 中国信息技术教育，2016 (10).

[47] 黄秉帅，王琳. 基于创客教育的视角分析现代学徒制在职业教育中的应用 [J]. 科教文汇 (中旬刊)，2018 (5).

[48] 黄明波. 泉州市非物质文化遗产传承的文化体系 [J]. 黎明职业大学学报，2014 (3).

[49] 黄志钧，徐伎畸. 构建以能力为本位的高职教育人才培养模式 [J]. 无锡商业职业技术学校学报，2002 (1).

[50] 姬文革. 生态学视阈下的宁夏回族歌曲研究与思考 [J]. 黄河之声，2016 (10).

[51] 金星霖，周娜. 创客教育及其在职业学校的实施 [J]. 职业教育研究，

2017（2）.

[52] 李朝霞.非物质文化遗产的现状、问题与对策——以河南民间工艺美术为例［J］.文艺理论与批评，2012（4）.

[53] 李义胜.从技艺到行动：学校德育技艺化的伦理反思——基于阿伦特"行动"理论的启示［J］.教育科学，2017，33（5）.

[54] 李云松，任艳君，程德蓉.以创客教育推进高等职业教育的供给侧改革［J］.实验室研究与探索，2017，36（7）.

[55] 梁琳，高涵.传统手工技艺类非物质文化遗产学校传承初探［J］.职教论坛，2015（10）.

[56] 刘勃.手工艺"非遗"的生产性保护探究——以北京绢人为例［J］.文化遗产，2012（4）.

[57] 刘魁立.保护好我国非物质文化遗产［J］.中国人大，2012（11）.

[58] 刘淑娟.非物质文化遗产保护的先进国家经验与镜鉴［J］.华侨大学学报（哲学社会科学版），2016（1）.

[59] 刘晓宏，张慧.高职学校非物质文化遗产传承人培养实践路径的构建［J］.太原城市职业技术学校学报，2019（5）.

[60] 罗浩.基于新网络技术时代下的民族传统手工技艺的推广研究——以青藏唐卡为例［J］.中国商论，2018（25）.

[61] 马福生.高等职业教育社区化办学的探索［J］.天津职业学校联合学报，2018，20（2）.

[62] 孟立军，吴斐.生态学视阈下学校民族文化传承的生境及优化——基于贵州省"民族文化进校园"的调查［J］.贵族民族研究，2014（2）.

[63] 秦永福.日本"社区文化"总体营造中对传统手工艺的保护和开发［J］.上海工艺美术，1996（2）.

[64] 石慧.传统手工艺中的情感价值研究［J］.大众文艺，2015（24）.

[65] 宋清洁，康培莲，侯惠哲.关于我国传统手工艺产业发展状况的调研报告［J］.中国集体经济，2014（35）.

[66] 唐林伟.学徒制的现代化［J］.职教论坛，2016（29）.

[67] 田艳.非物质文化遗产传承权制度初探［J］.贵州民族研究，2010（4）.

[68] 王栋臣.非物质文化遗产文创产品开发与营销模式策略探索［J］.艺术科技，2018（7）.

[69] 王杰.奠基未来：整体构建生态型育人模式［J］.天津教育，2015（9）.

[70] 王明伦．高等职业教育人才培养模式重建之思考 [J]．教育研究，2002 (6)．

[71] 文静．当代市场环境下传统民间工艺的发展 [J]．中国高新区（民俗研究），2018 (6)．

[72] 谢崇桥，李亚妮．传统工艺核心技艺的本质与师徒传承 [J]．文化遗产，2019 (2)．

[73] 谢菲．民族地区学校传承手工艺知识的调查与反思 [J]．贵州民族大学学报（哲学社会科学版），2013 (5)．

[74] 徐艺乙．手工艺的传统——对传统手工艺相关的知识体系的再认识 [J]．装饰，2011 (8)．

[75] 杨洪林．非物质文化遗产生产性保护研究的反思 [J]．贵州民族研究，2017 (9)．

[76] 叶军峰．职业学校创客教育与非物质文化遗产手工技艺传承 [J]．价值工程，2018，37 (30)．

[77] 俞烨操．为传统手工艺创作品牌新形象 [J]．苏州工艺美术职业技术学校学报，2015 (3)．

[78] 玉川．莫让绝技成记忆——加快建设非物质文化遗产保护工程 [J]．江淮，2005 (6)．

[79] 张迪．中国的工匠精神及其历史演变 [J]．思想教育研究，2016 (10)．

[80] 张杰．让传统技艺融入现代生活 [J]．贵州民族报，2017 (4)．

[81] 赵世林，陈月青．民族工艺文化主体对技艺的认知问题 [J]．美与时代，2014 (8)．

[82] 赵世林．民族文化的传承场 [J]．云南民族学校学报（哲学社会科学版），1994 (1)．

[83] 朱以清．传统技艺的生产保护与生活传承 [J]．民俗研究，2015 (1)．

[84] 庄西真．倡导劳模工匠精神　引领劳动价值回归 [J]．中国职业技术教育，2017 (34)．

[85] 车博．黔东南苗族乐器制作技术传承及影响因素探析 [D]．重庆：西南大学，2011．

[86] 陈云，郁义鸿．我国非物质文化遗产知识产权保护模式研究 [D]．重庆：西南大学，2009．

[87] 高小青．景德镇传统制瓷工艺传承方式的教育学思考 [D]．重庆：西南大学，2010．

［88］郭红彦．朱仙镇木版年画的传承模式及当代思考［D］．重庆：西南大学，2010.

［89］贺超海．中国传统工艺的当代价值研究［D］．北京：北京科技大学，2018.

［90］胡红．长角苗服饰纹样制作技术传承方式及影响因素研究［D］．重庆：西南大学，2013.

［91］姜兆一．非物质文化遗产保护：形式选择、传承效能与保护绩效的关系研究［D］．天津：天津财经大学，2012.

［92］金虹．苏州传统手工传承与发展的难点与策略研究［D］．苏州：苏州大学．

［93］荆雷．中国当代手工艺的核心价值［D］．北京：中国艺术研究院，2012.

［94］井露露．日本传统手工艺的传承与保护研究［D］．北京：北京服装学校，2015.

［95］李富强．中国蚕桑科技传承模式及其演变研究［D］．重庆：西南大学，2010.

［96］王冬敏．西双版纳傣族制陶技术传承模式及变迁研究［D］．重庆：西南大学，2012.

［97］袁晓娟．论广西非物质文化遗产的法律保护［D］．桂林：广西师范大学，2012.

［98］周镭．高等职业学校高技能人才培养研究［D］．北京：中央民族大学，2010.

［99］周明霞．技艺的习得：传统农耕技术的传承与社会影响［D］．济南：山东大学，2014.

［100］Coleman Julia R, Lin Yihan, Shaw Brian, Kuwayama David. A Cadaver-Based Course for Humanitarian Surgery Improves Manual Skill in Powerless External Fixation［J］. The Journal of Surgical Research, 2019, 242.

［101］D'Andrea, Michael. Comprehensive School-Based Violence Prevention Training: A Development-Ecological Training Model［J］. Journal of Counseling & Development, 2004.

［102］Jason, Leonard A, Kuchay. Dianne A. Ecological Influences on School Children's Classroom Behavior［J］. Education, 1985.

［103］Julia R. Coleman, Yihan Lin, Brian Shaw, et al. A Cadaver-Based Course for Humanitarian Surgery Improves Manual Skill in Powerless External Fixation

[J]. Journal of Surgical Research, 2019, 242.

[104] Kellyn S. New "Green" Building on Campus [J]. Environmental Science and Technology, 1998.

[105] Króliczak Gregory, Gonzalez Claudia L R, Carey David P. Editorial: Manual Skills, Handedness, and the Organization of Language in the Brain. [J]. Frontiers in Psychology, 2019, 10.

[106] Malley, Marks, Andrew. Really Useful Knowledge: The New Vocationalism in Higher Education and Its Consequences for Mature Students [J]. British Journal of Educational Studies, 2001.

[107] Martin Fischer, Nicholas Boreham and Peter Rben. Organisational Learning in the European Chemical Industry: Concepts and Cases [M] //From European Perspectives on Learning at Work: The Acquisition of Work Process Knowledge. European Centre for the Development of Vocational Training, 2004.

[108] Middelton, Ziderman and Adams, A. V. Skills for Productivity: Vocational Education and Training in Developing Countries [M]. New York: Oxford University Press, 1993.

[109] Truppa Valentina, Marino Luca A, Izar Patricia, et al. Manual Skills for Processing Plant Underground Storage Organs by Wild Bearded Capuchins. [J]. American Journal of Physical Anthropology, 2019.

[110] W. Doyle & G, Ponder. Classroom Ecology: Some Concerns about a Neglected Dimension of Research on Teaching [J]. Contemporary Education, 1975.